自学需精细
实战成高手

三虎工作室 编著

Flash CS4

动 画

自学实战手册

为自学者提供一本 快捷、实用、体贴 的用书！

▶ 从零开始，快速提升。
▶ 疑难解析，体贴周到。
▶ 多章综合案例，从入门到提高，一步到位！

科学出版社
www.sciencep.com

北京希望电子出版社
Beijing Hope Electronic Press
www.bhp.com.cn

内 容 简 介

　　本书从实际应用的角度出发，本着易学易用的特点，采用"零起点学习软件基本操作，现场练兵提高软件操作技能，应用实例提升设计水平"的写作结构，全面、系统地介绍了 Flash CS4 动画制作的基本操作与应用技巧。

　　本书对 Flash CS4 中文版的基本操作和典型功能进行全面而详细的介绍，主要内容包括初学者必须掌握的 Flash 动画的基本知识、操作方法和使用技巧，引导读者逐步学习 Flash CS4 的基本知识和设计制作动画的基本方法。在讲述过程中，结合大量的"现场练兵"实例，一步一步地指导读者学习 Flash 动画制作基本技能，特别是最后通过 Flash 广告和 Flash 电子相册的学习，使读者快速掌握 Flash CS4 的强大功能。

　　本书配套光盘内容为书中实例的部分源文件、素材及视频教学文件。

　　需要本书或技术支持的读者，请与北京清河 6 号信箱（邮编：100085）发行部联系，电话：010-62978181（总机）010-82702660，传真：010-82702698，E-mail：tbd@bhp.com.cn。

图书在版编目（CIP）数据

Flash CS4 动画自学实战手册 / 三虎工作室编著. —北京：科学出版社，2010

　　ISBN 978-7-03-025978-3

　　I. F… II. 三… III. 动画－设计－图形软件，Flash CS4—手册 IV. TP391. 41-62

中国版本图书馆 CIP 数据核字（2009）第 202114 号

责任编辑：秦　甲　　　／责任校对：青青虫工作室
责任印刷：媛　明　　　／封面设计：叶　毅　登

科学出版社 出版
北京东黄城根北街 16 号
邮政编码：100717
http://www.sciencep.com

北京市媛明印刷厂

科学出版社发行　　各地新华书店经销

*

2010 年 1 月第 1 版　　　开本：787×1092 1/16
2010 年 1 月第 1 次印刷　　印张：24.25（6 面彩插）
印数：1-3000 册　　　　　字数：551 304

定价：40.00 元（配 1 张 CD）

◎ 使用位图填充形状

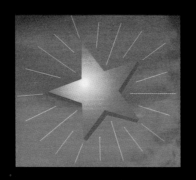

◎ 绘制五角星

◎ 制作立体效果文字

◎ 混合实例

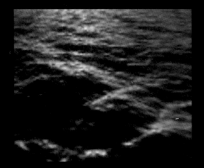

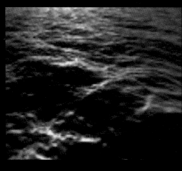

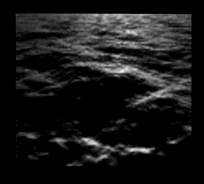

◎ 制作逐帧动画

部 分 案 例

◉ 大雁南飞

◉ 制作朦胧效果相框　　　　　　　　　　　　◉ Alert组件

◉ 将Flash动画发布为网页文件

◉ Accordion组件

◉ NumericStepper组件

◉ 变形文字

◉ 创建引导层动画

◉ 图形元件

◉ 网页导航

◉ 为影片添加背景音乐

部分案例

◉ 形状补间动画

◉ 遮罩层动画

◎ 创建影片播放器程序

◎ 3D粒子效果

◎ 制作一幅波动显示的画卷

部 分 案 例

◉ 应用Video组件创建播放器

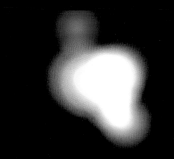

◉ 五光十色

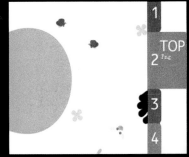

◉ Flash轮换广告

前 言

Flash 是 Adobe 公司开发的矢量绘图和网络动画制作应用类软件，它具有使用方便、易于掌握等优点。目前最新版本 Flash CS4 的操作界面更加直观、功能更加强大，使得用户操作更加灵活。因此，Flash 广泛应用于网络动画、网络游戏、多媒体课件以及网站建设等领域。

无论是初学者，还是有一定软件基础的读者，都希望能购买到一本适合自己学习的书。通过对大量初级读者购书要求的调查，以及对计算机类图书特点的研究，我们精心策划并编写了本书，旨在把一个初级读者在最短时间内培养成一名软件操作高手，从而提高应用实战水平。

 **本书特色**

本书从实用的角度出发，采用"零起点学习软件基础知识，现场练兵实例提高软件操作技能，综合应用实例设计提高实战水平"教学体系。考虑初学者的实际学习的需要，首先掌握"软件核心功能技术要点"，其次通过"现场练兵"实例的详细讲解来学习软件的核心功能和技术要点，然后结合"上机实践"这一边学边练的指导思想，充分发挥读者学习的主观能动性，"巩固与提高"模块将进一步加强所学知识，从而达到举一反三的学习效果。科学的教学体系，边学边用的实用方法，可快速提高初学者的学习效率，从而胜任实际应用工作。

⬇ 语言简练、内容实用

在写作方式上，本书突出语言简练、通俗易懂的特点。采用图文互解，让读者可以轻松掌握相关操作知识。在内容安排上，突出实用、常用的特点，也就是说只讲"实用的和常用的"知识点，真正做到让读者学得会，用得上。

⬇ 结构科学、循序渐进

针对初学者的学习习惯和计算机软件的学习特点，采用边学边练的教学方式。把握系统性和完整性，由浅入深出，以便读者做阶段性的学习，使读者通过学习掌握系统完备的知识。通过大量练习，使学习者能够掌握该软件的基本技能。

⬇ 学练结合、快速掌握

从实际应用的角度出发，结合软件典型功能与核心技术，在讲解相关基础知识后，恰当地安排一些现场练兵实例，通过对这些实例制作过程的详细讲解，读者可以快速掌握软件的典型功能与核心技术。另外，本书所讲的基础操作与实例的实用性强，使读者学有所用，用有所获，从而突出了学世结合的特点。

⬇ 上机实战、巩固提高

为了提高学习效果，充分发挥读者的学习主观能动性和创造力，我们精心设计了一些上机实例供读者上机实战。另外，还提供了一些选择题和简答题对所学基础知识进行巩固。

 教学光盘

　　为了方便读者的学习，快速提高学习效率，本书所配套的光盘不仅包括本书中部分实例源文件与素材，还对有代表性的实例进行详细的讲解视频。另外，还赠送了本软件操作基础视频教学内容。

 读者对象

　　如果您是下列读者之一，建议购买这本书。

- 没有一点 Flash 基础知识的读者，希望从零开始，全面学习 Flash 软件操作与技能；
- 对 Flash 有一定的基础了解，但缺少实际应用，可以通过本书的"现场练兵"实例和综合应用实例提高应用水平；
- 从学校毕业出来，想通过短时间内的自学而掌握 Flash 的实际应用能力的读者；
- 从事网页设计、网络动画、网络游戏、多媒体课件制作相关工作的读者。

 编写团队

　　本书由三虎工作室编著，参与本书编写的人员有邱雅莉、王政、李勇、牟正春、鲁海燕、杨仁毅、邓春华、唐蓉、蒋平、王金全、朱世波、刘亚利、胡小春、陈冬、许志兵、余家春、成斌、李晓辉、陈茂生、尹新梅、刘传梁、马秋云、彭中林、毕涛、戴礼荣、康昱、李波、刘晓忠、何峰、冉红梅、黄小燕等。在此向所有参与本书编辑的人员表示衷心的感谢。更要感谢购买这本书的读者，因为您的支持是我们最大的动力，我们将不断努力，为您奉献更多、更优秀的计算机图书！

目　录

第 1 章　Flash CS4 软件基础

1.1　Flash 动画特点及应用领域 2
1.2　Flash 的启动开始页面 4
 1.2.1　"打开最近的项目"选项列表 5
 1.2.2　"新建"选项列表 5
 1.2.3　"从模板创建"选项列表 5
1.3　Flash 的工作界面 6
 1.3.1　工作界面的菜单与面板 7
 1.3.2　工作区布局的调整与管理 9
1.4　文档的基本操作 10
 1.4.1　新建文档 10
 1.4.2　从模板新建影片文件 11
 1.4.3　修改文档属性 12
 1.4.4　保存文件 12
 1.4.5　打开与关闭文件 12
1.5　设置绘图环境 13
 1.5.1　使用网格 13
 1.5.2　使用标尺 14
 1.5.3　使用辅助线 15
 现场练兵　导入图像素材文件 16
1.6　疑难解析 17
1.7　上机实践 19
1.8　巩固与提高 19

第 2 章　常用工具详解

2.1　认识"工具"面板 22
2.2　绘画工具 23
 2.2.1　椭圆与基本椭圆工具 23
 2.2.2　矩形与基本矩形工具 25

 2.2.3　多角星形工具 27
 2.2.4　铅笔工具 29
 2.2.5　刷子工具 30
 2.2.6　线条工具 33
 2.2.7　钢笔工具 35
 2.2.8　添加/删除锚点工具 36
 2.2.9　转换锚点工具 36
 2.2.10　Deco 工具 37
 2.2.11　喷涂刷工具 38
2.3　选取工具 39
 2.3.1　选择工具 39
 2.3.2　部分选取工具 40
 2.3.3　套索工具 40
2.4　填色工具 42
 2.4.1　笔触与填充的颜色设置 42
 2.4.2　墨水瓶工具 43
 2.4.3　颜料桶工具 44
 2.4.4　使用"颜色"与"样本"面板 ... 46
 2.4.5　滴管工具 49
 现场练兵　使用位图填充形状 50
2.5　编辑工具 51
 2.5.1　任意变形工具 51
 2.5.2　渐变变形工具 52
 2.5.3　橡皮擦工具 53
 2.5.4　3D 旋转和 3D 平移工具 55
2.6　查看工具 55
 2.6.1　手形工具 55
 2.6.2　缩放工具 56
2.7　疑难解析 56
2.8　上机实践 58
2.9　巩固与提高 59

第 3 章　编辑图形对象

3.1　图形形状的编辑 62

3.1.1　图形的平滑与伸直 62

3.1.2　图形的优化 62

3.1.3　将线条转换成填充 63

3.1.4　填充的扩展与收缩 63

3.1.5　柔化填充边缘 64

3.2　组合与分离 64

3.2.1　组合 64

3.2.2　分离 65

3.3　对象的排列 65

3.3.1　对象层次的排列 65

3.3.2　对象锁定与解锁 65

3.4　对象的对齐与分布 66

3.4.1　对象的对齐 66

3.4.2　对象的分布 67

3.5　对象的合并 69

3.6　位图的编辑 71

3.6.1　位图的导入与贴入 71

3.6.2　位图的分离 71

3.6.3　交换位图 72

3.6.4　转换位图为矢量图 72

现场练兵　绘制五角星 74

3.7　疑难与解析 77

3.8　上机实践 78

3.9　巩固与提高 78

第 4 章　文本的应用

4.1　文本工具 82

4.2　输入文字 82

4.3　设置文字属性 83

现场练兵　制作滚动文本 85

4.4　文本对象的编辑 86

现场练兵　制作立体效果文字 87

4.5　文本的高级编辑 89

4.5.1　制作成可选文本 89

4.5.2　URL 链接 90

4.5.3　打散文本 91

现场练兵　变形文字 92

4.6　检查文字内容拼写 94

4.7　创建文本框 95

4.7.1　创建动态文本 96

4.7.2　创建输入文本 98

4.8　疑难解析 99

4.9　上机实践 99

4.10　巩固与提高 100

第 5 章　动画基础与元件

5.1　Flash 动画常用术语 102

5.1.1　舞台 102

5.1.2　场景 102

5.1.3　时间轴、图层与帧 102

5.1.4　元件与实例 103

5.2　认识帧 103

5.3　编辑帧 108

5.3.1　选取帧 108

5.3.2　移动帧 109

5.3.3　删除帧 109

5.3.4　剪切帧 110

5.3.5　复制和粘贴帧 110

5.3.6　插入帧 110

5.3.7　插入关键帧 111

5.3.8　插入空白关键帧 111

5.3.9　翻转帧 111

5.3.10　指定可打印帧 112

5.3.11　移动播放指针 112

5.4　图层的操作 113

5.5　Flash 中的元件 116

5.5.1　图形元件 116

5.5.2　影片剪辑元件 117

5.5.3　按钮元件 117

5.6　元件的属性与编辑 118

　　5.6.1　元件类型的转换 119

　　5.6.2　设置元件的"颜色样式"属性. 119

　　5.6.3　设置元件的混合模式 121

　　现场练兵　混合实例 125

5.7　在元件库中管理元件 128

　　5.7.1　元件库窗口与元件图标 128

　　5.7.2　管理元件（元件分类、复制与
　　　　　 删除） 128

　　5.7.3　使用公用库 130

　　5.7.4　打开其他文档的库资源 130

5.8　疑难解析 131

5.9　上机实践 134

5.10　巩固与提高 135

第 6 章　创建基础动画

6.1　Flash 动画的创建 138

　　6.1.1　逐帧动画 138

　　现场练兵　制作逐帧动画 138

　　6.1.2　补间动画 140

　　6.1.3　形状补间动画 141

　　6.1.4　传统补间动画 142

　　现场练兵　大雁南飞 142

6.2　创建引导层动画 146

6.3　创建遮罩层动画 147

6.4　疑难解析 149

6.5　上机实践 151

6.6　巩固与提高 152

第 7 章　声音与视频的应用

7.1　声音的导入 154

7.2　声音的添加 154

　　7.2.1　将声音添加到时间轴 154

7.2.2　将声音添加到按钮 155

　　现场练兵　为影片添加背景音乐 156

7.3　声音的编辑 157

　　7.3.1　设置声音播放的效果 157

　　7.3.2　编辑声音播放的次数与同步 158

　　7.3.3　声音的更新 159

　　7.3.4　设置声音的导出品质 160

7.4　视频的导入 162

　　7.4.1　导入视频的格式 162

　　7.4.2　认识视频编解码器 163

　　7.4.3　导入为内嵌视频 163

7.5　疑难解析 165

7.6　上机实践 167

7.7　巩固与提高 167

第 8 章　滤镜的应用

8.1　滤镜的添加与设置 170

　　8.1.1　投影 170

　　8.1.2　模糊 171

　　8.1.3　发光 172

　　8.1.4　斜角 173

　　8.1.5　渐变发光 174

　　8.1.6　渐变斜角 176

　　8.1.7　调整颜色 177

　　现场练兵　制作朦胧效果相框 178

8.2　滤镜的禁用、启用与删除 181

　　8.2.1　禁用滤镜 181

　　8.2.2　启用滤镜 182

　　8.2.3　删除滤镜 183

8.3　预设滤镜效果 183

　　8.3.1　保存预设方案 184

　　8.3.2　重命名和删除方案 185

8.4　疑难解析 186

8.5　上机实践 188

8.6　巩固与提高 189

第 9 章　ActionScript 编程基础

9.1　ActionScript 2.0 192

　　9.1.1　认识 ActionScript 2.0 192

　　9.1.2　"动作"面板的使用 192

　　9.1.3　常用动作命令语句 196

　　现场练兵　制作一幅波动显示的

　　　　　　　画卷 200

9.2　ActionScript 3.0 203

　　9.2.1　认识 ActionScript 3.0 203

　　9.2.2　ActionScript 3.0 的新功能 203

　　9.2.3　ActionScript 3.0 "动作"

　　　　　 面板 204

　　9.2.4　常用动作命令语句 204

9.3　疑难解析 206

9.4　上机实践 209

9.5　巩固与提高 210

第 10 章　行为的应用

10.1　行为面板的使用 212

10.2　行为的具体应用 212

　　10.2.1　"Web"行为的应用 212

　　现场练兵　网页导航 213

　　10.2.2　"声音"行为的应用 215

　　10.2.3　"媒体"行为的应用 216

　　现场练兵　媒体播放器 217

　　10.2.4　"嵌入的视频"行为的应用 ... 219

　　10.2.5　"影片剪辑"行为的应用 221

　　10.2.6　"屏幕"行为的应用 222

　　现场练兵　制作幻灯片 224

10.3　疑难解析 229

10.4　上机实践 232

10.5　巩固与提高 232

第 11 章　组件的应用

11.1　认识 Flash CS4 中的组件 234

　　11.1.1　组件的用途 234

　　11.1.2　组件的分类 234

11.2　组件的应用与设置 235

　　11.2.1　使用"Data"组件 235

　　现场练兵　应用"Data"组件 236

　　11.2.2　"Media"组件 238

　　现场练兵　音量动画 241

　　11.2.3　使用"User Interface"组件 ... 247

　　现场练兵　应用"User Interface"

　　　　　　　组件 269

　　11.2.4　使用"Video"组件 273

　　现场练兵　应用"Video"组件创建

　　　　　　　播放器 274

11.3　上机实践 276

11.4　巩固与提高 277

第 12 章　动画的测试与发布

12.1　动画的优化 280

　　12.1.1　减小动画的大小 280

　　12.1.2　文本的优化 280

　　12.1.3　颜色的优化 280

12.2　Flash 动画作品的测试 280

12.3　导出 Flash 作品 282

　　12.3.1　导出图像 282

　　12.3.2　导出声音 283

　　12.3.3　导出影片 284

　　12.3.4　导出视频 285

12.4　Flash 动画的发布 286

　　12.4.1　设置发布格式 286

　　12.4.2　预览发布效果 288

　　12.4.3　发布 Flash 作品 288

　　现场练兵　将 Flash 动画发布为网

　　　　　　　页文件 288

　　现场练兵　创建影片播放器程序 290

12.5　疑难解析 291

12.6　上机实践 291

12.7　巩固与提高 292

第 13 章　ActionScript 特效动画

13.1　ActionScript 特效的应用 294

13.2　方块变换 295

13.3　五光十色 298

13.4　3D 粒子效果 302

13.5　花朵变化样式的鼠标跟随 306

13.6　上机实践 309

13.7　巩固与提高 310

第 14 章　综合实例

14.1　Flash 广告 312

　14.1.1　Flash 广告的应用 312

　14.1.2　制作 Flash 轮换广告 314

14.2　Flash 电子相册 326

　14.2.1　Flash 电子相册概述 326

　14.2.2　制作 Flash 电子相册 326

14.3　巩固与提高 372

Study

第1章

Flash CS4 软件基础

本章主要介绍 Flash 的基础知识，内容包括 Flash 动画特点及应用领域，Flash CS4 的界面、文档的基本操作、设置绘图环境以及导入图片素材。通过本章的学习，读者可以了解 Flash CS4 的新特性和工作环境，掌握 Flash CS4 的基本操作。

 学习指南

- Flash 动画特点
- Flash 的开始页面
- Flash 的工作界面
- 文档的基本操作
- 设置绘图环境

精彩实例效果展示 ▲

1.1 | Flash 动画特点及应用领域

Adobe Flash CS4 Professional 是 Flash 家族中的新成员，它一方面进一步加强了动画创建和编辑的功能，另一方面还加强了在网络、多媒体方面的应用功能，使 Flash 及其开发的产品能够适用于一个更为广阔的领域。

Flash 软件之所以受到众多动画爱好者的喜欢，除了 Flash 软件的简单、易学之外，还有就是 Flash 动画有着自身的独特特点，下面将介绍 Flash 动画的特点及其应用领域。

1. Flash 动画的特点

Flash 动画作为一种流行的动画格式，具有受制约性小、交互性强、便于传播、制作成本低和有效维护版权等特点。

- 图像质量高：由于 Flash 动画是矢量动画，因此无论把它放大多少倍都不会失真，便于在任意大小的屏幕上观看。
- 交互性强：通过 ActionScript 语言编程和组件的应用，可以为 Flash 动画添加交互动作。用户可以通过单击、选择等动作决定动画的运行，还可以通过在动画中填写数据并进行提交。这一点是传统动画所无法比拟的。
- 文件小，便于传播：Flash 动画使用的是矢量图技术，具有文件小、传输速度快、播放采用流式技术的特点，因此可以边下载边播放，如果网络速度够快，则根本感觉不到文件的下载过程。所以 Flash 动画非常适合网络传播。
- 制作成本低：与传统动画相比，Flash 动画的要求很低，往往一个人或者几个人就可以完成一部 Flash 动画的制作，成本非常低；使用 Flash 制作动画不但能够减少人力、物力资源的消耗，同时，在制作时间上也会大大减少。
- 有效维护版权：Flash 动画在制作完成后，可以生成带保护的文件格式，以维护设计者的版权利益。

2. Flash 的应用领域

由于 Flash 动画具有交互性强、成本低以及文件小而便于传播等特点，因此，深受众多应用行业动画爱好者的喜欢，Flash 主要应用下面几个领域。

- 网页广告：由于 Flash 动画具有短小、精悍、表现力强等特点，特别是 Flash 动画文件很小这一特色而宜于广泛应用于网络传播，因此，在网页广告的制作中得到广泛的应用，如图 1-1 所示的汽车广告。

图 1-1　Flash 网页广告

● 动态网页：由于 Flash 动画具有超强的交互功能，方便用户可以配合其他工具软件制作出各种形式的动态网页，如图 1-2 所示的具有交互功能的电子相册。

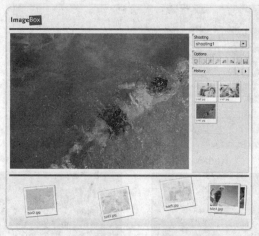

图 1-2　Flash 制作的电子相册

● 网络动画：由于 Flash 动画文件小、图像画面品质高、而且 Flash 动画以"流"的形式进行播放，非常适合网络环境下的传输，因此，Flash 成为网络动画的重要制作工具之一，如图 1-3 所示的 MV 动画。

图 1-3　Flash 制作的 MV 动画

● 在线游戏：由于 Flash 中的 Actions 语句具有强大的编程功能，因此，可以开发很多交互性的在线游戏。如图 1-4 所示的是一个用 Flash 制作的在线五子棋游戏。

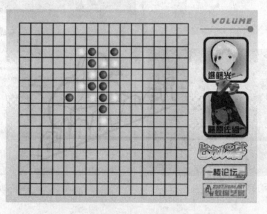

图 1-4　Flash 制作的在线五子棋游戏

● 多媒体教学：图 1-5 所示的是一个用 Flash 制作的化学实验课件，图1-6 所示的是月全食形成的动画。

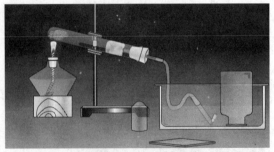

图 1-5　Flash 制作的化学实验课件

图 1-6　月全食形成的动画

1.2 | Flash 的启动开始页面

启动 Flash 后，首页显示的是 Flash 的启动界面，如图 1-7 所示。

　　Flash 启动界面后约 1 秒钟，便进入 Flash 开始页面，在开始页面中分为"打开最近的项目"、"新建"和"从模板创建" 3 个选项栏，如图 1-8 所示。通过这 3 个选项栏，用户可以快速地打开最近编辑的项目、创建不同的新项目，或是从模板创建新项目等。

图 1-7　启动界面

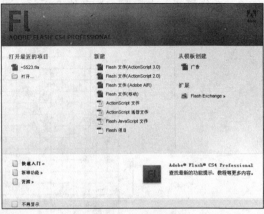

图 1-8　开始页面

1.2.1　"打开最近的项目"选项列表

在"打开最近的项目"列表中，显示了最近打开的 Flash 源文件目录，单击该栏中的目录链接，即可将选中的 Flash 源文件打开。

单击"打开最近的项目"列表中的"打开"文件夹，如图 1-9 所示；此时弹出"打开"对话框，选择 Flash 源文件，单击"打开"按钮即可打开 Flash 源文件，如图 1-10 所示。

图 1-9　"打开最近的项目"列表　　　　图 1-10　"打开"对话框

1.2.2　"新建"选项列表

在 Flash 的开始界面中，"新建"列表中列出了 Flash CS4 能够创建的所有新项目，如图 1-11 所示，在这里用户可以快速地创建出需要的编辑项目。单击各种新项目名，即可进入相应的编辑窗口，快速地开始编辑工作，如图 1-11 所示。

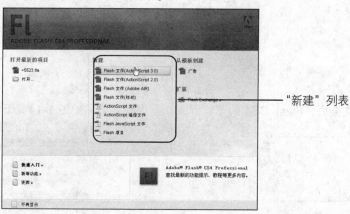

"新建"列表

图 1-11　"新建"列表

1.2.3　"从模板创建"选项列表

"从模板创建"列表包含了多种类别的 Flash 影片模板，这些模板可以帮助用户快速、便捷地完成 Flash 影片的制作。选择需要的模板类别，打开相应的"从模板新建"对话框，在该对话框的"模板"列表中可选择合适的模板进行编辑，如图 1-12 所示。

图 1-12 "从模板新建"对话框

勾选开始页面左下角的"不再显示"复选框，可以在每次启动 Flash CS4 时不再显示开始页面，直接打开一个新的 Flash 文档。执行"编辑→首选参数"命令，可以在"首选参数"对话框的"启动时"下拉列表中选择"显示开始页"选项，恢复开始页面的显示。

1.3 │ Flash 的工作界面

Flash CS4 的界面结构规范合理，各功能面板的位置也井井有条，熟悉 Flash CS4 的工作界面，可以为 Flash 动画影片的制作打下良好的基础。

在开始页面中选择"新建"列表框中的"Flash 文件"选项，创建一个新的 Flash 文档，如图 1-13 所示。也可以执行"文件→新建"命令，在"新建文档"对话框中选择新建一个 Flash 文档如图 1-13 所示。

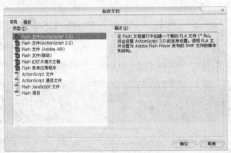

图 1-13 "新建文档"对话框

新建文档后，Flash CS4 的工作界面便呈现在眼前，如图 1-14 所示。

菜单栏

属性面板

绘图区

工具面板

舞台

时间轴

图 1-14 Flash CS4 的工作界面

1.3.1　工作界面的菜单与面板

在 Flash CS4 的工作界面中主要包括菜单栏、主工具栏、工具面板、时间轴、绘图工作区、舞台、编辑面板组和属性面板 8 个部分。下面分别介绍这几部分的功能。

- 菜单栏：在菜单栏中可以执行 Flash 的大多数功能操作，如新建、编辑和修改等。在菜单栏中包括“文件”、“编辑”、“视图”、“插入”、“修改”、“文本”、“命令”、“控制”、“调试”、“窗口”和“帮助”11 个菜单项，如图 1-15 所示。

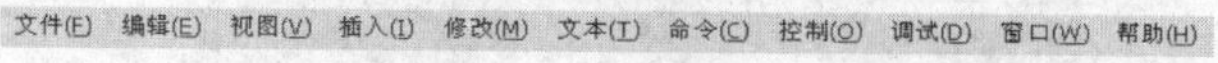

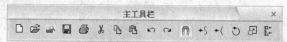

文件(F) 编辑(E) 视图(V) 插入(I) 修改(M) 文本(T) 命令(C) 控制(O) 调试(D) 窗口(W) 帮助(H)

图 1-15　菜单栏

- 主工具栏：在主工具栏中集成了动画制作过程中经常使用到的一些基础工具，如新建、打开、保存、打印、剪切、复制、粘贴、撤销、重做、贴紧至对象、平滑化、旋转、缩放以及对齐对象等，如图 1-16 所示。如果主工具栏不可见，可以执行“窗口→工具栏→主工具栏”命令来开启它。

主工具栏

图 1-16　主工具栏

- 工具面板：工具面板位于绘图工作区的左边，包含了用于进行矢量图形绘制和编辑的各种操作工具，主要由绘图工具、查看工具、色彩填充、工具属性 4 大功能板块构成，如图 1-17 所示。

工具

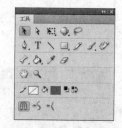

图 1-17　工具面板

- 时间轴：位于 Flash 主要工具栏的下方，用于显示影片长度、帧内容及影片结构等信息，如图 1- 18 所示。通过该窗口，用户可以进行不同动画的创建、设置图层属性、为影片添加声音等操作，它是 Flash 中进行动画编辑的基础操作。

时间轴
图层 1
5 10 15 20 25 30 35 40 45 50
1
24.0fps
0.0s

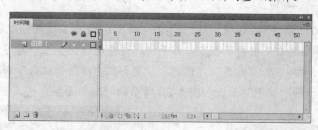

图 1-18　时间轴

- 绘图工作区：绘图工作区通常又称做“工作编辑区”，是 Flash 影片制作中进行图形绘制和编辑的地方。
- 舞台：工作区中间白色的矩形区域被称为“舞台”，“舞台”中包含的图形内容就是在完成的 Flash 影片播放时所显示的内容。通过时间轴下方的设置按钮，可以自由设置“舞台”的大小和背景色等；按下工作区右上角的显示比例按钮，可以对工作区的视图比例进行快捷的调整，如图 1-19 所示。

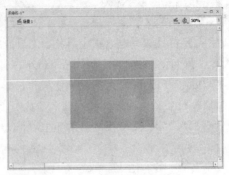

图 1-19　舞台

- 属性面板：属性面板默认位于绘图工作区的下面。属性面板可以根据所选对象的不同，显示其相应的属性信息并进行编辑修改，如图 1-20 所示。

小提示

当选择舞台中的影片剪辑实例、按钮实例、文本时，在"属性"面板中将自动添加"滤镜"参数栏，用于设置对象添加滤镜参数，如图 1-21 所示。

图 1-20　"属性"面板　　　图 1-21　添加"滤镜"参数栏的"属性"面板

- Flash CS4 界面的右侧安排了很多工作面板，这些面板组合在一起形成了一个面板组，包括"颜色"、"样本"、"对齐"、"信息"、"变形"、"库"、"组件"和"行为"面板等，如图 1-22 所示的"颜色"面板和图 1-23 所示的"库"面板。

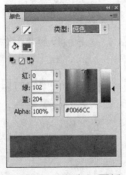

图 1-22　"颜色"面板　　　　　图 1-23　"库"面板

1.3.2　工作区布局的调整与管理

在 Flash CS4 中，用户可以根据自己的需要调整工作区的布局。执行"窗口→工作区"子菜单中的命令，即可选择不同的工作布局界面，如图 1-24 所示。

图 1-24　"工作区"子菜单

下面分别介绍工作区布局模式中各个选项的含义。

- 动画：在进行动画设计时，执行"窗口→工作区→动画"命令，即可进入动画设计工作区布局模式，如图 1-25 所示。
- 传统：用户如果对新的工作界面不习惯，可执行"窗口→工作区→传统"命令，即可进入传统工作区布局模式，如图 1-26 所示。

图 1-25　动画设计工作区布局模式

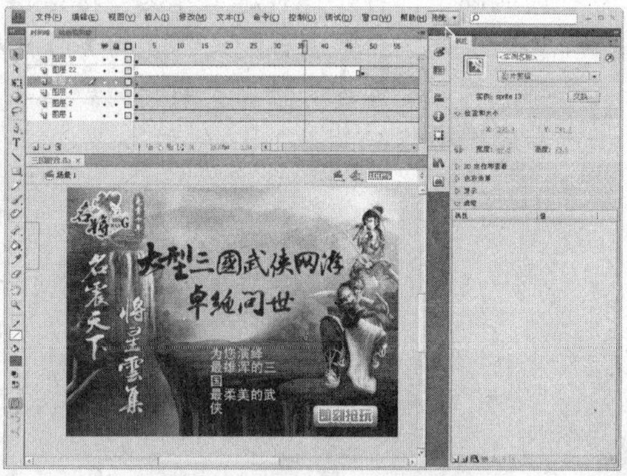

图 1-26　传统工作区布局模式

- 调试：如果要对创建中的动画进行调试，可执行"窗口→工作区→调试"命令，即可进入调试工作区布局模式，如图 1-27 所示。
- 设计人员：如果用户是设计人员，可执行"窗口→工作区→设计人员"命令，即可进入设计人员工作区布局模式，如图 1-28 所示。

图 1-27　调试工作区布局模式

图 1-28　设计人员工作区布局模式

- 开发人员：如果用户是开发人员，可执行"窗口→工作区→开发人员"命令，即可进入开发人员工作区布局模式，如图 1-29 所示。
- 重置"基本功能"：Flash CS4 最原始的布局模式。如果在实际操作中不慎弄乱了布局，要恢复到原始状态，只需要选择"重置基本功能"命令即可，如图 1-30 所示。

图 1-29　开发人员工作区布局模式　　　　图 1-30　基本功能工作区布局模式

- 新建工作区：如果用户想新建属于自己的工作区，可执行"窗口→工作区→新建工作区"命令，打开"新建工作区"对话框，如图 1-31 所示。
- 管理工作区：管理自定义创建的工作区布局。执行"窗口→工作区→管理工作区"命令，打开"管理工作区"对话框，在其中可以对自定义的工作区布局文件进行重命名和删除操作，如图 1-32 所示。

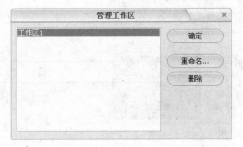

图 1-31　"新建工作区"对话框　　　　　图 1-32　"管理工作区"对话框

1.4　文档的基本操作

用户可以在 Flash 中新建文档，修改文档的属性，当用户对这些文档进行编辑操作后，还可以将文档保存为单独的文件。

1.4.1　新建文档

在 Flash CS4 中，有多种方法新建影片文件，主要包括使用"新建"命令创建影片文件和通过"开始页面"创建影片文件两种方式。下面介绍通过"新建"命令新建文档的方法。

使用"新建"命令，可以快速地创建 Flash 文档、Flash 幻灯片演示文稿和 Flash 表单应用程序等类型的文档，其操作步骤如下。

1 执行"文件→新建"命令，打开"新建文档"对话框，如图 1-33 所示。

2 在"新建文档"对话框中选择要创建的文件类型，单击"确定"按钮，即可新建一个文档，如图 1-34 所示。

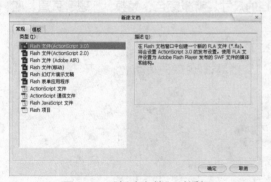

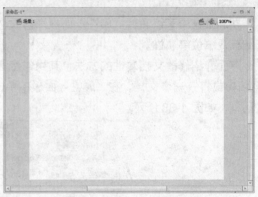

图 1-33　"新建文档"对话框　　　　　　　图 1-34　新建文件窗口

1.4.2　从模板新建影片文件

在 Flash CS4 中，可以从模板新建影片文件，下面以创建幻灯片为例，介绍从模板新建影片文件的方法，其操作步骤如下。

1 启动 Flash CS4，执行"文件→新建"命令打开"新建文档"对话框。在对话框中选择"模板"选项卡进入到"从模板新建"对话框。选择"类别"列表框中的"广告"选项，如图 1-35 所示。

2 在"模板"栏中选择"垂直矩形_240×400"选项，如图 1-36 所示。

图 1-35　"从模板新建"对话框　　　　　　　图 1-36　选择模板文件

3 单击"确定"按钮，新建长和宽分别为 240 和 400 的垂直矩形广告文档，如图 1-37 所示。

图 1-37　新建模板文档

1.4.3 修改文档属性

在 Flash 中可以通过"属性"面板来修改文档的尺寸、背景颜色、帧频、标题、页眉、匹配和标尺单位等属性。

下面介绍修改文档属性的方法，其操作步骤如下。

1 新建或打开一个文档，在"属性"面板中单击"文档属性"按钮 编辑… ，打开"文档属性"对话框，如图 1-38 所示。

图 1-38 "文档属性"对话框

2 在"尺寸"文本框中设置文档的新尺寸，在"背景颜色"后面的颜色框中选择文档的背景颜色，在"帧频"文本框中设置文档的帧频，并设置好其他参数。

3 设置完成后，单击"确定"按钮，完成文档属性的设置。

1.4.4 保存文件

在新建文件后，或者在完成了影片文件的编辑后，还需要对其进行保存。保存文件的操作步骤如下。

1 执行"文件→保存"命令，如果是第一次保存该文档，则会打开"另存为"对话框，如图 1-39 所示。

2 在"文件名"文本框中输入文档名称。

3 在"保存类型"下拉列表中选择文件类型，单击"保存"按钮即可。

图 1-39 "另存为"对话框

小提示

如果文档已经保存过，还需要再次保存，在执行"文件→保存"命令后，文档会自动保存而不会弹出对话框。

1.4.5 打开与关闭文件

1 执行"文件→打开"命令，打开"打开"对话框，如图 1-40 所示。

2 在"查找范围"下拉列表中选择要打开文件的路径。

③ 选择要打开的 Flash 文件。

④ 单击"打开"按钮，便可打开选择的 Flash 文件了。

⑤ 在保存文件后，要关闭文件，执行"文件→退出"命令或直接单击软件界面窗口右上角的"关闭"按钮即可退出并关闭 Flash CS4。

小提示

如果关闭文件前没有保存当前文件，关闭时则会弹出提示框，询问你是否保存此文件。

图 1-40　"打开"对话框

1.5 | 设置绘图环境

在 Flash 中绘图时，用户可以使用网格、标尺和辅助线等辅助工具，便于精确定位舞台中的图像或其他元素。

1.5.1 使用网格

使用"网格"命令，可以为工作区添加网格，方便用户编辑动画。要在舞台上显示网格，只需要执行"视图→网格→显示网格"命令，即可在舞台上显示网格，如图 1-41 所示。

如果要对网格的参数进行设置，可以执行"视图→网格→编辑网格"命令，打开"网格"对话框，然后在对话框中进行操作，如图 1-42 所示。

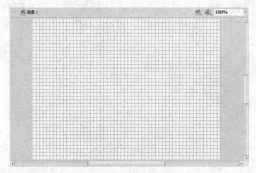

图 1-41　显示网格

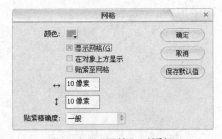

图 1-42　"网格"对话框

下面介绍"网格"对话框中各项参数的功能。

- 颜色：设置网格线的颜色。单击颜色框打开调色板，在其中选择要应用的颜色即可，如图 1-43 所示。
- 显示网格：勾选该复选框即可在工作区内显示网格。
- 贴紧至网格：勾选该复选框后，工作区内的元件在拖动时，如果元件的边缘靠近网格线，就会自动吸附到网格线上。

- 网格宽度：设置网格中每个单元格的宽度。在"网格宽度"后面的文本框中输入一个值，设置网格的宽度，单位为像素，如图 1-44 所示。

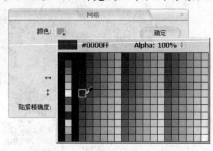

图 1-43　调色板　　　　　　　　　　图 1-44　设置"网格宽度"

- 网格高度：设置网格中每个单元格的高度。在"网格高度"后面的文本框中输入一个值，设置网格的高度，单位为像素，效果如图 1-45 所示。

- 贴紧精确度：设置对象在贴紧网格线时的精确度，包括"必须接近"、"一般"、"可以远离"和"总是贴紧"4 个选项，如图 1-46 所示。

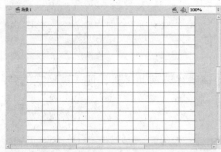

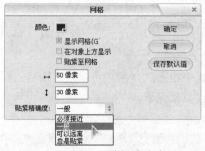

图 1-45　设置网格宽度和高度后的效果　　　图 1-46　设置"贴紧精确度"

只有在"网格"对话框中勾选"贴紧至网格"复选框后，"贴紧精确度"中的选项才能起作用。

1.5.2　使用标尺

通过标尺工具，对于用户掌握舞台中的元素位置，精确定位动画元素的帮助很大。在 Flash 中默认是不会显示标尺的。要在 Flash 中显示标尺工具，只需要执行"视图→标尺"命令即可，如图 1-47 所示。

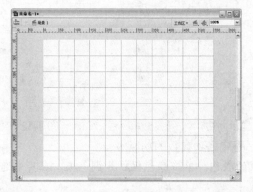

图 1-47　显示标尺

在文档窗口中显示标尺后，移动舞台上的元素时，在标尺上会显示出元素的边框定位线，为用户指示当前元素移动的位置。

1.5.3　使用辅助线

使用辅助线功能可以在工作区内添加辅助线，帮助用户定位动画元素。在"视图"菜单中选择"辅助线"命令，在其子菜单中可以看到显示辅助线、锁定辅助线、编辑辅助线和清除辅助线 4 个命令。

下面介绍添加辅助线的方法，其操作步骤如下。

1 执行"视图→标尺"命令启用标尺工具，如图 **1-48** 所示。

图 1-48　显示标尺

2 将鼠标指针移到标尺上并单击，鼠标指针变为 形状，按住鼠标左键向工作区中心拖动，然后松开鼠标，即可拖出一条绿色的辅助线，如图 **1-49** 所示。

图 1-49　拖动辅助线

小提示

　　要删除工作区内的辅助线，可以直接将鼠标移动到辅助线上，待鼠标指针变成 形状时，按住左键将辅助线拖到工作区域外，然后松开鼠标即可。

在工作区域内添加了辅助线后，如果还需要添加多个辅助线，可以将添加好的辅助线锁定，使其不能被选中，以免误操作。锁定辅助线很简单，只需要执行"视图→辅助线→锁定辅助线"命令即可。

在工作区域内添加了辅助线后，可以编辑辅助线的颜色、是否显示辅助线、是否贴紧至辅助线和是否锁定辅助线等参数。编辑辅助线的操作步骤如下。

1 执行"视图→辅助线→编辑辅助线"命令，打开"辅助线"对话框，如图 **1-50** 所示。

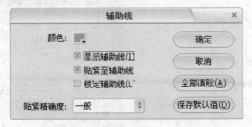

图 1-50　"辅助线"对话框

"辅助线"对话框中各项参数的功能分别如下。

- 颜色：为辅助线设置颜色，默认设置为绿色。单击"颜色"后面的颜色框，在弹出的调色板中选择需要的颜色即可。
- 显示辅助线：勾选该复选框即可显示辅助线；取消勾选该复选框，即可将工作区内的辅助线隐藏。
- 贴紧至辅助线：勾选该复选框后，文档中的对象在拖动时，如果靠近辅助线，其边缘会自动吸附到辅助线上。
- 锁定辅助线：勾选该复选框后，创建好的辅助线将无法拖动编辑。
- 贴紧精确度：设置对象在贴紧辅助线时的精确度，包括"必须接近"、"一般"和"可以远离"3 个选项，如图 1-51 所示。
- "全部清除"按钮：单击该按钮，将工作区内的辅助线全部清除掉，如图 1-52 所示。

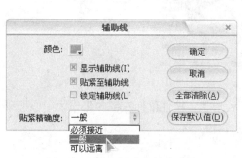

图 1-51　设置"贴紧精确度"

图 1-52　工作区内的辅助线全部清除

- "保存默认值"按钮：单击该按钮，将目前"辅助线"对话框中的设置保存为默认值。

2 在对话框中设置辅助线的颜色、是否贴紧辅助线、贴紧精确度等参数后，单击"确定"按钮，完成辅助线的设置。

现·场·练·兵

导入图像素材文件

在 Flash 动画制作中，经常需要使用很多现有的素材，这里就来练习如何向 Flash 文档中导入素材。

其操作步骤如下。

1 新建或者打开一个文档。

2 执行"文件→导入→导入到舞台"命令，打开如图 1-53 所示的"导入"对话框。

3 在对话框中选择要导入的图像素材文件，单击"打开"按钮即可将素材导入到舞台。

图 1-53　"导入"对话框

1.6 | 疑难解析

通过前面的学习，读者应该已经掌握了 Flash CS4 动画制作的基本知识，下面就读者在学习的过程中遇到的疑难问题进行解析。

1 如何取消显示 Flash 开始页面

在默认情况下，每次启动 Flash CS4 时，都会启动开始页面，如果用户不需要每次都从开始页面进入 Flash，可以取消显示该页面，其操作方法如下。

启动 Flash CS4，在开始页面下方勾选"不再显示"复选框，下次启动时将不再显示该页面，如图 1-54 所示。

如果要重新显示 Flash 开始页面，只需要执行"编辑→首选参数"命令，打开"首选参数"对话框，在"启动时"下拉列表中选择"欢迎屏幕"选项即可，如图 1-55 所示。

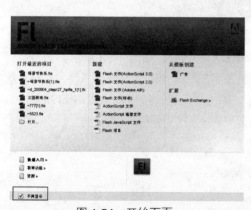

图 1-54　开始页面

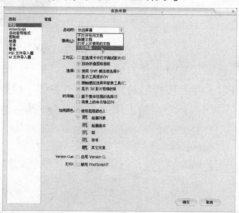

图 1-55　"首选参数"对话框

2 如何在活动面板组中显示更多的面板

要在活动面板组中显示更多的面板，只需要在"窗口"菜单中选择要显示的面板名称即可，如图 1-56 所示。

图 1-56　"窗口"菜单

3 如何将文件保存为模板

在创建好幻灯片影片或其他影片后，可以将影片保存为模板，便于以后重复使用。将文件保存为模板一般是通过"另存为模板"命令来实现的，其具体操作步骤如下。

1 在 Flash 中制作一个幻灯片演示文稿影片，如图 1-57 所示。

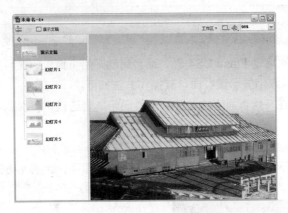

图 1-57　幻灯片演示文稿影片

2 执行"文件→另存为模板"命令，打开"另存为模板"对话框，如图 1-58 所示。

3 在"另存为模板"对话框中将"名称"设置为"风景相册"，"类别"设置为"照片幻灯片放映"，在"描述"中输入描述内容："世界各地风光"，单击"保存"按钮，如图 1-59 所示。

图 1-58　"另存为模板"对话框　　　　　图 1-59　设置参数

4 执行"文件→新建"命令，在打开的对话框中选择"模板"选项卡，可以看到刚保存的模板，如图 1-60 所示。

图 1-60　保存的模板

1.7 上机实践

创建一个场景大小为 320×240，场景背景为蓝色，动画播放帧率为 24 帧/秒的动画文件。

1.8 巩固与提高

本章主要讲解了 Flash 的基础知识。现在给大家准备了相关的习题进行练习，希望通过完成下面的习题可以对前面学习到的知识进行巩固。

1．选择题

（1）Flash 的开始页面包括（　　）类项目。

A．2 　　　　　　　　　　　B．3

C．4 　　　　　　　　　　　D．5

（2）Flash 动画的优点有（　　）。

A．文件小 　　　　　　　　　B．播放速度快

C．硬件要求高 　　　　　　　D．互动性大

（3）在 Flash 中，按（　　）组合键，可以关闭文档。

A．Ctrl＋S 　　　　　　　　　B．Ctrl＋O

C．Ctrl＋D 　　　　　　　　　D．Ctrl＋W

2．判断题

（1）要从模板创建文档，需要执行"文件→新建"命令，在打开的对话框中选择"模板"选项卡，再从中选择要创建的模板项。　（　　）

（2）使用辅助线和标尺，可以更有效地提高 Flash 绘画效率。（　　）

（3）一旦设置好动画场景的大小并保存后，用户将无法改变场景大小。（　　）

读书笔记

第2章

常用工具详解

在 Flash 中制作动画时，往往会需要用户自己绘制一些图像，并为其应用填充颜色，因此掌握好在 Flash 中绘图和对图像填充颜色的方法就显得格外重要。

 学习指南

- 认识工具面板
- 绘画工具
- 选取工具
- 文本工具
- 填色工具
- 编辑工具

精彩实例效果展示 ▲

2.1 认识"工具"面板

"工具"面板是 Flash 进行图像绘制与编辑操作的基础，如果没有打开"工具"面板，用户可执行"窗口→工具"命令将其打开，如图 2-1 所示。打开后的工具面板如图 2-2 所示。

为了全面显示"工具"面板中的所有常用工具，用户可以用鼠标拖动"工具"面板右侧边线将"工具"面板拖成双列或者多列显示，分别如图 2-3 和图 2-4 所示。

图 2-1 选择"工具" 　　图 2-2 "工具" 　　图 2-3 双列"工具" 　　图 2-4 多列"工具"

命令 　　　　　　　面板 　　　　　　面板 　　　　　　面板

Flash CS4 的"工具"面板包括选取工具、绘图工具、填充工具、查看工具以及附属工具等，如图 2-5 所示。

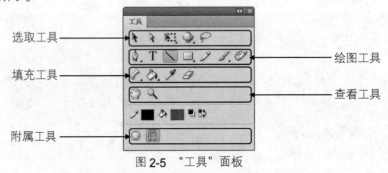

图 2-5 "工具"面板

用户可以单击"工具"面板右上角的折叠按钮来展开或者折叠"工具"面板，如图 2-6 所示。折叠后的"工具"面板缩小成一个按钮形式的最小状态，如图 2-7 所示。

图 2-6 "工具"面板的折叠按钮 　　　　图 2-7 折叠后的"工具"面板

2.2 | 绘画工具

Flash 中的绘画工具可以让用户在文件中绘制各种形状的图形，包括矩形工具、椭圆工具、基本矩形工具、基本椭圆工具、多角星工具、铅笔工具、刷子工具、线条工具、钢笔工具、Deco 工具和喷涂刷工具等。

2.2.1　椭圆与基本椭圆工具

"椭圆工具"  是绘制圆形或椭圆形并完成填色的工具。在"工具"面板中单击"矩形工具"按钮不放，在弹出的下拉按钮中选择"椭圆工具"，如图 2-8 所示。使用"椭圆工具并直接在舞台上拖动鼠标，即可完成椭圆形的绘制，如图 2-9 所示。

图 2-8　选择"椭圆工具"

图 2-9　绘制椭圆

如果要绘制一个正圆，只需要在使用"椭圆工具"绘制椭圆时，按住 Shift 键即可绘制一个正圆，如图 2-10 所示。

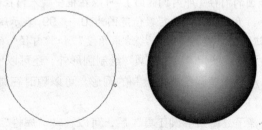

图 2-10　给制正圆

在"工具"面板中选择了"椭圆工具"后，可以在"属性"面板中设置椭圆形的线条、色彩、样式、粗细及椭圆的起始角度等属性，如图 2-11 所示。

图 2-11　"椭圆工具"的"属性"面板

"椭圆工具"的"属性"面板中各项参数的功能分别介绍如下。

● 笔触颜色：设置椭圆边线的颜色。

● 笔触高度：设置椭圆边线的粗细。

● 笔触样式：设置椭圆边线的样式，有"极细"、"实线"和"其他"样式。

● 编辑笔触样式 ：单击该按钮打开"笔触样式"对话框，在其中可以自定义笔触样式。

● 端点：设置椭圆边线端点的样式，有"无"、"圆角"和"方形" 3 个选项。

● 接合：设置椭圆边线接合处的样式，有"尖角"、"圆角"和"斜角" 3 个选项。

● 笔触提示：将笔触锚记点保存为全像素，以防止出现线条模糊。

● 缩放：限制 Player 中的笔触缩放，以防止出现线条模糊。该项包括一般、水平、垂直和无 4 个选项。

● 填充颜色：设置椭圆的填充颜色。单击填充颜色框，打开调色面板，在其中选择要填充的颜色即可。

● 起始角度：设置椭圆开始点的角度，将椭圆和圆形的形状修改为扇形、半圆形及其它有创意的形状。起始角度的值被限定在 0 ~ 360 数值之间，且椭圆的形状会随着起始角度的变化而改变。

● 结束角度：设置椭圆结束点的角度，将椭圆和圆形的形状修改为扇形、半圆形及其他有创意的形状。结束角度的值被限定在 0 ~ 360 数值之间，且椭圆的形状会随着结束角度的变化而改变。

● 闭合路径：用于指定椭圆的路径（如果指定了内径，则有多个路径）是否闭合。默认情况下将勾选"闭合路径"。如果取消勾选"闭合路径"复选框，且设置了起始或结束角度，在绘制椭圆时，将无法形成闭合路径和填充颜色。

● 内径：用于指定椭圆的内径（即内侧椭圆）。可以在框中输入内径的数值，或单击滑块相应地调整内径的大小。允许输入的内径数值范围为 0 ~ 99，表示删除的椭圆填充的百分比。

● 重置：单击该按钮，将"起始角度"、"结束角度"和"内径"的参数恢复为默认状态。

在 Flash CS4 中，除了可以使用"椭圆工具"绘制圆形外，还可以使用"基本椭圆工具" 来绘制圆形。并且，使用"基本椭圆工具"绘制的圆形，可以随时在舞台中编辑其笔触或边角半径的值。

在"工具"面板中选择了"基本椭圆工具"后，可以在其"属性"面板中设置椭圆形的线条、色彩、样式、粗细及椭圆的起始角度等属性，如图 2-12 所示。

图 2-12 "基本椭圆工具"的"属性"面板

"基本椭圆工具"的"属性"面板与"椭圆工具"的"属性"面板一致，这里不再介绍。下面介绍绘制基本椭圆方法。

1 在"工具"面板中单击"矩形工具"按钮并按住不放，直至弹出一个下拉按钮，然后选择"基本椭圆工具" 。

2 在属性面板中设置基本椭圆的笔触和填充等参数，如图 2-13 所示。

3 在舞台中按住鼠标左键并拖动，松开鼠标即可绘制出一个基本椭圆，如图 2-14 所示。

图 2-13 设置"属性"面板

图 2-14 绘制一个基本椭圆

4 使用"选择工具"选择基本椭圆内径和外径上的锚点并进行拖动，改变基本椭圆的形状，如图 2-15 所示。

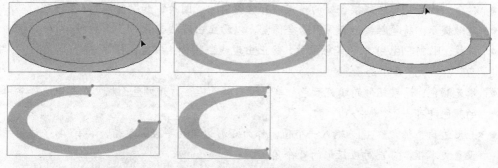

图 2-15 使用"选择工具"改变基本椭圆的形状

2.2.2 矩形与基本矩形工具

使用"矩形工具" 可以在舞台上绘制矩形。选择了"矩形工具"后，可以在"工具"面板中为矩形设置笔触颜色和填充颜色。绘制好矩形后，可以在"属性"面板中修改矩形的笔触和填充属性。

要绘制矩形，只需在"工具"面板中单击"矩形工具"按钮，在舞台中按住鼠标左键并拖动，松开鼠标即可绘制出一个矩形，如图 2-16 所示。

图 2-16 绘制矩形

小提示

如果要绘制一个正方形，则只需要在舞台中按住鼠标左键的同时，再按住"Shift"键并拖动即可。

在"工具"面板中选择了"矩形工具"后，可以在"属性"面板中设置矩形的线条、色彩、样式、粗细及矩形边角半径等属性，如图 2-17 所示。

图 2-17 "矩形工具"的"属性"面板

"矩形工具"的"属性"面板中各项参数的功能分别介绍如下。

● 笔触颜色：设置矩形边线的颜色。

● 笔触高度：设置矩形边线的粗细。

● 笔触样式：设置矩形边线的样式，有"极细"、"实线"和"其他"样式。

● 编辑笔触样式 ：单击该按钮打开"笔触样式"对话框，在其中可以自定义笔触样式。

● 端点：设置矩形边线端点的样式，有"无"、"圆角"和"方形"3个选项。

● 接合：设置矩形边线接合处的样式，有"尖角"、"圆角"和"斜角"3个选项。

● 笔触提示：将笔触锚记点保存为全像素，以防止出现线条模糊。

● 缩放：限制 Player 中的笔触缩放，防止出现线条模糊。该项包括"一般"、"水平"、"垂直"和"无"4个选项。

● 填充颜色：设置矩形的填充颜色。单击填充颜色框，打开调色面板，在其中选择要填充的颜色即可。

● 矩形边角半径 0.00 ：输入一个值，作为矩形边角的半径弧度值，共有 4 个边角半径设置文本框，分别对应矩形的4个角。

小提示 F1

当"矩形边角半径"文本框中输入的值为正且足够大时，则可以绘制一个圆形，如图 2-18（a）所示。当"矩形边角半径"文本框中输入的值为负值时，则创建的是反半径矩形，边角向内陷，如图 2-18（b）所示。

图 2-18（a） 矩形边角半径为正时的效果

图 2-18（b） 矩形边角半径为负时的效果

● 锁定按钮 ⬚：单击该按钮进入锁定状态，即可统一设置四个矩形边角半径的值。再次单击则解开锁定，可以分别设置各个边角半径的值。

● 重置：单击该按钮，将矩形边角半径的参数恢复为默认状态。

在 Flash CS4 中还可以使用"基本矩形工具"绘制矩形，且绘制的矩形可以随时在舞台中编辑笔触或边角半径的值。

在"工具"面板中选择了"基本矩形工具"，在"属性"面板中设置好"基本矩形工具"的属性参数后，即可在舞台中绘制矩形了，如图 2-19 所示。

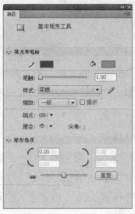

图 2-19　"基本矩形工具"的"属性"面板

"基本矩形工具"的"属性"面板与"椭圆工具"的"属性"面板一致，这里不再介绍。在舞台中调整基本矩形的方法与调整基本椭圆的方法基本相同，也不再介绍。

2.2.3　多角星形工具

使用"多角星形工具"可以绘制多边形或是多角星形的图形。通过"属性"面板可以选择"多角星形工具"绘制的图形是多边形还是多角星形。

使用"多角星形工具"绘制多角星的操作步骤如下。

1 在"工具"面板中单击"矩形工具"按钮并按住不放，直至弹出一个下拉按钮，然后选择"多角星形工具"，如图 2-20 所示。

图 2-20　选择"多角星形工具"

2 在"工具"面板中选择了"多角星形工具"后，在"属性"面板中直接设置多角星的线条、色彩、样式、粗细及其他选项等属性，如图 2-21 所示。

图 2-21 "多角星形工具"的"属性"面板

"多角星形工具"的"属性"面板中各项参数的功能分别介绍如下。

● 笔触颜色：设置多角星边线的颜色。

● 笔触高度：设置多角星边线的粗细。

● 笔触样式：设置多角星边线的样式，有"极细"、"实线"和"其他"样式。

● 编辑笔触样式 ⌷：单击该按钮打开"笔触样式"对话框，在其中可以自定义笔触样式。

● 端点：设置多角星边线端点的样式，有"无"、"圆角"和"方形"3 个选项。

● 接合：设置多角星边线接合处的样式，有"尖角"、"圆角"和"斜角"3 个选项。

● 笔触提示：将笔触锚记点保存为全像素，以防止出现线条模糊。

● 缩放：限制 Player 中的笔触缩放，以防止出现线条模糊。该项包括"一般"、"水平"、"垂直"和"无"4 个选项。

● 填充颜色：设置多角星的填充颜色。单击填充颜色框，打开调色面板，在其中选择要填充的颜色即可。

● "选项"按钮：设置多角星的类型和边数等参数。

3 在"属性"面板中单击"选项"按钮，打开"工具设置"对话框，在其中设置多角星的类型和边数等参数，这里将"样式"设置为"星形"，然后单击"确定"按钮，如图 2-22 所示。

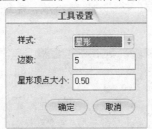

图 2-22 "工具设置"对话框

"工具设置"对话框中各项参数的功能分别介绍如下。

● 样式：选择多角星的样式，有多边形和星形两个选项。

● 边数：设置多角星的边数，可自由输入，但其输入的数值只能在 3 ~ 32 之间。

● 星形顶点大小：输入一个介于 0 ~ 1 之间的数字以指定星形顶点的深度。此数字越接近 0，创建的顶点就越深，如图 2-23 (a) 所示。此数字越接近 1，创建的顶点就越浅，如图 2-23 (b) 所示。

（a）接近 0 时的效果　　　　　　　　　　（b）接近 1 时的效果

图 2-23　星形顶点大小不同的效果

小提示

　　"星形顶点大小"的值不会影响多边形的形状。如果是绘制多边形，则只需要设置"样式"和"边数"两项，而不需要设置该参数。

4 在舞台中按住鼠标左键并拖动，松开鼠标即可绘制出一个多角星，如图 2-24 所示。

图 2- 24　绘制多角星

2.2.4　铅笔工具

　　使用"铅笔工具"可以在舞台上绘制曲线或直线。选择"铅笔工具"后，在舞台中按住鼠标左键并拖动，即可绘制出各式线条。

　　选择"铅笔工具"后，在"工具"面板中可以选择"伸直"、"平滑"和"墨水"3 种不同的线条绘画模式，如图 2-25 所示。

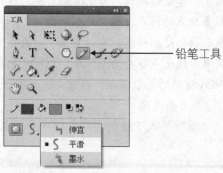

铅笔工具

图 2-25　"铅笔工具"不同的线条绘画模式

● "伸直"模式：可以在绘制过程中将线条自动伸直，使其尽量直线化。若要绘制直线，并将接近三角形、椭圆、圆形、矩形和正方形的形状转换为这些常见的几何形状，则可以使用直线化模式，如图 2-26 所示。

● "平滑"模式：可以在绘制过程中将线条自动平滑，使其尽可能成为有弧度的曲线，如图 2-27 所示。

● "墨水"模式：在绘制过程中保持线条的原始状态，如图 2-28 所示。

图 2-26 "伸直"模式效果   图 2-27 "平滑"模式效果   图 2-28 "墨水"模式效果

在"工具"面板中选择了"铅笔工具"后，可以在"属性"面板中设置笔触颜色、高度、颜色、缩放和平滑等参数，如图 2-29 所示。

图 2-29 "铅笔工具"的"属性"面板

"铅笔工具"的"属性"面板中各项参数的功能分别介绍如下。

● 笔触颜色：设置要绘制的线条的颜色。

● 笔触高度：设置线条的粗细。

● 笔触样式：设置线条的样式，有"极细"、"实线"和"其他"样式。

● 编辑笔触样式：单击该按钮打开"笔触样式"对话框，在其中可以自定义笔触样式。

● 端点：设置线条端点的样式，有"无"、"圆角"和"方形"3 个选项。

● 接合：设置线条接合处的样式，有"尖角"、"圆角"和"斜角"3 个选项。

● 笔触提示：将笔触锚记点保存为全像素，以防止出现线条模糊。

● 缩放：限制 Player 中的笔触缩放，以防止出现线条模糊。该项包括"一般"、"水平"、"垂直"和"无"4 个选项。

● 平滑：设置"平滑"模式下绘制的线条的平滑程度，平滑值越高，绘制出的线条就越平滑。

2.2.5 刷子工具

"刷子工具"能绘制出刷子般的笔触，就像在涂色一样。它可以创建特殊效果，包括书法效果。通过"刷子工具"的"属性"面板可以改变刷子大小和形状。

"刷子工具"是以颜色填充方式绘制各种图形的绘制工具。在"工具"面板中选择"刷子工具"后，在工作区域内拖动鼠标，即可完成一次绘制，如图 2-30 所示。

在"工具"面板中选择"刷子工具"后，可以单击面板底部单的击"刷子模式"按钮，然后在弹出的下拉按钮中选择不同的绘图模式，如图 2-31 所示。

图 2-30 选择"刷子工具"　　　　图 2-31 选择不同的绘图模式

下面分别介绍这 5 种绘图模式。

● 标准绘画：正常绘图模式，它是默认的直接绘图方式，对任何区域都有效，如图 2-32 所示。

● 颜料填充：只对填色区域有效，对图形中的线条不产生影响，如图 2-33 所示。

图 2-32 "标准绘画"模式　　　　图 2-33 "颜料填充"模式

● 后面绘画：只对图形后面的空白区域有效，不影响原有的图形，如图 2-34 所示。

● 颜料选择：只对已经被选中颜色块中的填充图形有效，不影响选取范围以外的图形，如图 2-35 所示。

图 2-34 "后面绘画"模式　　　　图 2-35 "颜料选择"模式

● 内部绘画：只对鼠标按下时所在的颜色块有效，对其他的色彩不产生影响，如图 2-36 所示。

图 2-36 "内部绘画"模式

除了可以为"刷子工具"设置绘图模式外，还可以选择刷子的大小和形状。要设置刷子的大小，可以单击"工具"面板底部"刷子大小"按钮，然后在弹出的下拉按钮中进行选择，如图 2-37 所示。

要选择刷子的形状，单击"刷子形状"按钮，然后在弹出的下拉按钮中选择即可，如图 2-38 所示。

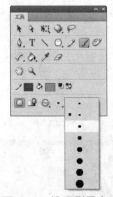

图 2-37 设置刷子大小

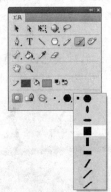

图 2-38 设置刷子形状

在"工具"面板中选择"刷子工具"后，可以在"属性"面板中对该工具的填充颜色和笔触平滑度进行设置，如图 2-39 所示。

图 2-39 "刷子工具"的"属性"面板

下面介绍"刷子工具"的"属性"面板中各项参数的功能。

● 填充颜色：设置刷子的填充颜色。

● 平滑：设置绘制图形的平滑程度，平滑值越高，绘制出的图形边缘就越平滑。

如果在刷子上色的过程中按下 Shift 键，则可在工作区中给一个水平或者垂直的区域上色。如果按下 Ctrl 键，则可以暂时切换到选择工具，对工作区中的对象进行选取。

2.2.6　线条工具

"线条工具"是用于绘制直线的工具，使用"线条工具"可以绘制多种样式的直线。在"工具"面板中选择"线条工具"后，在舞台上拖动鼠标，即可绘制直线。

通过"属性"面板中的"端点"和"接合"选项，可以设置线条端点样式及两条线段连接的方式，如图 2-40 所示。

图 2-40　"线条工具"的"属性"面板

"线条工具"的"属性"面板中各个参数分别介绍如下。

● 笔触颜色：设置要绘制的线条的颜色。单击笔触颜色按钮，打开调色面板，在其中选择要应用的颜色即可，如图 2-41 所示。

● 笔触高度：设置线条的粗细。在文本框中直接输入一个值，或单击后面的倒三角形滑块，拖动滑块可以调节笔触高度。笔触高度的值越大，绘制的线条就越粗，如图 2-42 所示。

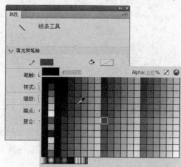

图 2-41　设置笔触颜色

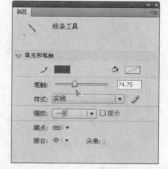

图 2-42　设置笔触高度

在"属性"面板中设置"直线工具"的笔触高度时，其值只能为 0.1~200 之间的数值。

● 笔触样式：设置线条的样式，包括"极细线"、"实线"和其他样式的虚线，如图 2-43 所示。

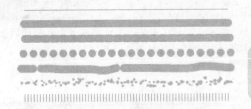

> **小提示** FI
> 选择非实线样式的笔触，会增加 Flash 影片档的大小，所以要谨慎选择笔触样式。

图 2-43　笔触样式

- 编辑笔触样式 ✎：自定义笔触样式。单击"自定义"按钮，打开"笔触样式"对话框，在对话框中可以设置"笔触样式"中各个样式选项的参数，制作出自己需要的笔触样式，如图 2-44 所示。

图 2-44　设置笔触样式

- 笔触提示：将笔触锚记点保存为全像素，以防止出现线条模糊。
- 缩放：限制 Player 中的笔触缩放，以防止出现线条模糊。该项包括"一般"、"水平"、"垂直"和"无"4 个选项，如图 2-45 所示。
- 端点 ⊜▼：设置线条两端的样式。有"无"、"圆角"和"方形"3 个选项，如图 2-46 所示，效果如图 2-47 所示。

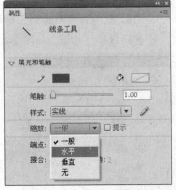

图 2-45　缩放选项

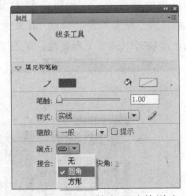

图 2-46　设置线条两端的样式

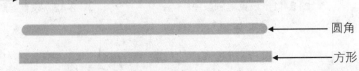

图 2-47　线条两端的样式

- 接合 ⊗▼：定义两条相连线条的连接方式。有"尖角"、"圆角"和"斜角"3 个选项，如图 2-48 所示，效果如图 2-49 所示。

图 2-48 线条的连接方式

（a） 尖角 （b） 圆角 （c） 斜角

图 2-49 线条接合类型

● 尖角：控制尖角接合的清晰度，在其中输入的值越大，尖角越明显，清晰度越高。尖角值的输入范围为 1~60。

2.2.7 钢笔工具

使用"钢笔工具"可以直接绘制带有节点的路径线条，然后对节点及其控制点进行调整，可方便地进行线条的造型，如图 2-50 所示。

绘制直线路径线条是最简单的"钢笔工具"使用方式，只需要在"工具"面板中选择"钢笔工具" ，将"钢笔工具"定位在线段的起点并单击，定义第一个锚点，然后将"钢笔工具"定位在下一个锚点位置并单击即可，如图 2-51 所示。

图 2-50 使用"钢笔工具"进行的线条造型 图 2-51 使用"钢笔工具"绘制直线段

如果要绘制曲线，则需要在曲线改变方向的位置添加锚点，并拖动构成曲线的方向线，其中，方向线的长度和斜率决定了曲线的形状，如图 2-52 所示。

在"工具"面板中选择了"钢笔工具"后，可以在"属性"面板中设置笔触的颜色、高度及笔触样式等参数，如图 2-53 所示。

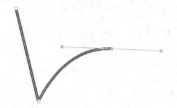

图 2-52　使用"钢笔工具"绘制曲线　　　　图 2-53　"钢笔工具"的"属性"面板

2.2.8　添加/删除锚点工具

添加/删除锚点是指在当前绘制的图形中添加新的锚点或删除已有的锚点。要在线条中添加锚点，可以选择"添加锚点工具"，如图 2-54 所示。然后移到图形上要添加锚点的位置，当鼠标指针变为 ♦₊形状时，单击即可，如图 2-55 所示。

图 2-54　选择"添加锚点工具"　　　　　　图 2-55　添加锚点

要在线条中删除锚点，则只需要选择"删除锚点工具"，如图 2-56 所示。然后移到要删除的锚点上，当鼠标指针变为 ♦₋形状时，单击即可，如图 2-57 所示。

图 2-56　选择"删除锚点工具"　　　　　　图 2-57　删除锚点

2.2.9　转换锚点工具

在舞台中绘制了图形后，可以使用"转换锚点工具"将不带方向线的转角点转换为带有独立方向线的转角点。在"工具"面板中选择"转换锚点工具"，如图 2-58 所示。然后单击线条上的转角点，按住鼠标左键进行拖动，即可看到添加的方向线，如图 2-59 所示。

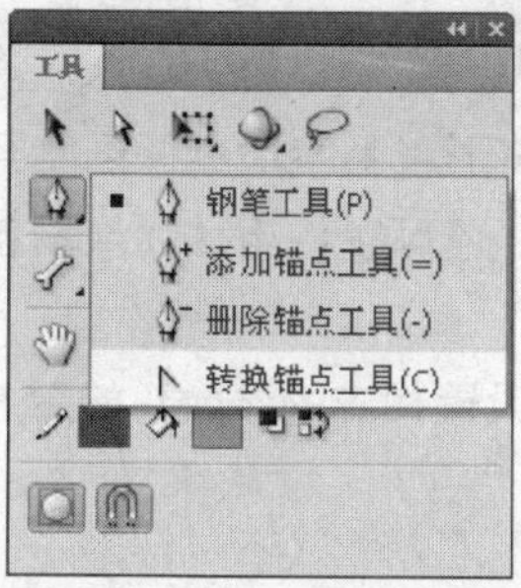

图 2-58　选择“转换锚点工具”

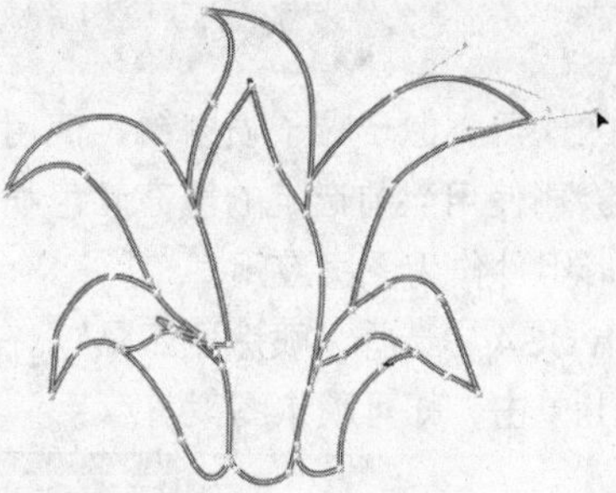

图 2-59　转换锚点

2.2.10　Deco 工具

使用“Deco 工具”可以对舞台上的选定对象应用效果。在选择“Deco 工具”后，可以从“属性”面板中选择效果，如图 2-60 所示，然后设置相应的参数，直接在舞台上单击即可绘制图案。

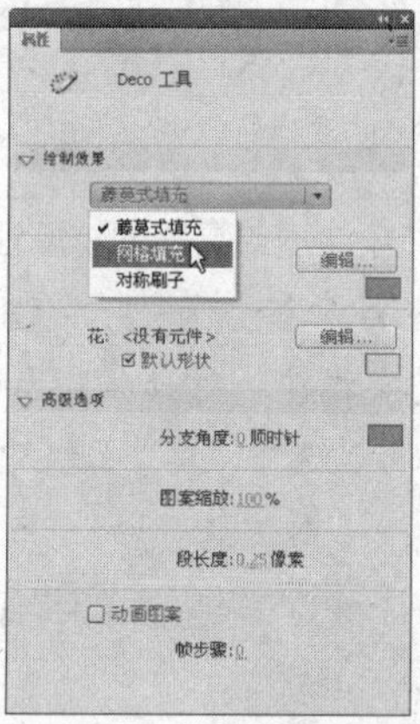

图 2-60　“Deco 工具”的“属性”面板

在 Flash CS4 中，使用“Deco 工具”可以绘制以下 3 种图案效果。

- 对称刷子效果：可使用对称效果来创建圆形用户接口元素（如模拟钟面或刻度盘仪表）和旋涡图案。对称效果的默认组件是 25×25 像素、无笔触的黑色矩形形状，如图 2-61 所示。
- 网格填充效果：使用网格填充效果可创建棋盘图案、平铺背景或用自定义图案填充的区域或形状，如图 2-62 所示。
- 藤蔓式填充效果：利用藤蔓式填充效果，可以用藤蔓式图案填充舞台、组件或封闭区域，如图 2-63 所示。

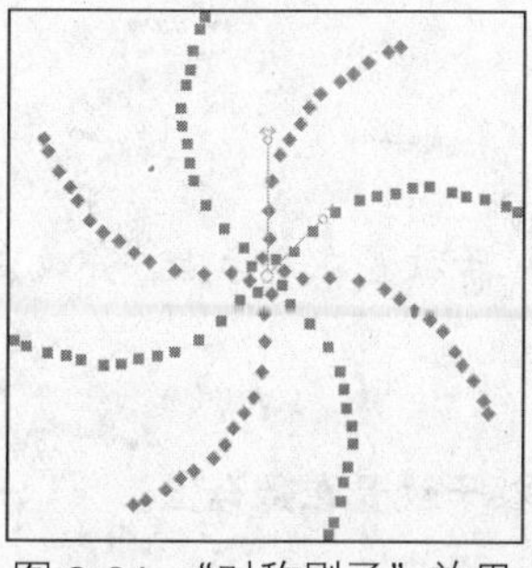

图 2-61　“对称刷子”效果

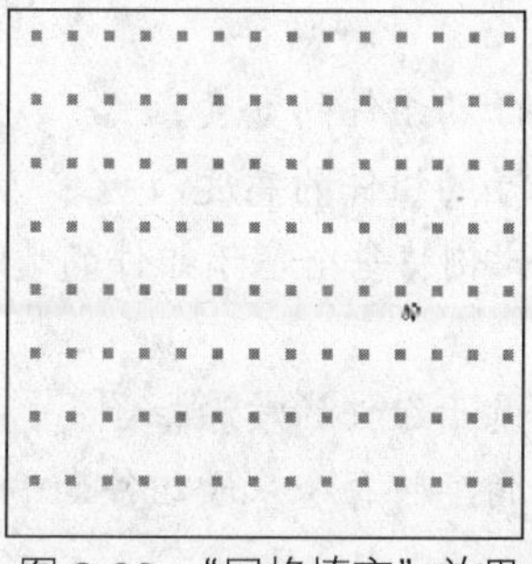

图 2-62　“网格填充”效果

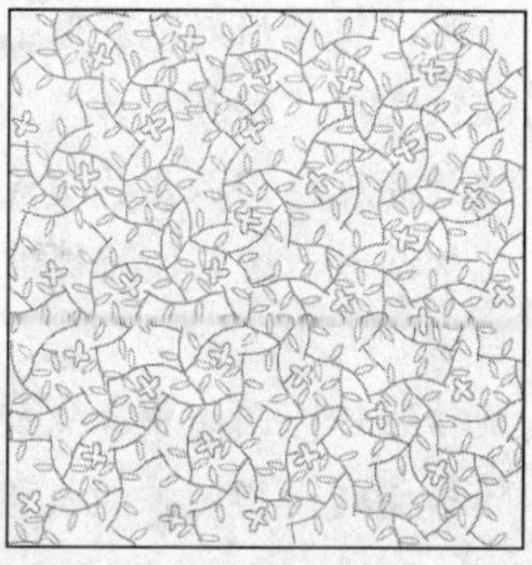

图 2-63　“藤蔓式填充”效果

2.2.11 喷涂刷工具

喷涂刷的作用类似于粒子喷射器，使用它可以一次性的将形状图案"刷"到舞台上。默认情况下，喷涂刷使用当前选定的填充颜色喷射粒子点。此外，还可以使用"喷涂刷工具"将影片剪辑或图形组件作为图案应用。

在 Flash CS4 中选择"喷涂刷工具"，在"属性"面板中设置相应的参数，如图 6-64 所示，直接在舞台上单击，即可喷涂图案。

图 6-64 "喷涂刷工具"的"属性"面板

"喷涂刷工具"的"属性"面板中各个参数分别介绍如下。

● 编辑：单击该按钮，弹出"交换元件"对话框，如图 2-65 所示，用户可以选择影片剪辑或图形组件以用作喷涂刷粒子。选中"库"面板中的某个组件时，其名称将显示在"编辑"按钮的旁边。

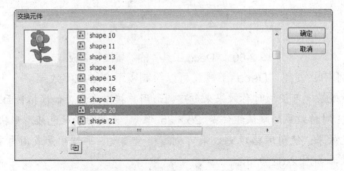

图 6-65 "交换元件"对话框

● 颜色选取器：选择用于默认粒子喷涂的填充颜色。使用"库"面板中的组件作为喷涂粒子时，将禁用颜色选取器。

● 缩放宽度：缩放用作喷涂粒子的组件的宽度。

● 缩放高度：缩放用作喷涂粒子的组件的高度。

● 随机缩放：指定按随机缩放比例将每个基于组件的喷涂粒子放置在舞台上，并改变每个粒子的大小。

● 旋转组件：围绕中心点旋转基于组件的喷涂粒子。

● 随机旋转：指定按随机旋转角度将每个基于组件的喷涂粒子放置在舞台上。

2.3 选取工具

在 Flash 中可以使用选取工具选择图形、文字对象及其他影片元素，也可以选择图形区域和颜色区域，而使用选取工具中的"部分选取工具"则可以对路径上的控制点进行选取、拖曳、调整路径方向及删除节点等操作。

2.3.1 选择工具

在 Flash 中可以使用"选择工具" 选择图形、文字对象及其他影片元素。要选取和移动对象，只需要在"工具"面板中选择"选择工具"，将鼠标指针移到要选取的对象上面，待鼠标指针变为 形状后单击，即可选中并拖动，如图 2-66 所示。

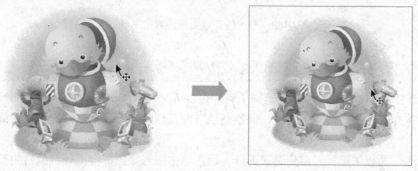

图 2-66 选中并拖动对象

"选择工具"没有相应的属性面板，但在"工具"面板上有一些相应的附加选项，具体的选项设置如图 2-67 所示。

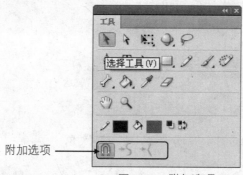

图 2-67 附加选项

- 对齐对象：单击 按钮，使其变为选中状态，此时使用选取工具拖动对象，光标处将出现一个小圆圈，将对象向其他对象移动，当在靠近目标对象一定范围内，小圆圈会自动吸附上去，此功能有助于将两个对象很好地连接在一起。
- 平滑：此功能可以使选中的向量图形的图形块或线条做平滑化的修饰，使图形的曲线更加柔和，借此可以消除线条中的一些多余棱角；选择绘制的向量图形或线条，单击工具箱中的 按钮，即可对选取的对象进行平滑化的修饰。当选中一个线条后，可以多次单击此按钮，对线条进行平滑处理，直到线条的平滑程度达到要求为止。

● 伸直：此功能可以使选中的向量图形的图形块或线条做直线化的修饰，使图形棱角更加分明。选择待绘制的向量图形或线条，单击工具箱中的 按钮，即可对选取的对象进行直线化的修饰。

"选择工具"不但可以选择移动对象，还可以对舞台上的图形进行造型编辑。在"工具"面板中选择"选择工具"后，将光标移动到线条或图形的边缘，光标形状变为 ，按住鼠标左键并拖动，即可方便地修改线条或图形边缘的形状，如图 2-68 所示。

图 2-68　修改线条或图形边缘的形状

2.3.2　部分选取工具

在 Flash 中，除了前面介绍的"选择工具"可以选择对象外，还可以使用"部分选取工具" 对路径上的控制点进行选取、拖曳、调整路径方向及删除节点等操作，达到重新编辑向量图形的目的。

在"工具"面板中选择"部分选取工具"后，单击图形，图形会出现可编辑的节点，将鼠标移到要编辑的节点上，待鼠标指针变为 形状后，按住鼠标左键进行拖动即可进行编辑，如图 2-69 所示。

图 2-69　使用"部分选取工具"编辑对象

小提示

"部分选取工具"没有相应的"属性"面板，而且工具箱中的"选项"面板也没有任何选项设置。"部分选取工具"主要用于调节对象的详细形状，没有颜色和缩放之类的属性设置。

2.3.3　套索工具

"套索工具"可以选择图形区域和颜色区域。在"套索工具"中包括"套索工具"、"魔术棒"、"魔术棒设置"和"多边形模式"4 类工具。

使用"套索工具" 可以在图形中圈选不规则的区域。在"工具"面板中选择"套索工具" ，如图 2-70 所示，在图形上按住鼠标左键并拖画出需要的图形范围，即可完成区域的选择，如图 2-71 所示。

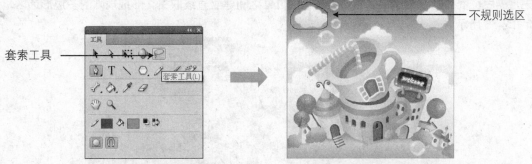

图 2-70　选择"套索工具"　　　　　　图 2-71　创建不规则选区

使用"魔术棒" 可以在图形中选择一个颜色区域。在"工具"面板中选择"套索工具" 后，再单击面板底部的"魔术棒"按钮，如图 2-72 所示，然后单击图像上要选取的区域即可，如图 2-73 所示。

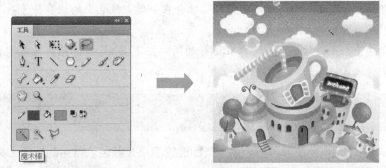

图 2-72　选择"魔术棒"工具　　　　　图 2-73　使用"魔术棒"工具创建选区

 小提示

"魔术棒"工具只能用于选取分离后位图中的区域，而不能用于其他图形中。

"魔术棒"工具选择颜色区域的范围是可以进行设置的，通过"魔术棒设置"工具就可以为"魔术棒"工具设置具体的阀值与平滑度和改变使用"魔术棒"工具选取位图区域时的选取精度。

要修改"魔术棒"工具的设置，只需要在"工具"面板中选择"套索工具" 后，再单击面板底部的"魔术棒设置"按钮 ，即可打开"魔术棒设置"对话框，对其进行设置，如图 2-74 所示。

图 2-74　"魔术棒设置"对话框

● 阈值：定义将相邻像素包含在所选区域内必须达到的颜色接近程度。在"阈值"文本框中可以输入 0～200 之间的数值。数值越高，包含的颜色范围越广；如果输入 0，则只选择与单击的第一个像素的颜色完全相同的像素。

● 平滑：定义选区边缘的平滑程度。该项包含像素、粗略、一般和平滑 4 个选项。

使用普通的"套索工具"选取对象时，选取的区域都是不规则的区域，单击"多边形模式"按钮 后，就可以在图形上鼠标前后按下的位置之间建立直线联机，形成规则的多边形选区，如图 2-75 所示。

图 2-75　形成规则的多边形选区

在使用"套索工具"对区域进行选择时，要注意以下几点：

● 在划定区域时，如果勾画的边界没有封闭，套索工具会自动将其封闭。
● 被"套索工具"选中的图形元素将自动融合在一起，被选中的组和符号则不会发生融合现象。
● 逐一选择多个不连续区域，可以在选择的同时按下 Shift 键，然后使用"套索工具"逐一选中待选区域。

2.4 | 填色工具

在 Flash CS4 中使用填色工具可以为图形或图形轮廓填充颜色。常用的填色工具包括"墨水瓶工具"、"颜料桶工具"和"滴管工具"等。

2.4.1　笔触与填充的颜色设置

使用绘图工具在舞台上绘制一个图形时，可以在"属性"面板中设置笔触与填充的颜色。

在"工具"面板中选择绘图工具后，打开"属性"面板，单击"笔触颜色"按钮 ，在打开的颜色面板中选择要使用的颜色即可，如图 2-76 所示。

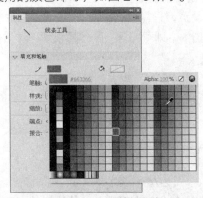

图 2-76　设置笔触颜色

要设置填充的颜色，只需要在"属性"面板中单击"填充颜色"按钮 ，打开颜色面板并选择要使用的颜色即可，如图 2-77 所示。

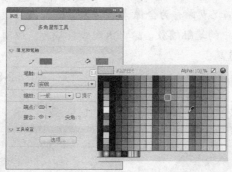

图 2-77　设置填充颜色

2.4.2　墨水瓶工具

使用"墨水瓶工具"可以更改线条或者形状轮廓的笔触颜色、宽度和样式。对直线或形状轮廓只能应用纯色，而不能应用渐变或位图。

下面介绍使用"墨水瓶工具"进行填充的方法，其操作步骤如下。

1 选择"工具"面板中的"墨水瓶工具"，打开"属性"面板，在面板中设置笔触颜色和笔触高度等参数，如图 2-78 所示。

图 2-78　"墨水瓶工具"的"属性"面板

"墨水瓶工具"的"属性"面板中各项参数的功能分别介绍如下。

● "笔触颜色"按钮：设置填充边线的颜色。

● "笔触"高度：设置填充边线的粗细，数值越大，填充边线就越粗。

● "编辑笔触样式"按钮 ：单击该按钮将打开"笔触样式"对话框，在其中可以自定义笔触样式，如图 2-79 所示。

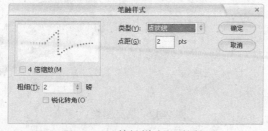

图 2-79　"笔触样式"对话框

- "笔触样式"按钮：设置图形边线的样式，有"极细"、"实线"和"其他"样式。
- 笔触提示：将笔触锚记点保存为全像素，以防止出现线条模糊。
- 缩放：限制 Player 中的笔触缩放，防止出现线条模糊。该项包括"一般"、"水平"、"垂直"和"无" 4 个选项。

2 将鼠标移到要填充的图像轮廓线上，单击即可完成填充，如图 2-80 所示。

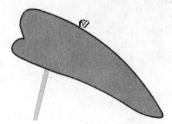 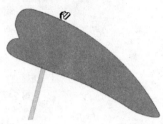

图 2-80　填充的图像轮廓线

如果墨水瓶的作用对象是向量图形，则可以直接给其加轮廓。如果对象是文本或点阵，则需要先将其分离或打散，然后才可以使用墨水瓶添加轮廓。

2.4.3　颜料桶工具

"颜料桶工具" 是绘图过程中常用的填色工具，可以对封闭的轮廓范围进行填色或改变图形块的填充色彩。

使用"颜料桶工具"的方法与"墨水瓶工具"的方法基本一致，其操作步骤如下。

1 在"工具"面板中选择"颜料桶工具"，在"属性"面板中选择填充颜色，如图 2-81 所示。

图 2-81　"颜料桶工具"的"属性"面板

2 将鼠标指针移到要填充的图像上方，单击即可完成图像的填充，如图 2-82 所示。

图 2-82　填充图像

　　使用"颜料桶工具"对图形进行填色时，针对一些没有封闭的图形轮廓，可以在选项区域中选择多种不同的填充模式。

　　选择"颜料桶工具"后，单击"工具"面板中的"空隙大小"按钮 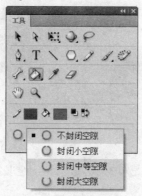，在打开的下拉按钮中可以看到多个选项，如图 2-83 所示。

图 2-83　设置填充空隙类型

- 不封闭空隙：填充封闭的区域，如果填充区域没有完全封闭，则无法进行填充。
- 封闭小空隙：填充开口小的区域，如图 2-84 所示。

图 2-84　封闭小空隙

- 封闭中等空隙：填充开口一般的区域，如图 2-85 所示。

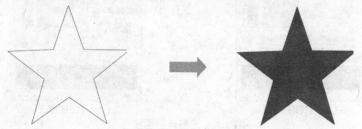

图 2-85　封闭中等空隙

- 封闭大空隙：填充开口较大的区域，如图 2-86 所示。

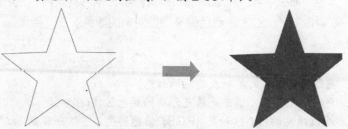

图 2-86　封闭大空隙

在进行填充时，还可以采用锁定填充的方式。使用"锁定填充工具"  可以锁定渐变色或位图填充，使填充看起来好像扩展到整个舞台。

选择"颜料桶工具"并设置好填充颜色后，单击"工具"面板中的"锁定填充工具"按钮并对图像进行填充即可，如图 2-87 所示。

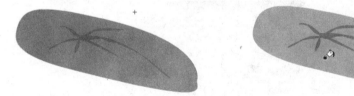

图 2-87　锁定填充对象

小提示

锁定填充通常只用于渐变填充和位图填充，因为纯色填充的颜色是固定不变的，所以纯色填充方式使用锁定填充没有意义。

2.4.4　使用"颜色"与"样本"面板

1."颜色"面板

使用"颜色"面板可以设置填充颜色和颜色的填充类型等参数。"颜色"面板可以分为 RGB 和 HSB 两种模式，如图 2-88 所示。

　　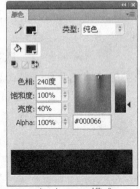

（a）RGB 模式　　　　　（b）HSB 模式

图 2-88　"颜色"面板

在默认情况下 Flash 面板采用的是 RGB 模式。下面的内容都以 RGB 模式为例进行介绍。

在 RGB 模式"颜色"面板中可以设置图形和线条的填充颜色及颜色的透明度，还可以通过单独设置"红"、"绿"和"蓝"这 3 种颜色值来调整对象的颜色。在"类型"下拉列表中还可以选择填充的类型。

下面介绍"颜色"面板中除"类型"外，其他各个参数的含义。

- 笔触颜色：更改图形对象的笔触或边框的颜色。
- 填充颜色：更改填充颜色。填充是填充形状的颜色区域。
- RGB 颜色：更改填充的红、绿和蓝 (RGB) 的色密度。可以分别在"红"、"绿"和"蓝" 3 个文本框中输入0~255 之间的值，也可以单击其后面的倒三角形按钮，拖动弹出的滑块调节颜色值，如图 2-89 所示。

- Alpha: Alpha 可设置实心填充的不透明度，或者设置渐变填充的当前所选滑块的不透明度。如果"Alpha"值为 0%，则创建的填充不可见（即透明）；如果"Alpha"值为 100%，则创建的填充不透明。
- 当前颜色样本：显示当前所选颜色。如果从填充"类型"菜单中选择某个渐变填充样式（线性或放射状），则"当前颜色样本"将显示所创建的渐变内的颜色过渡。
- 系统颜色选择器：使用户能够直观地选择颜色。单击"系统颜色选择器"按钮，然后拖动十字准线指针，直到找到所需颜色。
- 十六进制值：显示当前的十六进制值。若要使用十六进制值更改，请键入一个新的值。十六进制值（也叫做 HEX 值）是 6 位的字母数字组合，每个组合代表一种颜色。

在"颜色"面板的"类型"下拉列表中包括"无"、"纯色"、"线性"、"放射状"和"位图"5 个选项，如图 2-90 所示。

　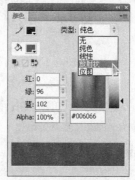

图 2-89　使用滑块调节颜色值　　　图 2-90　设置颜色填充类型

"类型"下拉列表中的 5 种填充类型分别介绍如下。

- 无：删除填充颜色，保持图像无填充颜色。
- 纯色：提供一种单一的填充颜色。
- 线性：一种沿线性轨道混合的颜色渐变填充，如图 2-91 所示。

图 2-91　线性填充

- 放射状：一个中心焦点出发沿环形轨道向外混合的渐变填充，如图 2-92 所示。

图 2-92　放射状填充

● 位图：用可选的位图图像平铺所选的填充区域，如图 2-93 所示。

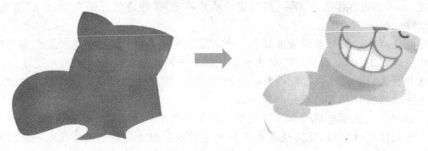

图 2-93　位图填充

当在"颜色"面板中选择"线性"或"放射状"渐变填充方式时，则"颜色"面板会提供另外两个选项。首先，"类型"菜单下方将出现"溢出"菜单，可以使用"溢出"下拉菜单来控制超出渐变限制进行应用的颜色。"颜色"面板中将出现渐变定义栏，栏下各指标表示渐变中的颜色，如图 2-94 所示。

使用"溢出"下拉菜单中的选项可以控制超渐变限制的颜色。"溢出"下拉菜单从上到下依次为"扩展"、"镜像"和"重复" 3 个选项，同时在"溢出"下方还有一个"线性 RGB"复选框作为溢出的辅助功能选项，如图 2-95 所示。

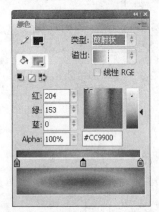

图 2-94　"颜色"面板

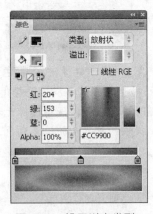

图 2-95　设置溢出类型

● 扩展：将指定的颜色应用于渐变末端之外，这是默认选项。
● 镜像：利用反射镜像效果使渐变填充形状。指定的渐变色以从渐变的开始到结束，再以相反的顺序从渐变的结束到开始，再从渐变的开始到结束，直到所选形状填充完毕的模式重复。
● 重复：从渐变的开始到结束重复渐变，直到所选形状填充完毕的模式重复。
● 线性 RGB：创建 SVG（可伸缩的向量图形）兼容的线性或放射状渐变。

2．"样本"面板

"样本"面板中集成了当前打开的 Flash 文档中的调色板，通过"样本"面板，可以导入、导出、删除和修改文档的调色板。在"样本"面板中可以选择调色板中的颜色，直接应用于填充对象，如图 2-96 所示。

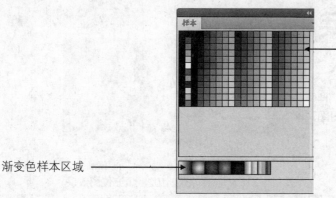

纯色样本区域

渐变色样本区域

图 2-96 "样本"面板

在"样本"面板中可以将新的颜色保存为颜色样本。下面介绍保存颜色样本的方法，其操作步骤如下。

1️⃣ 选择"工具"面板中的"滴管工具"，在要添加为样本的颜色上吸取颜色，如图 2-97 所示。

2️⃣ 将鼠标移到"样本"面板上，鼠标指针变为"填充工具"的形状，单击即可完成样本的添加，如图 2-98 所示。

图 2-97 吸取颜色

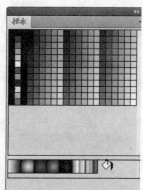

图 2-98 添加样本颜色

2.4.5 滴管工具

"滴管工具" 🖊️ 是用于在一个图形上吸取其填充色的工具。在"工具"面板中选择"滴管工具"，如图 2-99 所示。在需要吸取颜色的位置单击，将该位置的颜色作为新的图形填充色，如图 2-100 所示。然后再使用"填充工具"进行填充即可，如图 2-101 所示。

图 2-99 选择"滴管工具"

图 2-100 吸取颜色

图 2-101 填充颜色

现 场 练 兵

使用位图填充形状

下面我们将通过"颜色"面板，给一个矩形图形填充一个位图图形。效果如图 2-102 所示。

图 2-102　填充位图效果

具体操作步骤如下。

1 新建一个 Flash 文档，在文档中使用"矩形工具"绘制一个矩形，如图 2-103 所示。

图 2-103　绘制矩形

2 选中绘制的图形，在"颜色"面板的"类型"下拉列表中选择"位图"，如图 2-104 所示，打开"导入到库"对话框，选择一个位图档，如图 2-105 所示。

图 2-104　选择"位图"选项

图 2-105　选择一个位图档

3 单击"打开"按钮，将导入的图片应用为填充位图，如图 2-106 所示。

4 使用"渐变变形工具"📐调整填充位置后，结束位图的填充操作，效果如图 2-107 所示。

图 2-106　应用填充位图

图 2-107　填充位图效果

2.5 | 编辑工具

在 Flash CS4 中，编辑工具包括"任意变形工具"、"渐变变形工具"、"橡皮擦工具"等，下面分别介绍这些工具的使用方法和技巧。

2.5.1　任意变形工具

"任意变形工具" 可以对图形进行旋转、缩放、扭曲及封套造型等操作。选取该工具后，在"工具"面板的属性选项区域中选择需要的变形方式，然后选中舞台中的图形，即可对其进行变形操作，如图 2-108 所示。

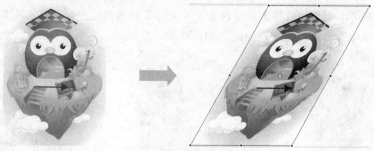

图 2-108　任意变形

在"工具"面板中选择"任意变形工具"后，在"工具"面板的底部可以选择"旋转与倾斜"、"缩放"、"扭曲"和"封套" 4 个功能按钮。

● 旋转与倾斜：使选中的图像按任意角度旋转或沿水平、垂直方向倾斜变形。将鼠标移动到所选图形边角上的黑色小方块上，在鼠标指针变成 形状后，按住并拖动鼠标，即可对选取的图形进行旋转，如图 2-109 所示。

图 2-109　旋转与倾斜图形

● 缩放：使选中的图形沿水平、垂直方向等比缩放大小。将鼠标移动到所选图形边角上的黑色小方块上，在鼠标指针变成 形状后，按住并拖动鼠标，即可对选取的图形进行缩放，如图 2-110 所示。

图 2-110　缩放图形

● 扭曲: 通过拖动选中图形上的节点, 对绘制的图形进行扭曲变形。将鼠标移动到所选图形边角上的黑色小方块上, 在鼠标指针变成◸形状后, 按住并拖动鼠标, 即可将选取的图形扭曲, 如图 2-111 所示。

图 2-111　扭曲

● 封套: 在所选图形的边框上设置封套节点, 用鼠标拖动这些封套节点及其控制点, 可以很方便地对图形进行造型, 如图 2-112 所示。

图 2-112　封套

2.5.2　渐变变形工具

"渐变变形工具"🖾可以对使用了颜色填充的对象进行渐变调整, 改变填充的渐变距离和渐变方向等属性。

从"工具"面板中选择"渐变变形工具"后, 将鼠标移到要变形的图形上面, 鼠标指针变为◺形状, 单击渐变或位图填充的区域, 在图形上方将显示一个带有编辑手柄的边框, 如图 2-113 所示。

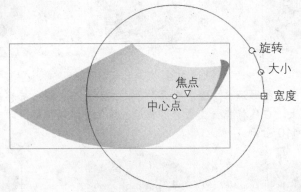

图 2-113　带有编辑手柄的边框

● 中心点○: 渐变或位图填充的中心点位置。将鼠标放到"中心点"手柄上, 鼠标指针变为✛形状, 按住不放进行拖动, 即可改变渐变或位图填充的中心点位置。

● 焦点▽: 放射状渐变填充的焦点位置。将鼠标放到"焦点"手柄上, 鼠标指针变为倒三角形形状, 按住并拖动, 即可改变渐变填充的焦点位置。

- 大小 ◉：缩放渐变填充的范围。将鼠标放到 "大小" 手柄上，鼠标指针变为◉形状，按住并拖动，即可调整填充范围。
- 旋转 ◓：旋转渐变或位图的填充。将鼠标放到 "旋转" 手柄上，鼠标指针变为◔形状，按住并拖动，即可对渐变或位图填充进行旋转。
- 宽度 ▣：调整渐变或位图填充的宽度。将鼠标放到 "宽度" 手柄上，鼠标指针变为↔形状，按住并拖动，即可调整渐变或位图填充的宽度。

2.5.3 橡皮擦工具

"橡皮擦工具" ▨可以方便地清除图形中多余的部分或错误的部分，是绘图编辑中常用的辅助工具。使用 "橡皮擦工具" 很简单，只需要在 "工具" 面板中单击 "橡皮擦工具"，将鼠标移到要擦除的图像上，按住鼠标左键拖动，即可将经过路径上的图像擦除，如图 2-114 所示。

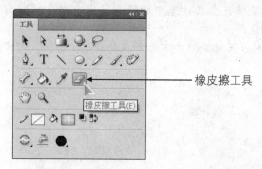

橡皮擦工具

图 2-114 橡皮擦工具

1. 橡皮擦模式

使用 "橡皮擦工具" 擦除图形时，可以在 "工具" 面板中选择需要的橡皮擦模式，以应对不同的情况。在 "工具" 面板的属性选项区域中可以选择 "标准擦除"、"擦除填色"、"擦除线条"、"擦除所选填充" 和 "内部擦除" 5 种图形擦除模式，它们的编辑效果与 "刷子工具" 的绘图模式相似。

下面介绍使用橡皮擦工具进行图形擦除的方法，其操作步骤如下。

1 在 "工具" 面板上选择 "橡皮擦工具"，然后在面板下方的属性选项区域中单击 "橡皮擦模式" 按钮◓，在弹出的下拉按钮中选择 "内部擦除" 模式，如图 2-115 所示。

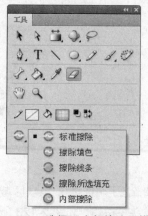

图 2-115 选择 "内部擦除" 模式

- 标准擦除：正常擦除模式，是默认的直接擦除方式，对任何区域都有效，如图 2-116 所示。
- 擦除填色：只对填色区域有效，对图形中的线条不产生影响，如图 2-117 所示。

　　图 2-116　"标准擦除"模式　　　　　　图 2-117　"擦除填色"模式

- 擦除线条：只对图形的笔触线条有效，对图形中的填充区域不产生影响，如图 2-118 所示。
- 擦除所选填充：只对选中的填充区域有效，对图形中其他未选中的区域无影响，如图 2-119 所示。
- 内部擦除：只对鼠标按下时所在的颜色块有效，对其他的色彩不产生影响，如图 2-120 所示。

　图 2-118　"擦除线条"模式　　图 2-119　"擦除所选填充"模式　　图 2-120　"内部擦除"模式

2️⃣ 单击"工具"面板属性选项区域中的"橡皮擦形状"按钮，在弹出的下拉按钮中选择橡皮擦形状，如图 2-121 所示。

3️⃣ 将鼠标移到图像内部要擦除的颜色块上，按住鼠标左键不放并来回拖动，即可将选中的颜色块擦除，而不影响图像的其他区域，如图 2-122 所示。

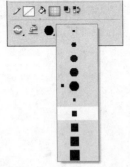 

　　图 2-121　选择橡皮擦形状　　　　　　图 2-122　擦除内容

2．"水龙头"工具

　　使用"水龙头"工具 可以清除图形中相同的色块区域。要使用"水龙头"工具，只需要选中"橡皮擦工具"，再单击"水龙头"按钮，如图 2-123 所示，当鼠标改变为 形状后，移动鼠标到图形上，单击即可清除掉填充色，如图 2-124 所示。

图 2-123　"水龙头"工具

图 2-124　清除掉填充色

2.5.4　3D 旋转和 3D 平移工具

在 Flash CS4 中，允许用户通过在舞台的 3D 空间中移动和旋转影片剪辑来创建 3D 效果。Flash 通过在每个影片剪辑实例的属性中包括 z 轴来表示 3D 空间。通过使用 3D 平移和 3D 旋转工具沿着影片剪辑实例的 z 轴移动和旋转影片剪辑实例，可以向影片剪辑实例中添加 3D 透视效果。

在 3D 术语中，在 3D 空间中移动一个对象称为平移，在 3D 空间中旋转一个对象称为变形。将这两种效果中的任意一种应用于影片剪辑后，Flash 会将其视为一个 3D 影片剪辑，每当选择该影片剪辑时就会显示一个重叠在其上面的彩轴指示符，如图 2-125 所示。

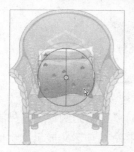

（a）3D 旋转彩轴指示符

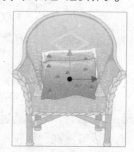

（b）3D 平移彩轴指示符

图 2-125　彩轴指示符

小提示

"3D 旋转工具"和"平移工具"在工具箱中占用相同的位置。单击并按住工具箱中的活动 3D 工具图示，可以选择当前处于非活动状态的 3D 工具。

2.6 ｜ 查看工具

查看工具包括"手形工具"和"缩放工具"两种。"手形工具"可以调整绘图工作区中图形的显示位置；"缩放工具"用于调整绘图工作区中显示的比例大小。

2.6.1　手形工具

"手形工具" 用于调整绘图工作区中图形的显示位置。使用该工具时，鼠标将变为 形状，在工作窗口中按住鼠标左键并拖动，即可移动窗口中的显示位置，如图 2-126 所示。

图 2-126 "手形工具"的使用

2.6.2 缩放工具

"缩放工具" 用于调整绘图工作区中显示的比例大小。选择"缩放工具"按钮后，可以在属性选项区域中单击"放大"按钮或"缩小"按钮，如图 2-127 所示。对视图进行缩放显示比例的查看，如图 2-128 所示。

图 2-127 缩放工具

另外，在进行图形绘制时，可以通过编辑栏右侧的"显示比例"下拉列表，快速设置编辑窗口的显示比例；也可以直接在"显示比例"文本框中输入自定义显示比例值，准确地完成图形的绘制，如图 2-129 所示。

图 2-128 缩小视图

图 2-129 选择显示比例

2.7 | 疑难解析

通过前面的学习，读者应该已经掌握了绘图与填色工具的基本使用方法，下面就读者在学习的过程中遇到的疑难问题进行解析。

1 如何绘制一个同心圆

绘制同心圆的方法很简单，使用"基本椭圆工具"可以轻易地绘制不同样式的同心圆，如图 2-130 所示。

1 在"工具"面板中选择"基本椭圆工具"，在"属性"面板中设置笔触颜色、填充颜色后，修改"内径"的值，这里先将值设置为"10"，如图 2-131 所示。

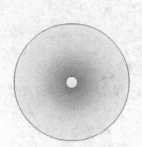

图 2-130　同心圆　　　　　　　图 2-131　在"属性"面板中设置半径

2 将鼠标移到舞台上，按住 Shift 键绘制一个正圆，即可看到绘制好的同心圆。

2 如何删除创建的颜色样本

在"样本"面板中添加了颜色样本后，如果不需要该颜色样本，可以将其删除。下面介绍删除颜色样本的方法，其操作步骤如下。

1 打开"样本"面板，选中已经添加好的颜色样本，鼠标指针会变成"吸管工具"的形状，如图 2-132 所示。

2 单击"样本"面板右上角的"面板菜单"按钮 ，打开面板菜单，在其中选择"删除样本"命令，即可将选中的颜色样本删除，如图 2-133 所示。

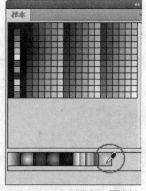

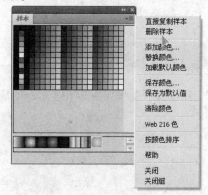

图 2-132　"样本"面板　　　　　　图 2-133　选择"删除样本"命令

小提示

除了可以通过面板菜单删除样本外，还可以按住 Ctrl 键，然后用鼠标单击要删除的样本，同样能删除颜色样本。

3 如何调整线性渐变填充

调整线性渐变填充的方法与调整放射状渐变填充的方法基本相同，甚至更加简单，下面介绍如何将图形背景色调整为如图 2-134 所示的渐变效果，其操作步骤如下。

图 2-134 完成后的效果

1 在"工具"面板中选择"渐变变形工具"，然后在舞台上选择要调整渐变效果的图形，如图 2-135 所示。

2 将鼠标移到"旋转"手柄上，按住不放并旋转一定的角度，如图 2-136 所示。

3 拖动"宽度"手柄，调整渐变填充的宽度。最后松开鼠标，完成线性渐变填充的调整操作，如图 2-137 所示。

  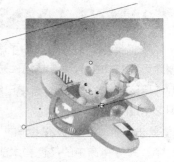

图 2-135 选择对象　　　　图 2-136 调整渐变角度　　　　图 2-137 调整渐变宽度

2.8 上 机 实 践

用以上所学知识制作如图 2-138 所示的场景。

图 2-138 绘制场景

2.9 | 巩固与提高

本章主要给大家讲解绘图工具与填色工具的应用。现在给大家准备了相关的习题进行练习，希望通过完成下面的习题可以对前面学习到的知识进行巩固。

1．单选题

（1）使用"选择工具"可以（　　）。

　　A．选取路径上的控制点　　　　B．删除节点

　　C．圈选不规则的区域　　　　　D．选择图形

（2）使用"墨水瓶工具"可以（　　）。

　　A．为位图填充颜色　　　　　　B．为向量图填充颜色

　　C．为线条填充颜色　　　　　　D．为按钮填充颜色

（3）使用"渐变变形工具"可以（　　）。

　　A．调整图形的渐变填充　　　　B．为图形填充颜色

　　C．删除图形填充颜色　　　　　D．部分选取填充区域

2．多选题

（1）文本工具可以创建的文本类型包括（　　）。

　　A．静态文本　　　　　　　　　B．打散文本

　　C．输入文本　　　　　　　　　D．动态文本

（2）绘图的辅助工具包括（　　）。

　　A．标尺工具　　　　　　　　　B．网格

　　C．选择工具　　　　　　　　　D．辅助线

3．判断题

（1）使用"颜料桶工具"可以给线条进行颜色填充。（　　）

（2）使用"任意变形工具"可以对图形进行旋转、缩放、扭曲及封套造型等操作。（　　）

（3）查看工具包括"手形工具"和"缩放工具"两种。"手形工具"可以调整绘图工作区中显示的比例大小；"缩放工具"用于调整绘图工作区中图形的显示位置。（　　）

读书笔记

第 **3** 章

编辑图形对象

在 Flash 中制作动画时，往往会需要用户自己绘制一些图像，并为其应用填充颜色，因此掌握好在 Flash 中绘图和对图像填充颜色的方法就显得格外重要。

学习指南

- 图形形状的编辑
- 组合与分离
- 对象的排列
- 对象的对齐与分布
- 对象的合并
- 位图的编辑

精彩实例效果展示 ▲

3.1 | 图形形状的编辑

在 Flash CS4 中，提供了对图形的平滑、伸直、优化、将线条转换为填充和扩展填充等操作，通过这些操作可以进一步调整图形形状。

3.1.1 图形的平滑与伸直

要对新绘制的图像进行平滑与伸直操作，可以先选中图形，然后执行"修改→形状"命令，在其子菜单中选择"平滑"或"伸直"命令即可，如图 3-1 所示。

图 3-1 "形状"子菜单

下面分别介绍"平滑"与"伸直"命令的功能。

- 平滑：将图形的线条变得更加平滑，让图形的曲线变柔和并减少曲线整体方向上的突起或其他变化，同时还会减少曲线中的线段数，如图 3-2 所示。

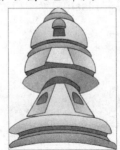

图 3-2 平滑效果

- 伸直：使图形的线条和曲线变得更直，如图 3-3 所示。

图 3-3 伸直效果

3.1.2 图形的优化

图形的优化是指将图形中的曲线和填充轮廓加以改进，减少用于定义这些元素的曲线数量来平滑曲线，同时减小 Flash 源文档（FLA 文件）和导出的 Flash 影片（SWF 文件）的大小。

下面介绍优化图形的方法，其操作步骤如下。

1 选择要优化的对象，然后选择"修改→形状→优化"命令，打开"优化曲线"对话框，如图 3-4 所示。

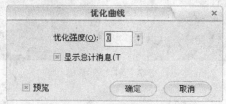

图 3-4 "优化曲线"对话框

"优化曲线"对话框中各项参数的功能分别介绍如下。

图 3-5 提示对话框

- 优化强度：可以直接在数值框中输入数值，其取值范围是 0～100，也可以通过拖动"优化强度"滑块，设置优化强度值。

- 显示总计消息：选中该复选框，完成优化操作时，则会弹出如图 3-5 所示的提示对话框，用于显示当前的优化程度。

2 拖动"优化强度"项目中的滑块并勾选"显示总计消息"复选框，然后单击"确定"按钮，开始对图像进行优化。

3.1.3　将线条转换成填充

将线条转换成填充是指将图形中的线条转换为填充对象。在舞台中选中图像的线条，然后执行"修改→形状→将线条转换为填充"命令，即可将选中的线条转换为填充。

3.1.4　填充的扩展与收缩

在 Flash 的舞台中绘制图形后，可以通过扩展或收缩来改变图形填充形状。下面介绍使用填充的扩展与收缩的方法，其操作步骤如下。

1 打开素材，选中要应用扩展填充的对象，执行"修改→形状→扩展填充"命令，即可打开"扩展填充"对话框，如图 3-6 所示。

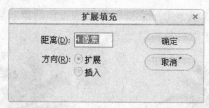

图 3-6 "扩展填充"对话框

"扩展填充"对话框中各项参数的功能分别介绍如下。

- 距离：设置扩展宽度，以像素为单位。

- 扩展：以图形的轮廓为界，向外扩散、放大填充。

- 插入：以图形的轮廓为界，向内收紧、缩小填充。

2 在对话框的"方向"栏中选择"扩展"，然后在"距离"文本框中设置扩展的距离，单击"确定"按钮完成填充的扩展操作。扩展前后的效果对比如图 3-7 所示。

图 3-7　对比效果

3.1.5　柔化填充边缘

柔化填充边缘可以将图形的轮廓进行放大、缩小填充。与"扩散填充"不同的是，"柔化填充边缘"可以在填充边缘产生多个逐渐透明的图形层，形成边缘柔化的效果。

选取需要进行编辑的图形后，执行"修改→形状→柔化填充边缘"命令，在弹出的"柔化填充边缘"对话框中设置边缘柔化效果，然后单击"确定"按钮即可，如图 3-8 所示。

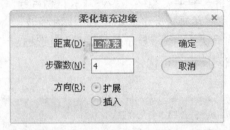

图 3-8　"柔化填充边缘"对话框

3.2 │ 组合与分离

在 Flash 中可以将图像或其他元素组合为一个整体，也可以将组合、实例和位图等元素分离为单独的可编辑元素。

3.2.1　组合

组合是指将不同的对象组合成一个可选择和移动的整体对象。要将多个单独的对象组合起来，只需要选中要组合的对象，然后执行"修改→组合"命令即可，如图 3-9 所示。

图 3-9　多个单独的对象组合成一个对象

如果要取消组合，将对象重新拆分为单独的对象，只需要选中组合的对象，然后执行"修改→取消组合"命令即可。

3.2.2　分离

分离是指将组合、实例、位图以及文本分离为单独的可编辑元素。选中要分离的对象后，执行"修改→分离"命令，即可将对象分离为单独的可编辑元素。

通过"修改→分离"命令还可以将位图转换成填充，在应用于文本块时，会将每个字符放入单独的文本块中；应用于单个文本字符时，会将字符转换成轮廓。

　　　使用"分离"命令分离位图，可以极大地减小导入的图形文件体积。另外，不要将"分离"命令和"取消组合"命令混淆。"取消组合"命令可以将组合的对象分开，并将组合的元素返回到组合之前的状态，但不会分离位图、实例或文字，或将文字转换成轮廓。

3.3 | 对象的排列

Flash 中绘制的图形在组合或转换为元件后，将作为一个独立的整体，自动移动到矢量图形或已有组合的前方；当多个组合图形放在一起时，可以通过"修改→排列"命令，调整所选组合在舞台中的前后层次关系。

3.3.1　对象层次的排列

要排列对象的层次很简单，只需要选中对象，然后执行"修改→排列"命令，在该命令弹出的菜单中选择排列方式即可，共包括"移至顶层"、"上移一层"、"下移一层"和"移至底层"4 种排列方式，如图 3-10 所示。

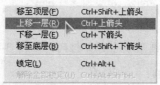

图 3-10　"排列"菜单

- 移至顶层：将选中的对象移到最顶层位置。
- 上移一层：将选中的对象上移一层。
- 下移一层：将选中的对象下移一层。
- 移至底层：将选中的对象移到最下面一层的位置。

3.3.2　对象锁定与解锁

锁定是指将选中的对象位置锁定，使排列顺序无法改变。当编辑完成一个图形组合后，调整好它的大小和位置，执行"修改→排列→锁定"命令，即可将其锁定。被锁定的对象无法被选中和编辑。

需要对该图形进行再次编辑时，可以执行"修改→排列→全部解除锁定"命令，将锁定的图形解锁，对其进行再次编辑，如图 3-11 所示。

移至顶层 (F)	Ctrl+Shift+上箭头
上移一层 (R)	Ctrl+上箭头
下移一层 (E)	Ctrl+下箭头
移至底层 (B)	Ctrl+Shift+下箭头
锁定 (L)	Ctrl+Alt+L
解除全部锁定 (U)	Ctrl+Alt+Shift+L

图 3-11 "解除全部锁定"命令

3.4 | 对象的对齐与分布

在 Flash 中绘制好多个图像后，可以执行"修改→对齐"命令，调整所选图形的相对位置关系，从而将杂乱分布的图形整齐地排列在舞台中。

3.4.1 对象的对齐

在执行"修改→对齐"命令后，在弹出的子菜单中可以看到"左对齐"、"水平居中"、"右对齐"、"顶对齐"、"垂直居中"和"底对齐" 6 种对齐方式，如图 3-12 所示。

左对齐 (L)	Ctrl+Alt+1
水平居中 (H)	Ctrl+Alt+2
右对齐 (R)	Ctrl+Alt+3
顶对齐 (T)	Ctrl+Alt+4
垂直居中 (C)	Ctrl+Alt+5
底对齐 (B)	Ctrl+Alt+6
按宽度均匀分布 (D)	Ctrl+Alt+7
按高度均匀分布 (H)	Ctrl+Alt+9
设为相同宽度 (M)	Ctrl+Alt+Shift+7
设为相同高度 (S)	Ctrl+Alt+Shift+9
相对舞台分布 (G)	Ctrl+Alt+8

图 3-12 "对齐"菜单

下面分别介绍这 6 种对齐方式。

● 左对齐：将舞台中所有的图形按左对齐排列，如图 3-13 所示。

图 3-13 左对齐

● 水平居中：将舞台中所有的图形按水平居中排列，如图 3-14 所示。

图 3-14 水平居中

- 右对齐：将舞台中所有的图形按右对齐排列，如图 3-15 所示。

图 3-15　右对齐

- 顶对齐：将舞台中所有的图形按顶对齐排列，如图 3-16 所示。

图 3-16　顶对齐

- 垂直居中：将舞台中所有的图形按垂直居中排列，如图 3-17 所示。

图 3-17　垂直居中

- 底对齐：将舞台中所有的图形按最底位置的图像底部对齐排列，如图 3-18 所示。

图 3-18　底对齐

3.4.2　对象的分布

在执行"修改→对齐"命令后，在弹出的子菜单中不仅包括对齐方式，还包括对象的分布方式，有"按宽度均匀分布"、"按高度均匀分布"、"设为相同宽度"和"设为相同高度"4 种。

下面分别介绍这 4 种分布方式。

- 按宽度均匀分布：将舞台中所有的图形按平均间隔宽度排列，如图 3-19 所示。

图 3-19 按宽度均匀分布

- 按高度均匀分布：将舞台中所有的图形按平均间隔高度排列，如图 3-20 所示。

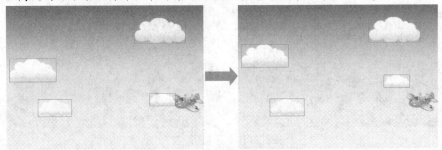

图 3-20 按高度均匀分布

- 设为相同宽度：将舞台中所有的图形宽度调整为相同，如图 3-21 所示。

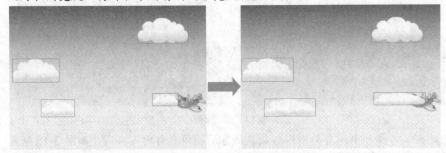

图 3-21 设为相同宽度

- 设为相同高度：将舞台中所有的图形高度调整为相同，如图 3-22 所示。

图 3-22 设为相同高度

在上面介绍的内容中，对象的对齐和分布都是以选中的对象为基准来实现的。在 Flash 中还可以使对象相对舞台进行分布和对齐。

要使对象相对舞台分布和对齐，需要执行"修改→对齐→相对舞台分布"命令，如图 3-23 所示。

图 3-23 选择"相对舞台分布"命令

　　选择"相对舞台分布"命令后，所有图形将以舞台的边缘为基准进行均匀分布。例如，当选择"相对舞台分布"命令后，再执行"按宽度均匀分布"命令，即可将选择的对象以舞台的边缘为基准，按照均匀的间隔宽度进行分布，如图 3-24 所示。

图 3-24 按照均匀的间隔宽度进行分布

3.5 对象的合并

对象的合并是指通过合并或改变现有对象的方法来创建一个新的形状。对象的合并包括"联合"、"交集"、"打孔"和"裁切"4 种方式。

　　要合并对象，需要在舞台上选中要合并的对象，然后执行"修改→合并对象"命令，在其子菜单中选择要合并的方式，如图 3-25 所示。

图 3-25 合并对象过程

下面分别介绍这 4 种合并方式的具体功能。

● 联合：将两个或多个形状合并成单个形状。通过"联合"方式合并对象，将生成一个"对象绘制"模型形状，它由联合前形状上的所有可见部分组成，且将删除形状上不可见的重叠部分，如图 3-26 所示。

图 3-26　联合效果

- 交集：创建两个或多个对象的交集对象。在舞台中绘制两个具有重叠部分的对象，然后通过"交集"方式，将生成一个由合并的形状重叠部分组成的图像。不重叠的部分将被删除，且生成的形状使用堆叠中最上面的形状的填充和笔触，如图 3-27 所示。

图 3-27　交集效果

- 裁切：使用一个对象的形状裁切另一个对象。前面或最上面的对象定义裁切区域的形状。将保留与最上面的形状重叠的下层形状部分，而删除下层形状的所有部分，并完全删除最上面的形状，如图 3-28 所示。

图 3-28　裁切效果

- 打孔：将删除所选对象的部分区域，这些部分由所选对象与排在所选对象前面的另一个所选对象的重叠部分定义。将删除由最上面形状覆盖的部分，同时完全删除最上面的形状，如图 3-29 所示。

图 3-29　打孔效果

　　使用"打孔"命令生成的形状保持为独立的对象，不会合并为单个对象，且不同于将多个对象合在一起的"联合"或"交集"命令。

3.6 | 位图的编辑

在 Flash 中可以从外部导入位图到舞台或"库"面板中，导入的位图可以直接在动画中使用，也可以将位图分离为填充，或者将位图转换为矢量图来使用。

3.6.1　位图的导入与贴入

　　Flash CS4 可以将位图从外部导入到舞台或"库"面板中，导入位图后就可以直接应用位图或对位图进行编辑。下面介绍导入位图的方法，其操作步骤如下。

① 新建一个文档，执行"文件→导入→导入到舞台"命令，打开"导入"对话框，如图 3-30 所示。

② 在打开的"导入"对话框中选择要导入的图像，然后单击"打开"按钮，即可将选中的图像导入到舞台上，如图 3-31 所示。

图 3-30　"导入"对话框　　　　　　　　　　图 3-31　导入图像到舞台上

　　另外，除了使用"文件→导入→导入到舞台"命令导入位图外，还可以直接将位图从其他图像编辑器中粘贴到舞台中。例如，从 Photoshop 中编辑一张图像后，将编辑好的图像复制到粘贴板，然后选中 Flash 的舞台，按下 Ctrl + C 组合键，即可将选中的图像复制到 Flash 中。

3.6.2　位图的分离

　　导入或粘贴的位图，可以将其分离成填充图形，便于动画制作中进一步加工。要分离位图只需要选中位图，然后执行"修改→分离"命令即可，如图 3-32 所示。

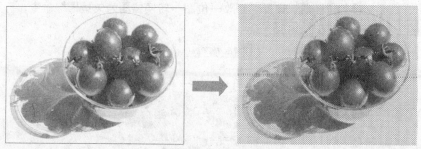

图 3-32　位图分离

3.6.3 交换位图

在舞台或影片剪辑等影片实例中使用了位图后，如果需要将当前的位图换为另一张位图图像，可以通过"修改→位图→交换位图"命令来实现。

下面介绍交换位图的方法，其操作步骤如下。

1 在文档中选择要交换的位图，如图 3-33 所示，选择"修改→位图→交换位图"命令，打开"交换位图"对话框，如图 3-34 所示。

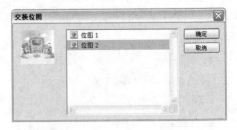

图 3-33　选择位图　　　　　　　　　　图 3-34　"交换位图"对话框

2 在对话框的列表中选择要交换的位图，然后单击"确定"按钮，即可看到开始选中的位图已经替换为在"交换位图"对话框中选中的图形了，如图 3-35 所示。

图 3-35　交换位图后的效果

3.6.4 转换位图为矢量图

在 Flash CS4 中，可以将位图转换为矢量图，便于对图像处理，满足动画制作的需求。下面介绍将位图转换为矢量图的方法，其操作步骤如下。

1 在舞台中选择要交换的位图后，选择"修改→位图→转换位图为矢量图"命令，打开"转换位图为矢量图"对话框，如图 3-36 所示。

图 3-36　"转换位图为矢量图"对话框

2 在对话框中设置好参数后，单击"确定"按钮，即可看到位图被转换为矢量图，效果如图 3-37 所示。

图 3-37　位图转换为矢量图

下面分别介绍"转换位图为矢量图"对话框中各项参数的功能。

- 颜色阈值：色彩容差值，数值范围为 1~500。阈值越小，转换后的图像色彩效果越细腻。如图 3-38 所示为取不同颜色阈值时转换后的图像效果对比。

图 3-38　不同颜色的效果

- 最小区域：色彩转换的最小差别范围，数值范围为 1~1000。设置在指定像素颜色时，需要考虑的周围像素的数量，最小区域值越小，转换后的图像细节越丰富，越接近原图。图 3-39 所示为取不同最小区域值时转换后的图像效果对比。

图 3-39　色彩转换的最小差别范围

- 曲线拟合：确定得到的矢量图形轮廓平滑程度。该项包括像素、非常紧密、紧密、一般、平滑和非常平滑 6 个选项，如图 3-40 所示。
- 角阈值：确定是保留锐边还是进行平滑处理。该项包括较多转角、一般和较少转角 3 个选项，如图 3-41 所示。

图 3-40　曲线拟合选项　　　　　　　　　　图 3-41　角阈值选项

- "预览"按钮：单击该按钮在工作区内预览转换矢量图效果。

图 3-42　最终效果

现场练兵

绘制五角星

本练习将练习使用 Flash 工具面板中的"线条工具"、"多角星形工具"以及填充工具绘制效果如图 3-42 所示的五角星。

具体操作步骤如下。

1 执行"文件→新建"命令，新建一个文档，单击"属性"面板中的"编辑"按钮，打开"文档属性"对话框，将文档的宽和高均设置为 300 像素，其余参数保持默认值不变，如图 3-43 所示。

图 3-43　修改文件属性

2 单击"确定"按钮进入文件编辑区，在"工具"面板中单击"矩形工具"按钮■不放，此时弹出如图 3-44 所示的列表，在列表中选择"多角星形工具"○。

3 单击"属性"面板中的"选项"按钮，打开"工具设置"对话框，如图 3-45 所示。在"样式"下拉列表中选择"星形"，在"边数"文本框中输入数字 5，如图 3-46 所示，单击"确定"按钮完成设置。

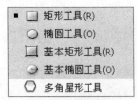　　

图 3-44　选择"多角星形工具"　　图 3-45　样式选择　　图 3-46　边数设置

4 在舞台上拖动鼠标绘制一个直径大概在 100 个像素的星形，如图 3-47 所示。选择"工具"面板中的"选择工具"▶或按下 V 键，在星形的轮廓上双击以选中所有轮廓线，按 Delete 键将这些轮廓线删除，如图 3-48 和图 3-49 所示。

5 使用鼠标单击五角星将其选中，如图 3-50 所示。在"颜色"面板中选择填充"类型"为"放射状"，如图 3-51 所示。

图 3-47　绘制星星　　　　　　　图 3-48　选择轮廓　　　　　　　图 3-49　删除轮廓

图 3-50　选择星星　　　　　图 3-51　为星星选择填充色类型

6 此时本为平面填充的五角星被放射渐变填充替代，接下来重新为五角星编辑一个由两个颜色进行混合渐变的填充色，各个颜色按钮上的颜色值请读者参考如图 3-52 和图 3-53 所示进行设置。

图 3-52　修改渐变色 1　　　　　　　　　图 3-53　修改渐变色 2

7 当填充色编辑完成后，编辑好的颜色将自动填充到已选择的物件上，如图 3-54 所示。

8 使用填充修改工具调整五角星颜色填充范围和位置，具体方法是将鼠标移动到填充修改封套中心，当鼠标变成平移状态 时按下鼠标并将其拖动，将填充中心移动到如图 3-55 所示的位置。

9 选择"线条工具" ，分别在五角星的左下、右下和正下位置绘制出厚度轮廓线，如图 3-56 所示。

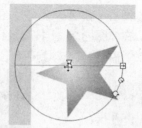

图 3-54　填充效果　　　　　　图 3-55　修改填充　　　　　图 3-56　绘制星星厚度

10 选择"颜料桶工具"，在"工具"面板下的颜色栏中单击填充色按钮 ，此时弹出一个色彩样式面板，在色彩样式面板中输入颜色值 #D71717，如图 3-57 所示。

11 将编辑好的颜色填充到五星的厚度轮廓线内，如图 3-58 所示。按下 V 键选择"选择工具"，依次将星星各个面上的轮廓线选取并按 Delete 键删除，如图 3-59 所示。

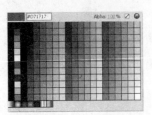

图 3-57　选择填充色　　　　　图 3-58　填充　　　　　　图 3-59　删除轮廓

12 使用鼠标框选五角星，按下 **Ctrl+K** 组合键打开"对齐"面板，如图 3-60 所示。分别在面板中单击"相对于舞台"按钮 🎛、"水平中对齐"按钮 🎛 和"垂直中对齐"按钮 🎛，将星星置于舞台中心位置，如图 3-61 所示。

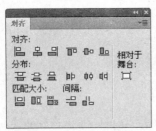

图 3-60　打开"对齐"面板　　　　　　　　图 3-61　将星星对齐到舞台

13 从"工具"面板中选择"线条工具"，用鼠标单击颜色栏中的轮廓颜色按钮，此时弹出一个轮廓颜色样式面板，如图 3-62 所示，选择金黄色作为线条颜色。拖动鼠标在星星周围绘制一组线条作为五角星的光环，如图 3-63 所示。

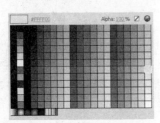

图 3-62　选择线条颜色　　　　　　　　　图 3-63　绘制射线

14 在"图层"面板下方单击"插入图层"按钮 🔲 新建"图层 2"，在"图层 2"第一帧导入一张"红布"图片，如图 3-64 所示。在"图层 2"上按下鼠标并往下拖动，将"图层 2"拖动到图层最下方，使用鼠标拖动舞台上的红布将其拖动到适合位置，如图 3-65 所示。

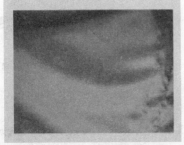

图 3-64　导入位图　　　　　　　　　　　图 3-65　最终效果

⑮ 按 **Ctrl+S** 组合键保存文件，存储文件名为"五角星"。

3.7 | 疑难与解析

通过前面的学习，读者应该已经掌握了图形编辑的基本方法，下面就读者在学习的过程中遇到的疑难问题进行解析。

1 如何将位图转换为高质量矢量图

要将位图转换为矢量图很简单，但要将位图转换为失真度小，且文件体积较小的矢量图，就需要在参数上作一些设置，其具体操作步骤如下。

❶ 执行"文件→导入到舞台"命令，导入素材文件到舞台中，如图 3-66 所示。

图 3-66 导入图像

❷ 选中导入的图像，执行"修改→位图→转换位图为矢量图"命令，打开"转换位图为矢量图"对话框，如图 3-67 所示。

❸ 在对话框中将"颜色阈值"设置为 10，"最小区域"设置为 6 像素，"曲线拟合"设置为"像素"，"角阈值"设置为"较多转角"，如图 3-68 所示。

图 3-67 "转换位图为矢量图"对话框

图 3-68 设置参数

❹ 单击"确定"按钮即可将位图转换为高质量的矢量图，如图 3-69 所示。

图 3-69 转换后的效果

[5] 这种转换出来的高质量矢量图体积会比较大，这时可以执行"修改→形状→优化"命令来优化一下矢量图形，以减小图形体积，如图 3-70 所示。

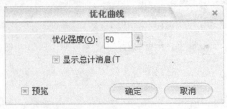

图 3-70 优化处理矢量图

2 如何为位图或者文字填充渐变颜色

为位图或者位图填充渐变颜色，首先必须先对位图或者文字进行打散，转换成可以编辑的对象，最后再进行填充处理。

3.8 上机实践

使用本章所学知识绘制编辑如图 3-71 所示的场景。

图 3-71 场景效果

3.9 巩固与提高

本章主要给大家讲解了图形的简单编辑与修改。现在给大家准备了相关的习题进行练习，希望通过完成下面的习题可以对前面学习到的知识进行巩固。

1. 单选题

（1）使用图形的优化功能可以优化图形的（　　　）。

    A. 线条　　　　　　　　　　　B. 颜色

    C. 填充　　　　　　　　　　　D. Alpha

（2）使用组合功能可以（　　　）。

    A. 将矢量图组合成位图　　　　B. 将多个对象组合成一个整体

    C. 改变对象的尺寸　　　　　　D. 修改对象的排列层次

（3）使用锁定功能后，下面哪些说法是正确的（　　　）。

    A. 将选中的对象位置锁定　　　B. 仍然可以调整对象的位置

    C. 仍然可以调整对象的尺寸　　D. 仍然可以调整对象的颜色

2．多选题

（1）使用分离功能时，可以分离哪些对象（　　　）。

    A．位图　　　　　　　　　　　B．文字

    C．组合　　　　　　　　　　　D．联合对象

（2）使用对齐功能，可以将多个对象（　　　）。

    A．左对齐　　　　　　　　　　B．右对齐

    C．相对于舞台对齐　　　　　　D．居中对齐

3．判断题

（1）在 Flash 中可以将位图转换为矢量图，同样可以将矢量图重新转换为位图。(　　　)

（2）在柔化填充边缘时，"距离"的值越大，柔化程度越高。(　　　)

（3）导入的位图，除了可以转换为矢量图外，还可以分离为形状，并且分离后的形状还可以再次转换为矢量图。(　　　)

读书笔记

第 **4** 章

文本的应用

　　本章主要讲述了 **Flash** 中文本工具的使用，并介绍了如何将文本对象转变为矢量图形，通过这样的转变对文本进行更复杂、更自由的编辑，使文本呈现出更加丰富多彩的效果。希望读者通过对本章内容的学习，能够掌握文本工具的基本使用、文本属性的设置、文本对象的编辑与动态、输入文本的创建等知识。

 学习指南

- 文本工具
- 输入文字
- 设置文字属性
- 文本对象的编辑
- 文本的高级编辑
- 检查文字内容拼写

精彩实例效果展示 ▲

4.1 文本工具

Flash CS4 拥有的强大功能不仅使其在绘图上具有多种功能，而且在文字创作上也非同凡响。运用它不仅可以创作出如浮雕、金属等效果的静态文字，并且还可以赋予文字交互性。虽然它的文字处理能力不能与一些图形处理软件相比，但是对于一个动画软件来说，其文字处理功能已不可小视。在 Flash 中加入文字时，需要使用"文本工具"来完成。

选择"工具"面板中的"文本工具" T，此时"工具"面板中的"文本工具"按钮处于被选中状态 T。将鼠标移到舞台中，鼠标变成十字光标并出现字母 T，如图 4-1 所示。

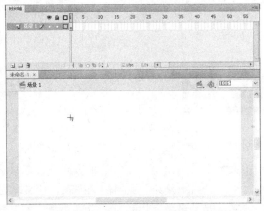

图 4-1　选取"文本工具"后的光标外形

"文本工具"的功能是输入和编辑文字。在制作影片时，若没有特殊需要，一般将文字单独放入一个图层便于对其进行编辑。文字和图形如果在同一图层，则以输入的先后顺序来决定其在舞台中显示的上下关系；在不同图层，则以图层的顺序来决定上下关系。

4.2 输入文字

要在 Flash 中输入文字很简单，只需要在"工具"面板中选择"文本工具" T，当鼠标光标将变成 ᴀ 形状后，移动鼠标到绘图工作区中适当的位置，按下鼠标左键创建文本输入框，然后输入文字内容即可，如图 4-2 所示。

Adobe Flash CS4

图 4-2　使用文字工具输入文字

Flash CS4 文本工具的输入方式分为两种：标签输入方式、文本块输入方式。

1. 标签输入方式

选择"文本工具"后，回到编辑区单击空白区域，出现矩形框加圆形的图标，这便是标签输入方式，用户可直接输入文本。标签输入方式可随着用户输入文本的增多而自动横向延长，拖动圆形标志可增加文本框的长度，按下 Enter 键则是纵向增加行数。

2. 文本块输入方式

选择"文本工具"后，将"文本工具"的光标移动到所需的区域，按下鼠标左键不放，横向拖曳到一定位置松开鼠标，就会出现矩形框加正方形的图标，这便是文本块输入方式。用户在输入文本时，其文本框的宽度是固定的，不会因为输入的增多而横向延伸，但是文本框会自动换行。

> **小提示**
>
> 在文本输入过程中，标签输入方式和文本块输入方式可自由变换。当处于标签输入方式要转换成文本块输入方式时，可通过左右拖曳圆形图标来达到转换的目的。如果处于文本块输入方式向标签输入方式转变时，用户可双击正方形图标切换到标签输入方式中。

4.3 | 设置文字属性

当文本创建完成后，选中该文本，根据设计的需要，可再通过"属性"面板对文本的字体、间距、位置、颜色、呈现方式、对齐方式、链接等项目进行修改，如图4-3所示。

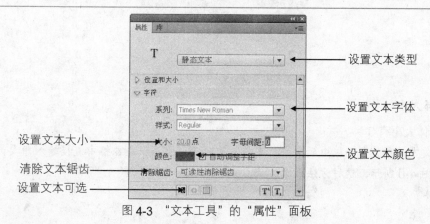

图4-3 "文本工具"的"属性"面板

1. 文本类型

Flash中的文本可以分为"静态文本"、"动态文本"和"输入文本"3种类型，可以通过在"属性"面板中的设置来转换文本类型，如图4-4所示。

图4-4 "属性"面板

- 静态文本：静态显示文字，用于显示影片中的文本内容。
- 动态文本：动态显示文字内容的范围，常用在互动电影中获取并显示指定的信息。
- 输入文本：互动电影在播放时可以输入文字的范围，主要用于获取用户信息。

2. 字体

设置文本字体，在"系列"下拉列表中选择某个字体作为文本的字体，如图 4-5 所示。也可以通过执行"文本→字体"命令，在弹出的快捷菜单中选择一种字体。

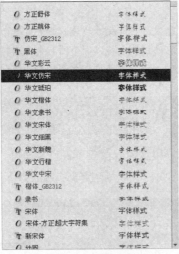

图 4-5　字体列表

3. 字体大小

改变字体大小有 3 种方式。

- 在文本"属性"面板中的单击"字符"选项下"大小"文本框中直接输入想要的字号，如图 4-6 所示，这种方法最为方便。

图 4-6　输入字体大小

- 执行"文本→大小"命令，选择当前文字的字体大小。
- 用鼠标左键按住"大小"右侧的数字不放，然后向上或者向下拖动鼠标来改变文字的大小。

4. 文本颜色

要设置或改变当前文本的颜色，可以单击颜色按钮调出颜色面板，如图 4-7 所示。在颜色面板中即可为当前文本选择一种颜色。

5. 文本方向

在文本"属性"面板中单击 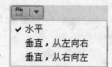 按钮,在弹出的下拉列表中进行选择,可以改变当前文本输入的方向,如图4-8所示。

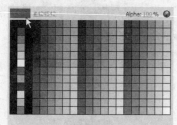

图 4-7 颜色面板

图 4-8 改变文本输入方向

6. 对齐方式

使用文本"属性"面板中"段落"选项下的"格式"按钮,可以为当前段落选择文本的对齐方式。这4个按钮分别对应 "左对齐"、"居中对齐"、"右对齐"、"两端对齐" 4 种对齐方式,如图4-9所示。

图 4-9 文本对齐方式

 小提示

用户也可以执行"文本→对齐"命令下的子菜单来调整文本的对齐方式。

制作滚动文本

在 Flash 中可以为文字设置滚动效果,以便在固定区域内显示更多的文本内容。要设置文字的滚动效果,可以通过"文本→可滚动"命令来实现。效果如图4-10所示。

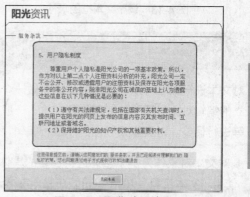

图 4-10 预览动画效果

具体操作步骤如下。

1 新建一个文档,在"工具"面板中选择"文本工具",打开"属性"面板,将文本类型设置为"动态文本",如图4-11所示。

2 在舞台中添加动态文本内容并将其选中，然后执行"文本→可滚动"命令，如图 4-12 所示。

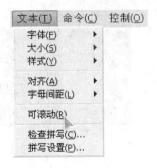

图 4-11　设置文本类型为"动态文本"　　　　图 4-12　执行"可滚动"命令

3 使文本处于可编辑状态后，拖动文本边框右下角的黑色块状锚点，调整文本框的尺寸，如图 4-13 所示。

4 保存文档后，按下 **Ctrl + Enter** 组合键预览动画效果，在影片中滚动鼠标滚轮，即可滚动影片中的文字内容，如图 4-14 所示。

图 4-13　调整文本框的尺寸　　　　　　　　图 4-14　预览动画效果

4.4 │ 文本对象的编辑

对文本进行编辑可以将输入的文本看做一个整体来编辑，也可以将文本中的每个字作为独立的编辑对象。需要改变整体的文本，一般是对文本的字体、大小、颜色、整体的倾斜度等进行调整。对文本中独立的字进行编辑，则多为剪切、复制、粘贴某个文字。

对文本对象作为一个整体进行编辑的具体方法如下。

1 使用"文本工具" T 在编辑区中输入文本。

2 单击"工具"面板中的"选取工具" ，选择编辑区中的文本块，文本块的周围出现蓝色边框，表示文本块已选中，如图 4-15 所示。

3 单击"工具"面板中的"任意变形工具" ，文本四周出现调整手柄，并显示出文本的中心点，通过对手柄的拖曳，调整文本的大小、倾斜度、旋转角度，如图 4-16 所示。

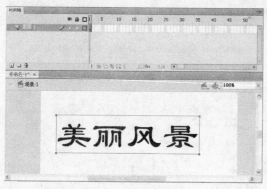

图 4-15 选中文本块　　　　　　　图 4-16 使用了"任意变形工具"后的文本

④ 如果要编辑文本的字体、颜色、字号、样式等属性，只需选中要编辑的文本，执行"窗口→属性"命令，打开"属性"面板，在"属性"面板中设置相应的属性，如图 4-17 所示。

⑤ 编辑文本对象中的部分文字，可以使用"选取工具" ▶ 双击输入的文本，文本变为可编辑状态，用光标选择需要编辑的文字，选中的文字底色会变为黑色，表示已选中，如图 4-18 所示。

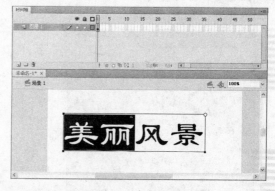

图 4-17 "属性"面板　　　　　　　图 4-18 选中某些文字

这时可以对文字进行各种编辑操作，如删除、剪切、复制、粘贴。

- 删除文本：选择要删除的文字，按下 Delete 键或 BackSpace 键。
- 复制文本：选择要复制的文字，执行"编辑→复制"命令（快捷键 Ctrl+C）。
- 粘贴文本：选择要粘贴的文字，执行"编辑→粘贴到当前位置"命令（快捷键 Ctrl+Shift+V）。
- 剪切文本：选择要复制的文字，执行"编辑→剪切"命令（快捷键 Ctrl+X）。

制作立体效果文字

本练习将利用"文字工具"和"复制帧"命令来制作立体效果文字，完成后的效果如图 4-19 所示。

图 4-19 最终效果

具体操作步骤如下。

① 新建一个文档，打开"属性"面板，将文档宽、高尺寸设置为 500×100 像素，如图 4-20 所示。

② 选择"工具"面板中的"文字工具" **A**，在舞台上单击鼠标进入文字输入状态，在舞台上输入文字"立体字"，如图 4-21 所示。

图 4-20　设置文件属性　　　　　　　　图 4-21　在舞台上输入文字

③ 在"工具"面板选择"选择工具"，打开"属性"面板，选择文字类型为"静态文本"，字体为"文鼎特粗黑简"，"大小"为 **64** 点，"颜色"为黄色，如图 4-22 所示。

④ 在"图层 1"上新建"图层 2"，在"图层"面板上拖动"图层 2"到"图层 1"下方，如图 4-23 所示。

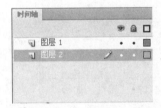

图 4-22　设置文字属性　　　　　　　　图 4-23　新建图层

⑤ 在"图层 1"第 1 帧右击，在弹出的快捷菜单中选择"复制帧"命令，如图 4-24 所示。选择"图层 2"第 1 帧，在该帧中右击，在弹出的快捷菜单中选择"粘贴帧"命令，如图 4-25 所示。

图 4-24　复制帧　　　　　　　　　　　图 4-25　粘贴帧

⑥ 锁定"图层 1"，选择"图层 2"第 1 帧中的文字，将文字向右下位置偏移一定距离，如图 4-26 所示。

⑦ 打开"属性"面板，在"属性"面板中调整文字颜色为灰色，如图 4-27 所示。

⑧ 按 **Ctrl+S** 组合键保存文件，存储文件名字为"立体字"，保存好文件后，按 **Ctrl+Enter** 组合

键预览效果。

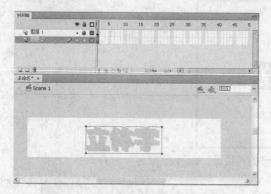 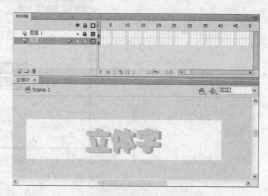

图 4-26　粘贴的文字　　　　　　　　　　图 4-27　修改文字颜色

4.5 | 文本的高级编辑

除了前面介绍的常用文本编辑方法外，下面将为用户介绍文本的一些高级编辑方法。

4.5.1　制作成可选文本

在 Flash 中可以很轻松地将文本制作成可选文本效果，也就是用户可以使用鼠标来选择这些输入的文本。

制作可选文本的操作方法如下。

1 新建一个文档，打开文本"属性"面板，并设置字体和大小，然后使用"文本工具"输入文本，如图 4-28 所示。

2 在默认状态下输入文本时，"可选"选项 总是打开的，如图 4-29 所示。

可选文本

图 4-28　输入文本　　　　　　图 4-29　默认状态下打开的"可选"选项

3 动态文本和静态文本的可选功能可以选择打开或关闭。当选择了该选项，影片输出后，可以对文本进行选取。

4 如果"可选"选项关闭了，选择输入的文本，然后单击"可选"选项打开此选项。

5 完成后按下 Ctrl + Enter 组合键预览效果，此时用户可以使用鼠标来选择动画中的文本，如图 4-30 所示。

图 4-30 默认状态下打开的"可选"选项

制作的可选文本，在影片输出后，右击弹出文本的快捷菜单，如图 4-31 所示；没有选择此项，影片输出后，不能对文本进行选取，并且右击弹出的快捷菜单内容也有所不同，如图 4-32 所示。

图 4-31 使用"可选"时的快捷菜单

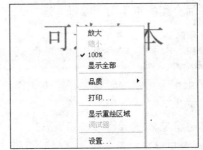

图 4-32 没有使用"可选"时的快捷菜单

4.5.2 URL 链接

可以利用文本"属性"面板为静态文本和动态文本设置超级链接。在"链接"右边的文本框中输入链接的地址。在"目标"右边的下拉列表中选择打开超级链接的方式。Flash 提供了 4 个选项，"_blank"、"_parent"、"_self"、"_top"，如图 4-33 所示，应用"链接"的文本输出影片后的效果如图 4-34 所示。

图 4-33 设置文本链接

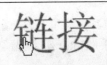

图 4-34 链接效果

"_blank"将被链接文档载入到新的未命名浏览器窗口中；"_parent"将被链接文档载入到父框架集或包含该链接的框架窗口中；"_self"将被链接文档载入与该链接相同的框架或窗口中；"_top"将被链接文档载入到整个浏览器窗口并删除所有框架。如果对目标没有做出选择，默认为在原窗口中打开，其在"属性"面板中的位置如图 4-18 所示。

4.5.3　打散文本

在使用任意变形工具对文本进行大小和倾斜编辑时，"工具"面板中的选项栏中只有旋转、倾斜和缩放是可以选择的，有两个选项按钮是灰色的，怎样激活这两个按钮，就是本节要讲的内容：打散文本。在对文本进行一些更为复杂的变形操作时，必须先将文本打散，比如说扭曲、封套、变形文字的某个笔画、填色等操作。

Flash CS4 默认打散前的文本为一种特殊的格式，不同于位图和矢量图的格式。打散后的文本被作为矢量图进行编辑。在制作很多静态文字效果时，例如金属字效果、浮雕字效果，都需要把文本打散，再对其进行颜色、形状的改变来达到希望的效果。

小提示

　　如果是多个字组成的文本块，要对其进行两次打散才能完成，比如：扭曲、封套、变形文字的某个笔画、填色的操作，如果只执行了一次打散文本的操作，只是将文本块分离为多个以独立的字为单位的文本块，可以将这些文本通过执行"修改→时间轴→分散到图层"命令（快捷键 Ctrl+Shift+D）将其分散到不同的图层。

打散文本的具体操作步骤如下。

1 在空白文档中输入文本，如图 4-35 所示。

2 单击"工具"面板中的"选择工具"，选择舞台中的文字，如图 4-36 所示。

图 4-35　输入文本

图 4-36　选中文本块

3 执行"修改→分离"命令或按 Ctrl+B 组合键，文本块被分离为多个以独立的字为单位的文本块，在编辑区中可以看出原本只有一个较大的矩形，分离后变为 4 个小的矩形，如图 4-37 所示。

小提示

　　此时对其中任意字符进行单独操作，都不会影响到其他的字符。

图 4-37　分离了一次

4 再次执行"修改→分离"命令或按下 **Ctrl+B** 组合键，将文本分离为矢量图形，如图 4-38 所示。

5 选择"任意变形工具"，单击选项栏中的"扭曲"按钮 ，拖曳手柄变形文本图形，如图 4-39 所示，也可以选择其他选项来编辑文本图形。

图 4-38　分离了两次　　　　　　　　　图 4-39　扭曲文本

6 选择"颜料桶工具" ，在混色器中调整好颜色，如图 4-40 所示，为文本图形填色，效果如图 4-41 所示。

图 4-40　设置填充颜色

图 4-41　填色效果

除此之外，还可以使用"选择工具"、"部分选取工具"、"套索工具"和"钢笔工具"对文本的外形进行调整，也可以用"橡皮擦工具"对文本进行擦除。总之，所有对图形进行的编辑操作都可以应用于打散后的文本。

变形文字

本练习将使用"文字工具"、"自由变形工具"来制作如图 4-42 所示的变形文字效果。

图 4-42　最终效果

具体操作步骤如下。

1 新建一个宽、高分别为 500 像素和 200 像素的空白文档。

2 在"工具"面板中选择"文本工具",打开"属性"面板,按如图 4-43 所示设置文字的属性,注意字体选择"文鼎霹雳体"。

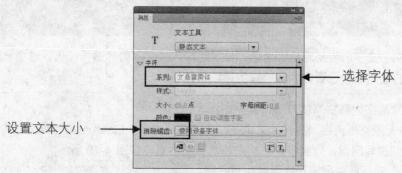

图 4-43 设置文字属性

3 在舞台上单击进入文字输入状态,输入文字"变形字"。使用"选择工具"将文字移动到舞台中心位置,如图 4-44 所示。

4 连续执行两次"修改→分离"命令或连续两次按 Ctrl+B 组合键将文字打散,如图 4-45 所示。

图 4-44 输入文字

图 4-45 打散文字

5 在"工具"面板中选择"任意变形工具",此时文字周围出现变形封套。执行"修改→变形→扭曲"命令,在"工具"面板下面的选项栏中单击"扭曲"按钮,拖动文字封套的左下控制点和右下控制点实现文字的透视效果,如图 4-46 所示。

6 新建一个图层,通过"拷贝"和"粘贴"命令制作出文字的投影。

7 按 Ctrl+S 组合键保存文件,按 Ctrl+Enter 组合键预览效果,如图 4-47 所示。

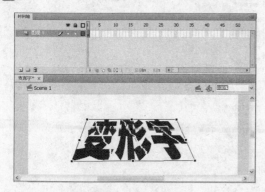

图 4-46 文字变形

图 4-47 最终效果

4.6 检查文字内容拼写

Flash CS4 提供了文字内容拼写检查功能，可以对输入的文本内容进行校正，避免出现错误。同时，用户还可以自己设定拼写检查的详细参数设置。

下面介绍检查文字内容拼写的方法，其操作步骤如下。

1 在文档中输入一段文本内容，执行"文本→检查拼写"命令，Flash 自动检查文档中的文本内容，如果检查到拼写问题，就会打开"检查拼写"对话框，如图 4-48 所示。

2 在"检查拼写"对话框中列出了找到的拼写问题，并给出了建议的修改项，在"更改为"文本框中输入新的内容或选择"建议"列表框中的内容，然后单击"更改"按钮。

3 如果确认文本内容是正确的，则可以单击"忽略"按钮，忽略检查结果。当拼写检查完成后，软件会弹出一个提示框，提示用户是否从头继续检查，如图 4-49 所示。

4 单击"是"按钮后，软件提示拼写检查完成，单击"确定"按钮，完成拼写检查，如图 4-50 所示。

图 4-48 "检查拼写"对话框

图 4-49 提示框

图 4-50 完成拼写检查

值得注意的是，有时在进行拼写检查时，会出现检查结果不正确的情况，将正确的内容误判定为错误的内容，会给用户带来一定的麻烦。要解决这个问题，可以通过对拼写检查的设置来实现，其操作步骤如下。

1 执行"文本 →拼写设置"命令，打开"拼写设置"对话框，如图 4-51 所示。

图 4-51 "拼写设置"对话框

"拼写设置"对话框中各个项目的功能分别介绍如下。

- 文档选项：指定要检查的内容，通过勾选该栏中的复选项来确定是否检查该项内容。在该项目中包括检查文本字段的内容、检查场景和层的名称、检查帧标签/注释、检查 ActionScript 中的字符串、检查元件/位图名称、仅检查当前场景、检查单字母文本字段、在影片浏览器面板中显示和选择舞台上的文本等 9 项。
- 词典：在"词典"列表框中列出了 Flash CS4 中内置的词典，必须在列表框中选择一个词典才能启动拼写检查功能。Flash CS4 中默认选中了"Adobe"和"美国英语"两个词典，如图 4-52 所示。

图 4-52 "词典"列表框

- 个人词典：在"个人词典"的"路径"文本框中输入新的个人词典路径来指定个人词典。也可以单击"路径"文本框后面的文件夹图标，然后在打开的对话框中选择个人词典文档，如图 4-53 所示。
- "编辑个人词典"按钮：向个人词典中添加自定义的单词和短语。单击该按钮打开"编辑个人词典"对话框，在其中输入新的内容，然后单面"确定"按钮即可，如图 4-54 所示。

图 4-53 "打开"对话框

图 4-54 "编辑个人词典"对话框

- 检查选项：在进行拼写检查时要检查的项目。包括多个检查项目，将该项目的复选框选中后，在拼写检查时就会进行这些项目的检查。

2 在"拼写设置"对话框中设置好各项参数后，单击"确定"按钮。

4.7 创建文本框

静态文本字段、动态文本字段、输入文本字段是 Flash CS4 提供的 3 种文本字段类型，所有文本字段都支持 Unicode 编码。

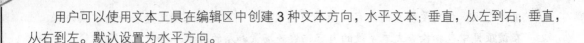

用户可以使用文本工具在编辑区中创建3种文本方向，水平文本；垂直，从左到右；垂直，从右到左。默认设置为水平方向。

4.7.1 创建动态文本

动态文本框创建的文本内容是可以改变的。动态文本的内容既可以在影片制作过程中输入，也可以在影片播放过程中动态变化，此变化通常运用 ActionScript 技术来完成控制，这样大大增加了影片的交互性。

创建动态文本，先选择"文本工具"，在"属性"面板中设置文本类型、字体、字号等属性，如图4-55所示。然后在舞台中拖曳出一个固定大小的文本框，或者在舞台中空白区域处单击并输入文本。绘制好的动态文本有一个黑色的虚线边框，如图4-56所示。

图 4-55　"属性"面板

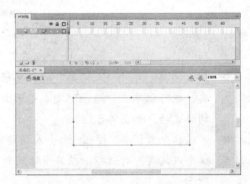

图 4-56　动态文本框

下面通过一个运用了 ActionScript 技术的动态文本框，来讲解动态文本使用脚本后的具体效果，具体操作步骤如下。

1 新建一个 Flash 文件（ActionScript 2.0），选择"工具"面板中的"文本工具"，在"图层1"第1帧的舞台中拖曳一个大小适当的文本框，如图4-57所示。

2 在"属性"面板中，设置文本类型为动态文本，设置字体为 Arial，字号为30，文本颜色为黑色，在"选项"栏中"变量"文本框里输入"word"，如图4-58所示。

图 4-57　编辑文本框

图 4-58　"属性"面板

3 选择"图层1"第1帧并按4次F6键，连续插入4个关键帧，选择第1帧，执行"窗口→

动作"命令，打开"动作"面板，输入脚本，如图 4-59 所示。

图 4-59　为帧添加脚本

> stop();
>
> //影片播放时停止在该帧;
>
> word="身体健康";
>
> //动态文本框中显示"身体健康"字样

4 使用同样的方法为"图层 1"的其他关键帧添加脚本，分别为：

> 第 2 帧：
>
> stop();
>
> word="万事如意";
>
> 第 3 帧：
>
> stop();
>
> word="心想事成";
>
> 第 4 帧：
>
> stop();
>
> word="喜气洋洋";
>
> 第 5 帧：
>
> stop();
>
> word="事事顺心";

5 单击"插入图层"按钮 ，插入"图层 2"，选择"图层 2"的第 1 帧，执行"窗口→公用库→按钮"命令，从"公用库"面板中拖曳"circle button_next"按钮到舞台，放置到合适的位置，如图 4-60 所示，并为其在"动作"面板中添加脚本，如图 4-61 所示。

图 4-60　插入按钮

图 4-61　为按钮添加脚本

```
on(release){
//按下按钮再释放后，执行中括号中的脚本;
gotoAndPlay(random(5));
//跳转到 1～5 任意关键帧中某一帧播放。

}
```

6 按 "Ctrl+Enter" 组合键预览动画，当单击影片中的按钮时，文本会发生变化，如图 4-62 所示。

（a）画面 1   （b）画面 2

图 4-62   预览动画

4.7.2   创建输入文本

输入文本多用于申请表、留言簿等一些需要用户输入文本的表格页面。它是一种交互性运用的文本格式，用户可即时输入文本在其中。该文本类型最难得的便是有密码输入类型，即用户输入的文本均以星号显示。

创建一个密码输入文本的具体步骤如下。

1 使用 "文本工具" 在舞台中拖曳一个大小合适的文本框，然后在文本框中输入文本。

2 在 "属性" 面板中设置文本类型为输入文本，行为类型为密码，如图 4-63 所示。

图 4-63   "属性" 面板

3 制作完成后，按 Ctrl+Enter 组合键测试效果，如图 4-64 所示。

图 4-64　输出效果

4.8 疑难解析

通过前面的学习，读者应该已经掌握了 Flash 中文本的应用，下面就读者在学习过程中遇到的疑难问题进行解析。

1 Flash 中文本的状态有哪几种

Flash 中可设置文本的状态有静态文本、动态文本和输入文本 3 种，用户根据不同的需要可选择不同的状态。

2 变形图形的工具主要有几种

常用变形图形的方法主要有"任意变形工具"、"选择工具"和"部分选择工具"。其中"任意变形工具"主要对图形进行缩放、旋转、倾斜、翻转、透视和封套等操作。

3 如何给位图进行填充颜色

给位图填充颜色，必须先对位图进行打散（也就是执行"修改→分离"命令），然后才能对位图进行填色操作。

4.9 上机实践

根据所学知识，为文本填充渐变颜色，完成后效果如图 4-65 所示。

图 4-65　最终效果

4.10 | 巩固与提高

通过本章的学习，可以掌握文本的一些常用处理方法和编辑技巧。不仅掌握设置文本的类型、文本字体、大小、颜色等基本属性，以及文本的选择、复制、粘贴、倾斜、变形等基本操作，还掌握了文本框的创建、滚动文本、可选文本以及文本特效等制作方法与技巧。

1．填空题

（1）"文本工具"的功能主要是输入和＿＿＿＿＿＿＿＿文字。

（2）在 Flash 中可以为文字设置＿＿＿＿＿＿＿，以便在固定区域内显示更多的文本内容。

（3）在 Flash 中文字有静态文本、＿＿＿＿＿＿和＿＿＿＿＿＿3 种。

2．问答题

（1）如何选取文本？

（2）如何打散文本？

（3）如何为文本填充渐变颜色？

（4）如何为文本设置 URL 链接？

第5章

动画基础与元件

元件是指在 Flash 创作环境中使用 Button（AS 2.0）、SimpleButton（AS 3.0）和 MovieClip 类创建的图形、按钮或影片剪辑，用户可在整个文档或其他文档中重复使用该元件。

学习指南

- 认识帧
- 编辑帧
- 图层的操作

- Flash 中的元件
- 元件的属性与编辑
- 在元件库中管理元件

精彩实例效果展示 ▲

5.1 | Flash 动画常用术语

Flash 动画常用术语包括舞台、场景、帧、关键帧、帧速、图层、时间轴、元件、实例、动作脚本和组件等，了解这些术语有利于提高制作水平。

5.1.1 舞台

舞台是指编辑动画画面的白色矩形区域，如图 5-1 所示。

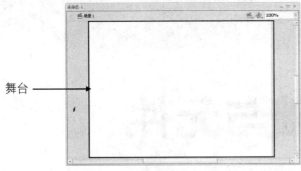

图 5-1　舞台

使用 Flash 制作动画就像导演在指挥演员演戏一样，当然要给他们一个演出的场所，在 Flash 中称为舞台。舞台由大小、音响、灯光等条件组成，Flash 中的舞台也有大小、色彩等设置，跟多幕剧一样，舞台也可以不止一个。

5.1.2 场景

有些动画需要多个场景，并且每个场景的对象可能都是不同的。与拍电影一样，Flash 可以将多个场景中的动作组合成一个连贯的电影。场景的数量是没有限制的，用户场景可以使用"场景"面板对场景进行管理，比如添加和删除场景，如图 5-2 所示。

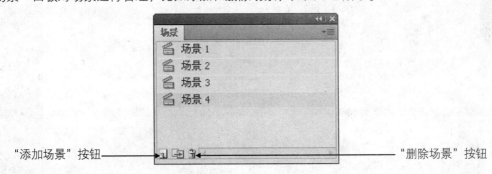

图 5- 2　场景面板

5.1.3 时间轴、图层与帧

在 Flash 动画制作中使用时间轴来安排动画播放的时间，通过时间轴对应的舞台动画表现动画播放进度，如图 5-3 所示。

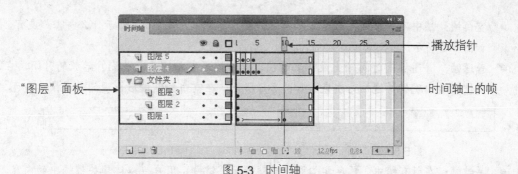

图 5-3　时间轴

时间轴用于组织和控制一定时间内的图层和帧中的文档内容，时间轴的主要组件是图层、帧和播放头。图层位于时间轴左侧。时间轴右侧顶部的数字表示帧的编号。播放头用于指示当前在舞台中显示的帧。播放时播放头从左向右通过时间轴。时间轴状态显示在时间轴的底部，它指示所选的帧编号、当前帧频以及到当前帧为止的运行时间。

图层可以看成是叠放在一起的透明的胶片，如果层上没有任何东西，就可以透过它直接看到下一层。所以可以根据需要，在不同层上编辑不同的动画而可在放映时互不影响地得到合成的效果。

图层有两大特点：除了画有图形或文字的地方，其他部分都是透明的，也就是说，下层的内容可以通过透明的这部分显示出来；图层又是相对独立的，修改其中一层，不会影响到其他层。

Flash 中的"帧"其实就是时间轴上的一个小格，是舞台内容中的一个片断。在默认状态下，每隔 5 帧就会在时间轴上进行数字标识。

5.1.4　元件与实例

元件是指 Flash 影片中的每一个独立的元素，可以是文字、图形、按钮、影片等。就像电影里的演员、道具一样。一般来说，建立一个 Flash 动画之前，先要规划和建立好需要调用的符号，然后在实际制作过程中才可以随时调用。

当我们把一个元件放到舞台或另一个元件中时，就创建了一个该元件的实例，也就是说实例是元件的实际应用。

小提示

使用元件可以缩小文档的尺寸，这是因为元件可以重复使用，不管创建了多少个实例，Flash 在文档中只保存一份副本。另外，运用元件可以加快动画播放的速度。

5.2 ｜ 认识帧

Flash 中的动画都是通过对时间轴中的帧进行编辑而制作完成的，因此，制作动画之前必须熟练掌握帧的一些操作技巧和方法。

在 Flash CS4 的时间轴上设置不同的帧，会以不同的图标来显示，如图 5-4 所示。

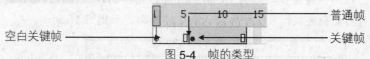

图 5-4　帧的类型

下面介绍帧的类型及其所对应的图标和用法。

- 空白帧：帧中不包含任何对象（如声音、图形和影片剪辑等），表示什么内容都没有，如图 5-5 所示。
- 普通帧：普通帧是时间轴上最常见的帧，普通帧通常是用于延长影片播放的时间，在关键帧后出现的普通帧为灰色，如图 5-6 所示，在空白关键帧后出现的普通帧为白色。

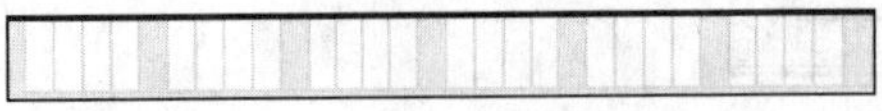

图 5-5 空白帧 　　　　　　　　　　　　　图 5-6 普通帧

- 关键帧：在所有帧中，黑色实心圆点的帧表示关键帧，用户可以编辑关键帧中的内容，如图 5-7 所示。
- 空白关键帧：空白关键帧就是不包含任何内容的关键帧，用空心圆点表示空白关键帧。空白关键帧与关键帧的性质和行为完全相同，当新建一个层时，会自动新建一个空白关键帧，如图 5-8 所示。

图 5-7 关键帧 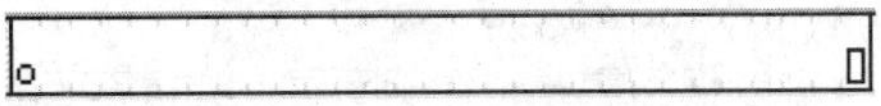　　　　　　　　　　　　　图 5-8 空白关键帧

- 标签帧：表示帧的标签，也可以称为帧的名字，它是以一面小红旗开头，后面标有文字的帧，如图 5-9 所示。
- 锚记帧：以锚形图案开头，同样后面可以标有文字，如图 5-10 所示。

图 5-9 标签帧 　　　　　　　　　　　　　图 5-10 锚记帧

- 注释帧：以双斜杠为起始符，后面标有文字的帧，表示帧的注释。在制作多帧动画时，为了避免混淆，可以在帧中添加注释，如图 5-11 所示。
- 动作帧：为关键帧或空白关键帧添加脚本后，帧上出现字母"α"，表示该帧为动作帧，如图 5-12 所示。

图 5-11 注释帧　　　　　　　　　　　　　图 5-12 动作帧

- 形状渐变帧：在两个关键帧之间创建形状渐变后，中间的过渡帧称为形状渐变帧，用浅绿色填充并由箭头连接，表示物体形状渐变的动画，如图 5-13 所示。
- 不可渐变帧：在两个关键帧之间创建动作渐变或形状渐变不成功，用浅蓝色填充并由虚线连接的帧，或用浅绿色填充并由虚线连接的帧，如图 5-14 所示。

图 5-13 形状渐变帧　　　　　　　　　　　图 5-14 不可渐变帧

- 动作渐变帧：在两个关键帧之间创建动作渐变后，中间的过渡帧称为动作渐变帧，用浅蓝色填充并用箭头连接，表示物体动作渐变的动画，如图 5-15 所示。

图 5-15 动作渐变帧

2．帧的模式

在时间轴上，帧有"很小"、"小"、"标准"、"中"、"大"和"较短"等几种显示模式。在时间轴标尺的末端，有一个 ☰ 按钮，如图 5-16 所示。单击此按钮，弹出如图 5-17 所示的快捷菜单，通过此菜单可以设置帧的显示模式、位置和状态。

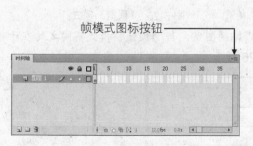

帧模式图标按钮

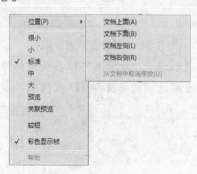

图 5-16　帧模式图标按钮　　　　图 5-17　帧模式

下面分别介绍菜单中各选项的含义和用法。

- 很小：为了显示更多的帧，使时间轴上的帧以最窄的方式显示，如图 5-18 所示。
- 小：此模式可以使时间轴上的帧以较窄的方式显示，如图 5-19 所示。

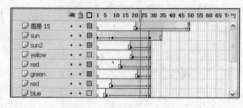

图 5-18　"很小"模式

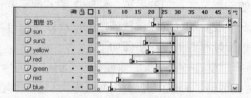

图 5-19　"小"模式

- 标准：此模式使时间轴上的帧按系统默认显示宽度显示，如图 5-20 所示。
- 中：使时间轴上的帧以较宽的方式显示，如图 5-21 所示。

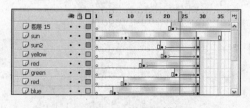

图 5-20　"标准"模式

图 5-21　"中等"模式

- 大：此模式可以使时间轴上的帧以最宽的方式显示，如图 5-22 所示。
- 较短：为了显示更多的图层，此模式可以使时间轴上帧的高度减小，如图 5-23 所示。

图 5-22　"大"模式

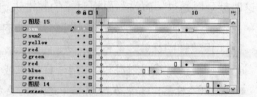

图 5-23　"较短"模式

- 彩色显示帧：此模式可以用不同颜色来标识时间轴上不同类型的帧，如图 5-24 所示。

● 预览：此模式可以在帧中模糊地显示场景上的图案，如图 5-25 所示。

图 5-24　"彩色显示帧"模式　　　　　　图 5-25　"预览"模式

● 关联预览：此模式可以在关键帧处显示模糊的图案，与"预览"模式不同之处在于将全部范围的场景都显示在帧中，如图 5-26 所示。

图 5-26　"关联预览"模式

3. 帧的属性

　　帧的属性包括帧的名称、动画类型、声音和动作响应等特性，我们可以通过对属性参数的设置来修改帧的属性，设置该帧的动画效果及其动画参数。

　　设置帧属性的操作步骤如下。

1 执行"窗口→属性"命令或按下 **Ctrl+F3** 组合键，打开"属性"面板，如图 **5-27** 所示。

2 由此可见，此时的"属性"面板是文档的"属性"面板，当我们在时间轴上选择任意一帧后，"属性"面板也就变成了相应帧的"属性"面板，如图 **5-28** 所示。

图 5-27　"属性"面板　　　　　　　　图 5-28　"帧"的"属性"面板

3 这时就可以通过"属性"面板对帧的属性进行修改或者重新设置。

　　"帧"的"属性"面板分为 2 个部分，帧的标签设置和帧的声音设置。

　　（1）设置帧的标签

　　通过帧标签可以为该帧添加标记注释信息或者命名锚记。

● 添加帧标签：首先在时间轴中选择需要加入标记的关键帧，打开帧属性面板，在"标签"选项下的"类型"中选择"名称"，在"名称"文本框中输入内容，然后按下 Enter

键，即可为该关键帧加入标签，如图 5-29 所示。加入帧标签后的帧在时间轴上的状态将改变为如图 5-30 所示。

图 5-29 添加帧标签

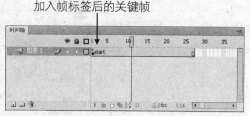

加入帧标签后的关键帧

图 5-30 加入帧标签后的关键帧

● 添加帧注释：打开帧属性面板，在"标签"选项下的"类型"中选择"注释"，在"名称"文本框中输入以"//"开头的字符，按下 Enter 键，即可为帧添加帧注释，如图 5-31 所示。添加帧注释后的帧在时间轴上的状态如图 5-32 所示。

图 5-31 添加注释帧

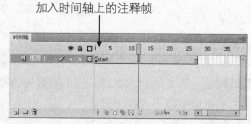

加入时间轴上的注释帧

图 5-32 加入时间轴上的注释帧

● 添加帧锚记：添加帧锚记的方法与添加帧注释的方法雷同，不同之处在于标签类型选择为锚记，如图 5-33 所示，添加帧锚记后的帧在时间轴上的状态图 5-34 所示。

图 5-33 添加帧锚记

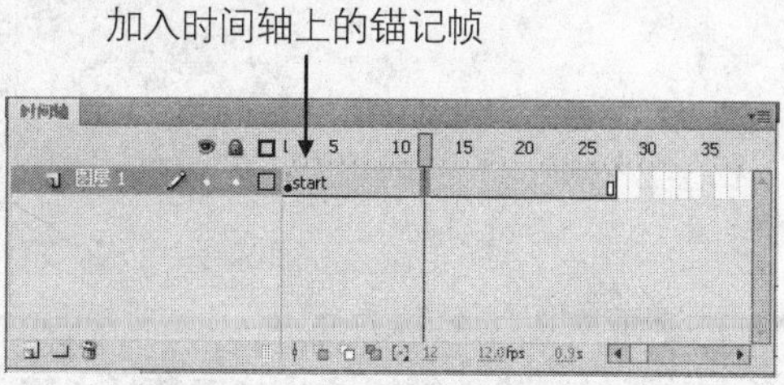

加入时间轴上的锚记帧

图 5-34 加入时间轴上的锚记帧

（3）设置帧的声音

通过"帧"的"属性"面板，可以为所选关键帧中的声音设置其播放同步的类型，以及声音效果的设置。

5.3 | 编辑帧

Flash 动画影片都是由帧组成的，熟练掌握帧有利于提高动画制作效率。帧的编辑包括帧的选取、移动、复制、粘帖、删除、插入与帧的翻转等操作。

Flash CS4 提供了两种编辑帧的操作方法，一种方法是使用菜单中帧的相关操作命令，另外一种方法是在时间轴上右击，在弹出的快捷菜单中选择帧的编辑命令，如图 5-35 所示。

图 5-35　帧编辑命令

5.3.1　选取帧

我们要编辑帧，首先必须选取帧。帧的选取分为单个帧的选取和多个帧的选取。

对单个帧的选取有以下几种方法。

- 单击要选取的帧。
- 通过选取该帧在舞台中的内容来选中帧。
- 若某图层只有一个关键帧，可以通过单击图层名来选取该帧。

可以看到，在时间轴上被选中的帧显示为黑色，如图 5-36 所示。

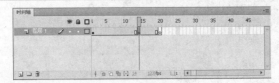

图 5-36　选取第 14 帧

对多个帧的选取有以下几种方法。

- 在所要选择的帧的头帧或尾帧按下鼠标左键不放，拖曳鼠标到所要选的帧的另一端，从而选中多个连续的帧。
- 在所要选择的帧的头帧或尾帧，按下 Shift 键，再单击所选多个帧的另一端，从而选中多个连续的帧。

- 单击图层，选中该图层所有已定义的帧，如图 5-37 所示。
- 按下 Ctrl 键，选取多个不连续的帧，如图 5-38 所示。

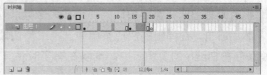

图 5-37　选取多个连续的帧　　　　　　　　图 5-38　选取多个不连续的帧

5.3.2　移动帧

用户可以将选取的帧和帧序列移动到新的位置，以便对时间轴上的帧进行调整和重新分配。移动帧的操作方法如下。

1 如果要移动单个帧，可以先选中此帧。

2 然后在此帧上按下鼠标左键不放，并进行拖动。

3 用户可以在本图层的时间轴上进行拖动，也可以移动到其他图层时间轴上的任意位置。

如果需要移动多个帧，同样在选中要移动的所有帧后，使用鼠标对其拖动，移动到新的位置释放鼠标即可，如图 5-39 所示。

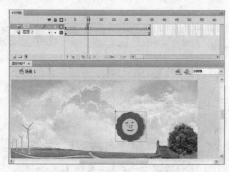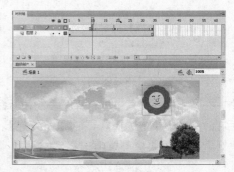

（a）移动多个帧前　　　　　　　　　　　　（b）移动多个帧后

图 5-39　移动多个帧前后比较

5.3.3　删除帧

在编辑动画过程中，我们如果不需要某帧，就可以将其删除，删除帧的操作方法如下。

1 在时间轴上选择需要删除的一个或多个帧。

2 右击，在弹出的快捷菜单中选择"删除帧"命令，即可删除被选择的帧。

3 若删除的是连续帧中间的某一个或几个帧，后面的帧会自动提前填补空位。因为在 Flash 的时间轴上，两个帧之间是不能有空缺的。如果要使两帧间不出现任何内容，可以使用空白关键帧，如图 5-40 所示。

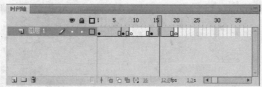

图 5-40　删除帧

5.3.4 剪切帧

剪切帧的操作方法如下。

1️⃣ 在时间轴上选择需要剪切的一个或多个帧。

2️⃣ 然后右击，在弹出的快捷菜单中选择"剪切帧"命令，即可剪切掉所选择的帧，被剪切后的帧保存在 Flash 的剪切板中，可以在需要时将其重新使用，如图 5-41 所示。

（a）帧剪切前   （b）帧剪切后

图 5-41 帧剪切前后舞台的比较

5.3.5 复制和粘贴帧

复制与粘贴帧的方法如下。

1️⃣ 用鼠标选择需要复制的一个或多个帧。

2️⃣ 右击，在弹出的快捷菜单中选择"复制帧"命令，即可复制所选择的帧。

3️⃣ 然后在时间轴上单击选择需要粘贴帧的位置。

4️⃣ 右击，在弹出的快捷菜单中选择"粘贴帧"命令，即可将复制或者被剪切的帧粘贴到当前位置。

小提示

可以用鼠标选择一个或者多个帧后，按住 Alt 键不放，拖动选择的帧到指定的位置，这种方法也可以把所选择的帧复制粘贴到指定位置。

5.3.6 插入帧

插入帧的方法如下。

1️⃣ 在时间轴上需要插入帧的位置右击。

2️⃣ 在弹出的快捷菜单中选择"插入帧"命令，即可在该帧处插入过渡帧，其作用是延长关键帧的作用和时间，如图 5-42 所示。

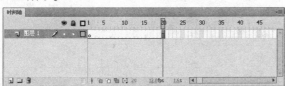

图 5-42 插入帧

在时间轴上选取需要插入帧的位置，然后按下 **F5** 键即可快速插入帧。

5.3.7　插入关键帧

插入关键帧的方法如下。

1 在时间轴上需要插入关键帧的位置右击。

2 在弹出的快捷菜单中选择"插入关键帧"命令，这样就可以插入一个关键帧，如图 **5-43** 所示。

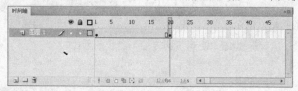

图 5-43　插入关键帧

在时间轴上选取需要插入关键帧的位置，然后按下 **F6** 键即可快速插入关键帧。

5.3.8　插入空白关键帧

插入空白关键帧的方法如下。

1 在时间轴上需要插入空白关键帧的位置右击。

2 在弹出的快捷菜单中选择"插入空白关键帧"命令，即可在指定位置创建空白关键帧，其作用是将关键帧的作用时间延长至指定位置，如图 **5-44** 所示。

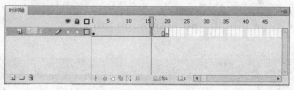

图 5-44　插入空白关键帧

在时间轴上选取需要插入空白关键帧的位置，然后按下 **F7** 键即可快速插入空白关键帧。

5.3.9　翻转帧

翻转帧的功能可以使所选定的一组帧按照顺序翻转过来，使最后 1 帧变为第 1 帧，第 1 帧变为最后 1 帧，反向播放动画。

翻转帧的方法如下。

1 在时间轴上选择需要翻转的一段帧。

2 然后右击，在弹出的快捷菜单中选择"翻转帧"命令，即可完成翻转帧的操作，如图 **5-45** 所示。

（a）使用"翻转帧"命令之前　　　　　　（b）使用"翻转帧"命令之后

图 5-45　使用"翻转帧"命令前后比较

5.3.10　指定可打印帧

若要打印某个帧，先选中该帧，打开"动作"面板，使用 ActionScript 中的 Print 函数来完成打印。

打印帧的操作步如下。

1 在时间轴上选定需要打印的帧。

2 打开"属性"面板，在"帧标签"选项中的"名称"文本框中输入"#P"，此时时间轴如图 5-46 所示。

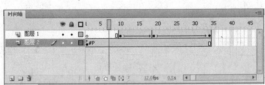

图 5-46　设置要打印的帧

5.3.11　移动播放指针

播放指针用来指定当前舞台显示内容所在的帧。在创建了形状补间或动作补间的时间轴上，随着播放指针的移动，舞台中的内容也会发生变化，如图 5-47 所示。当播放指针分别在第 7 帧和在第 27 帧时，舞台中太阳的位置发生了变化。

（a）播放指针在第 7 帧上　　　　　　（b）播放指针在第 27 帧上

图 5-47　播放指针位置不同窗口的图形也不同

5.4 图层的操作

利用 "图层" 面板可以对图层进行插入、删除、命名以及调整图层顺序等操作。另外，还可以显示/隐藏所有图层、添加运动引导层、添加遮罩层等操作。

图层位于 "时间轴" 面板的左侧，如图 5-48 所示。在图层的左下侧是图层控制按钮，包括 "插入图层"、"插入图层文件夹" 和 "删除图层" 等按钮，图层的右上角是显示/隐藏图层、锁定图层按钮等，下面分别进行介绍。

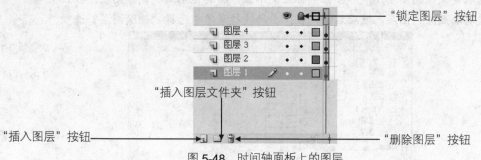

图 5-48 时间轴面板上的图层

1. 新建图层

如果要新建一个普通图层，只需单击图层区下方的 "插入图层" 按钮 □，即可在当前图层上方新建一个普通图层，且会自动按照 "图层+数字" 的方式命名，如图 5-49 所示。

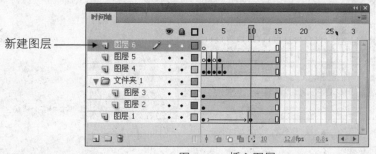

图 5-49 插入图层

2. 新建图层文件夹

如果要新建一个普通图层文件夹，只需单击图层区下方的 "插入图层文件夹" 按钮 □，即可在当前图层上方新建一个图层文件夹。所有的图层都可以被收拢到文件夹中，方便用户管理，如图 5-50 所示。

图 5-50 插入图层文件夹

2. 移动图层

为了得到满意的动画效果，有时候要对图层的位置进行移动，其方法是，在图层区中选中要移动的图层，按住鼠标左键将其拖动到要移动的位置，然后释放鼠标。

3. 删除图层

删除图层有下面几种方法。

● 选取要删除的图层，然后单击"删除图层"按钮 🗑，如图 5-51 所示。

● 选取要删除的图层，然后按住鼠标左键不放，将其拖动到"删除图层"按钮上 🗑。

● 选取要删除的图层，然后右击。在弹出的快捷菜单中选择"删除图层"选项。

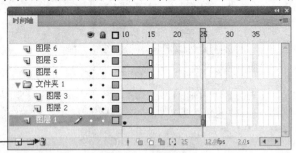

图 5-51 删除图层

"滚动到播放头"按钮 ↓：单击该按钮，使时间轴以当前帧为中心显示，如图 5-52 所示。

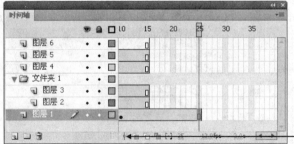

图 5-52 "滚动到播放头"按钮

4. 重命名图层

Flash 中的图层名都是以默认的"图层 1"、"图层 2"等命名的，为了便于区分各图层和对各图层的内容进行管理，常需要对各图层进行重新命名，其方法是双击要重新命名的图层名称，使其进入编辑状态，然后重新输入名称即可。

5. 隐藏/锁定图层

在对多个图层进行编辑时，为了防止对其他图层的内容进行误码操作，往往需要对一些图层进行"保护"，也是就对其隐藏或者锁定，其方法是单击需要隐藏或锁定图层的图层右侧与图层区上方的隐藏按钮 👁、锁定按钮 🔒、对应的图标按钮 ● 即可，如图 5-34 所示。若要解除隐藏/锁定图层，则只需再次单击该按钮即可。

6. 分散到图层

在 Flash 中可以将一个图层中的多个对象分散到多个图层，使操作变得简单有序。选中要分散的多个对象，执行"修改→时间轴→分散到图层"命令，即可将这些对象分散到多个图层，如图 5-53 所示。

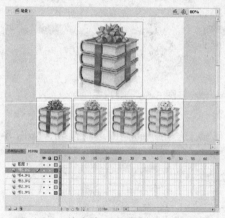

图 5-53　将多个对象分散到多个图层

7. "绘图纸"按钮

"绘图纸"按钮 ![icons] 可以在舞台上辅助显示动画图形内容，它是多个具有此类功能按钮的统称。"绘图纸"按钮中包括"绘图纸外观" ![icon]、"绘图纸外观轮廓" ![icon]、"编辑多个帧" ![icon] 和"修改绘图纸标记"按钮![icon]，下面分别进行介绍。

- "绘图纸外观" ![icon]：按下该按钮在舞台中显示绘图纸标记范围的图形内容，按透明到不透明的方式表现起始图形与目前帧中的图形之间的位置关系。离目前帧位置越近，不透明度越高；离目前帧位置越远的帧，图像越透明，如图 5-54 所示。

图 5-54　绘图纸外观效果

- "绘图纸外观轮廓"按钮![icon]：按下该按钮以显示轮廓线条的方式查看相邻帧中的图形内容，按透明到不透明的方式表现起始图形与目前帧中的图形之间的位置关系，如图 5-55 所示。

图 5-55　绘图纸外观轮廓效果

小提示

离日前帧位置越近的帧，不透明度越高；离目前帧位置越远的帧，图像越透明。

- "编辑多个帧"按钮![icon]：按下该按钮同时显示时间轴中绘图纸范围内多个关键帧的内容，方便对补间动画前后变化进行查看，如图 5-56 所示。

图 5-56　编辑多个帧

- "修改绘图纸标记"按钮⊡：按下该按钮，会弹出一个命令菜单，在其中选择对应的命令选项，可以对时间轴上绘图纸的范围进行设置，如图 5-57 所示。

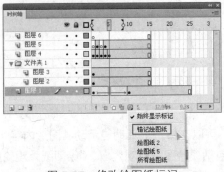

图 5-57　修改绘图纸标记

5.5　Flash 中的元件

元件是 Flash 中的一种特殊组件，在一个动画中，有时需要一些多次出现的特定的动画元素，或需要利用 ActionScript 语句对其进行多次调用。在这种情况下，就可以将这些特定的动画元素作为元件来制作，这样就可以在动画中对其多次引用了。

元件包括影片剪辑、按钮和图形 3 种类型，且每个元件都有一个唯一的时间轴、舞台以及图层。在 Flash 中可以使用"新建元件"命令创建影片剪辑、按钮和图形 3 种类型的动画元件。使用"新建元件"命令打开"创建新元件"对话框后，在其中可以设置新元件的名称和类型等参数。

5.5.1　图形元件

图形元件🔺用于创建静态图像，并可用来创建连接到主时间轴的可重复使用的动画片段。图形元件与主时间轴同步运行，交互式控件和声音在图形元件的动画序列中不起作用。

由于没有时间轴，图形元件在 Flash 文件中的尺寸小于按钮或影片剪辑。图 5-58 所示为图形元件。

图 5-58　图形元件

5.5.2　影片剪辑元件

　　"影片剪辑元件" 可以创建可重复调用的动画片段，拥有各自独立于主时间轴的多帧时间轴。

　　可以将多帧时间轴看做是嵌套在主时间轴内，它们可以包含交互式控件、声音甚至其他影片剪辑实例，也可以将影片剪辑实例放在按钮元件的时间轴内，以创建动画按钮。此外，还可以使用 ActionScript 对影片剪辑进行改编。如图 5-59 所示为影片剪辑元件。

图 5-59　影片剪辑元件

5.5.3　按钮元件

　　"按钮元件" 可以创建用于响应鼠标单击、滑过或其他动作的交互式按钮，可以定义与各种按钮状态关联的图形，然后将动作指定给按钮实例。如图 5-60 所示为按钮元件。

图 5-60　按钮元件

　　制作按钮元件非常简单，只需编辑好按钮元件中的 "弹起"、"指针"、"按下"、"点击" 这 4 个帧的内容即可。其具体操作步骤如下。

1 执行 "插入→新建元件" 命令，打开 "创建新元件" 对话框，如图 5-61 所示。

2 在对话框的 "名称" 文本框中输入元件名称，在 "类型" 下拉列表中选择要创建的元件的类型，这里选择 "按钮"，如图 5-62 所示。

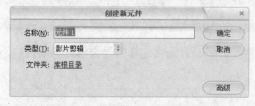

图 5-61　"创建新元件" 对话框

图 5-62　选择 "按钮" 类型

图 5-63 展开 "高级" 设置界面

3 然后单击 "确定" 按钮，进入元件编辑界面，可以看到 "按钮元件" 有 4 个编辑帧，分别是
"弹起"、"指针"、"按下"、"点击"，如图 5-64 所示。

4 接着对按钮元件的内容进行编辑，这里分别编辑 4 个帧的内容即可完成元件的创建。

5 在 "库" 面板中可以看到创建好的元件，如图 5-65 所示。

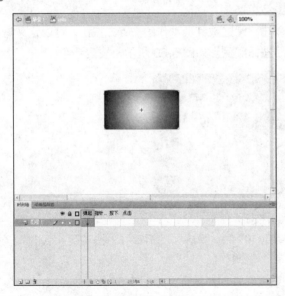

图 5-64 进入按钮编辑状态

图 5-65 创建好的元件存于库中

5.6 | 元件的属性与编辑

在 Flash 中创建的元件是可以相互转换类型的，并且还可以对元件的颜色混合模式等属性
进行修改。

5.6.1 元件类型的转换

在 Flash 中可以将图形、影片剪辑和按钮这 3 种动画元件互相转换，以满足动画制作的需要。下面介绍元件类型的转换方法，其操作步骤如下。

1 在文档中选中要转换的元件，然后执行 "修改→转换为元件" 命令，打开 "转换为元件" 对话框，如图 5-66 所示。

2 在 "转换为元件" 对话框中设置元件名称并选择要转换的元件类型，然后单击 "确定" 按钮，如图 5-67 所示。

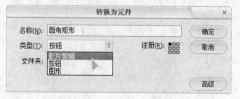

图 5-66 "转换为元件" 对话框   图 5-67 选择元件类型

3 在 "属性" 面板中即可看到选中的元件已经变为新的元件类型了，如图 5-68 所示。

图 5-68 元件 "属性" 面板

小提示

在 Flash CS4 中，选择舞台中要转换类型的实例，单击 "属性" 面板中的 "实例行为" 下拉列表，选择相应的选项，即可改变实例的类型。使用此种方法改变的是实例的类型，"库" 面板中不增加新的元件。

5.6.2 设置元件的 "颜色样式" 属性

Flash 中的元件可以通过 "颜色样式" 功能来设置其元件的颜色、亮度、色调、Alpha 和高级等属性。

选中元件后，在 "属性" 面板中的 "样式" 下拉列表中即可选中要应用的选项，如图 5-69 所示。

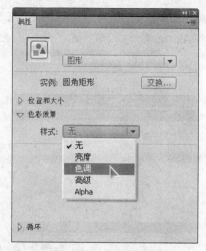

图 5-69 选择颜色效果

下面分别介绍这 5 个选项的功能和用法。

● 亮度：调节图像的相对亮度或暗度，度量范围是从黑 (-100%) 到白 (100%)。若要调整亮度，单击"亮度"后面的三角形并拖动滑块，或者在文本框中输入一个值即可，如图 5-70 所示。

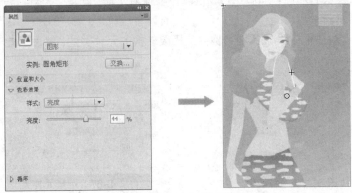

图 5-70　"亮度"样式效果

● 色调：用相同的色相调整元件的色彩。要设置色调百分比[从透明(0%)到完全饱和(100%)]，可使用属性检查器中的色调滑块；若要调整色调，则单击此三角形并拖动滑块，或者在框中输入一个值。若要选择颜色，可以在各自的框中输入红、绿和蓝色的值，或者单击颜色控件，然后从"颜色选择器"中选择一种颜色，如图 5-71 所示。

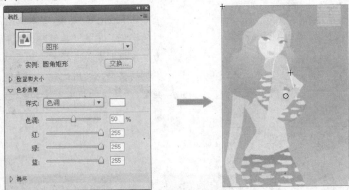

图 5-71　"色调"样式效果

● Alpha：调节元件的透明度，调节范围是从透明 (0%) 到完全不透明 (100%)。若要调整 Alpha 值，可以单击此三角形并拖动滑块，或者在框中输入一个值，如图 5-72 所示。

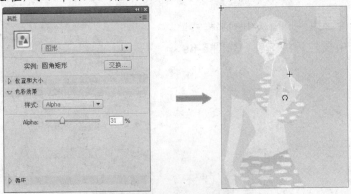

图 5-72　Alpha 样式效果

● 高级: 分别调节实例的红色、绿色、蓝色和透明度值。Alpha 控件可以按指定的百分比降低颜色或透明度的值。其他的控件可以按常数值降低或增大颜色或透明度的值。

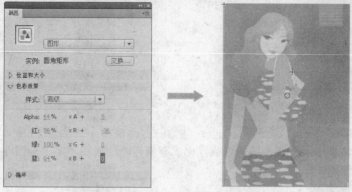

图 5-73　高级样式效果

5.6.3　设置元件的混合模式

在 Flash 动画制作中使用"混合"功能可以得到多层复合的图像效果。该模式将改变两个或两个以上重叠对象的透明度或者颜色相互关系，使结果显示重叠影片剪辑中的颜色，从而创造独特的视觉效果。用户可以通过"属性"面板中的混合选项为目标添加该模式，如图 5-74 所示。

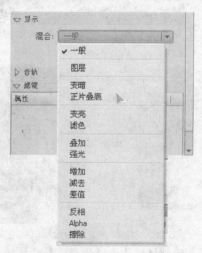

图 5-74　"混合"功能

混合模式只能应用在按钮和影片剪辑元件上，包含以下 4 个组成部分。

● 混合颜色: 应用于混合模式的颜色。
● 不透明度: 应用于混合模式的透明度。
● 基准颜色: 混合颜色下的像素的颜色。
● 结果颜色: 基准颜色的混合效果。

由于混合模式的效果取决于混合对象的混合颜色和基准颜色，因此在使用时应测试不同的颜色，以得到理想的效果。Flash CS4 为用户提供了以下几种混合模式。

● 一般: 正常应用颜色，不与基准颜色发生相互关系，如图 5-75 所示。
● 图层: 可以层叠各个影片剪辑，而不影响其颜色，如图 5-76 所示。

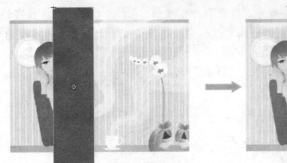

图 5-75 "一般"混合模式　　　　　　　　图 5-76 "图层"混合模式

● 变暗：只替换比混合颜色亮的区域，比混合颜色暗的区域不变，如图 5-77 所示。

图 5-77 变暗混合模式

● 色彩增值：将基准颜色复合为混合颜色，从而产生较暗的颜色，与变暗的效果相似，如图 5-78 所示。

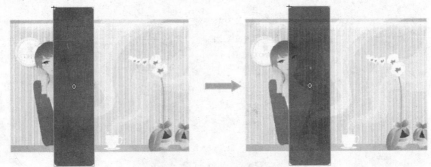

图 5-78 "色彩增值"混合模式

● 变亮：只替换比混合颜色暗的区域，比混合颜色亮的区域不变，如图 5-79 所示。

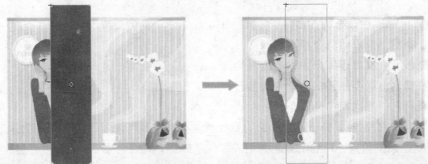

图 5-79 "变亮"混合模式

● 荧幕：将混合颜色的反色复合为基准颜色，从而产生漂白效果，如图 5-80 所示。

图 5-80　"荧幕"混合模式

● 叠加：进行色彩增值或滤色，具体情况取决于基准颜色，如图 5-81 所示。

图 5-81　"叠加"混合模式

● 强光：进行色彩增值或滤色，具体情况取决于混合模式颜色。该效果类似于用点光源照射对象，如图 5-82 所示。

图 5-82　"强光"混合模式

● 增加：根据比较颜色的亮度，从基准颜色增加混合颜色，有类似变亮的效果，如图 5-83 所示。

图 5-83　"增加"混合模式

● 减去：根据比较颜色的亮度，从基准颜色减去混合颜色，如图 5-84 所示。

图 5-84 "减去"混合模式

- 差异：从基准颜色减去混合颜色，或者从混合颜色减去基准颜色，具体情况取决于哪个亮度值较大，如图 5-85 所示。

图 5-85 "差异"混合模式

- 反转：是取基准颜色的反色，该效果类似于彩色底片，如图 5-86 所示。

图 5-86 "反转"混合模式

- Alpha：应用 Alpha 遮罩层。模式要求将图层混合模式应用于父级影片剪辑。不能将背景剪辑更改为 Alpha 并应用它，因为该对象将是不可见的，如图 5-87 所示。

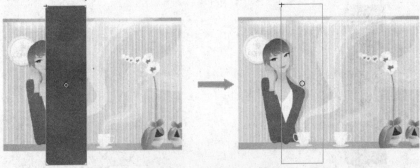

图 5-87 Alpha 混合模式

● 擦除：删除所有基准颜色像素，包括背景图像中的基准颜色像素。混合模式要求将图层混合模式应用于父级影片剪辑。不能将背景剪辑更改为"擦除"并应用它，因为该对象将是不可见的，如图 5-88 所示。

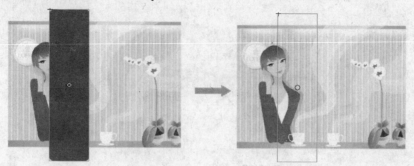

图 5-88　擦除混合模式

现场练兵

混合实例

本例将练习为影片剪辑添加透明颜色模式效果和图层混合效果来制作一个混合实例。效果如图 5-89 所示。

图 5-89　预览效果

具体操作步骤如下。

1 在一个新建文档中添加一张背景图像，然后插入一个新的图层，并在该图层的绘图工作区中输入"饮湖上初晴后雨"这首诗，如图 5-90 所示。

2 框选文本并按下 F8 键，弹出"转换为元件"对话框，设置新元件的名称为"咏湖"，类型为影片剪辑，单击"确定"按钮，如图 5-91 所示。

图 5-90　输入"饮湖上初晴后雨"诗句　　　　图 5-91　"转换为元件"对话框

3 使用鼠标双击该影片剪辑，进入其编辑窗口中，延长图层的显示帧到第 240 帧。插入一个新的图层，在该图层中绘制一个矩形，调整其大小、位置，如图 5-92 所示。

图 5-92 绘制一个矩形

4 应用"透明白色→白色"的线形渐变填充方式填充矩形，如图 5-93 所示。然后使用"填充变形工具"调整好填充效果，如图 5-94 所示。

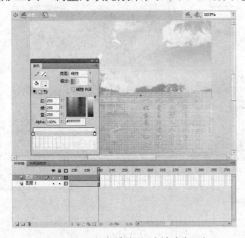

图 5-93 渐变填充方式填充矩形　　　图 5-94 使用"填充变形工具"调整好填充效果

5 选中矩形并按 F8 键，将矩形转换为一个新的影片剪辑"遮罩"，如图 5-95 所示。

6 将第 120 帧转换为关键帧，水平移动该帧中的影片剪辑"遮罩"，使该元件白色的部分完全覆盖住下方的诗词，如图 5-96 所示。

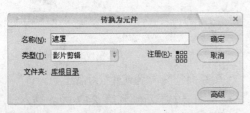

图 5-95 将矩形转换为一个新的影片剪辑　图 5-96 使用元件白色的部分完全覆盖住下方的诗词

7 为该图层创建动画补间动画，使矩形向左边移动，覆盖住下方的诗词，如图 5-97 所示。

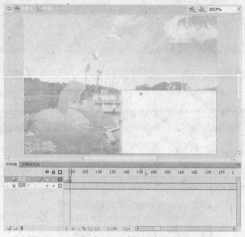

图 5-97 为该图层创建动画补间动画

8 分别选中第 1 帧和第 120 帧中的影片剪辑"遮罩"，在"属性"面板中为其应用 Alpha 混合模式，这时影片剪辑"遮罩"将变为全透明模式，如图 5-98 所示。

9 按下时间轴左上角的"场景 1"按钮，回到主场景的编辑窗口，这时影片剪辑"遮罩"在场景中不可见，但却是存在的，因此在该元件的位置单击选中该元件，然后为其添加"图层"混合模式，如图 5-99 所示。

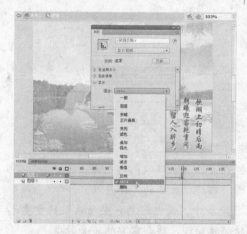

图 5-98 设置影片剪辑"遮罩"为全透明模式

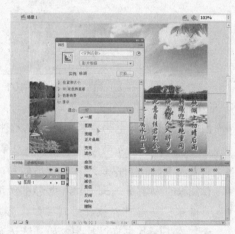

图 5-99 添加"图层"混合模式

10 按 Ctrl + Enter 组合键在 Flash CS4 中预览效果，如图 5-100 所示。

图 5-100 预览效果

5.7 在元件库中管理元件

用户不仅可以使用库来管理声音、图片视频等，还可以用库来管理创建的元件。

5.7.1 元件库窗口与元件图标

元件库中的文件类型包含图形、按钮、影片剪辑、位图、声音和视频等，与 Flash 影片的 3 种角色元件类型有所区别。在 Flash 电影中可能用到的位图、声音、视频、文字字型等素材文件，被作为独立的对象储存在元件库中，并用对应的元件符号来显示其文件类型，如图 5-101 所示。

图 5-101 "库"面板

下面分别介绍这些元件的含义与用途。

- 图形 ：Flash 电影中基本的组成元件。
- 按钮 ：Flash 互动影片中用以响应鼠标动作的重要元件。
- 影片剪辑 ：用以创建可以重用的动画片段，拥有独立动画效果的元件。
- 位图 ：所有导入到 Flash 电影中使用的位图，都将以独立的文件存入。
- 声音 ：声音可以被应用到按钮、影片剪辑及场景中，是电影具有生动效果的重要元素。在 Flash 中可以对导入的声音进行简单的编辑处理，得到需要的声音效果。
- 链接视频与嵌入视频 ：Flash 电影中的视频素材，实际上是以具有连续图像内容的图片序列方式导入的。
- 文字字型 A：用于在 SWF 文件中嵌入字体，这样最终回放该 SWF 文件的设备上无须存在该种字体。

5.7.2 管理元件（元件分类、复制与删除）

在大型的 Flash 制作过程中，通常会使用许多不同类型的动画元件，为了提高工作效率，避免不必要的麻烦，用户可以对元件库中的各类元件进行分类管理。

单击元件"库"面板下面的"新建文件夹"按钮，即可快捷地创建一个元件文件夹，输入该元件文件夹的名称，然后使用鼠标将相应的元件拖入到该文件夹中，就可以使元件库中的元件井然有序，便于以后的调用或编辑，如图 5-102 所示。

图 5-102 将元件分类存放在文件夹中

在元件库中选中需要复制的元件并右击，在弹出的快捷菜单中选择"直接复制"命令，即可打开"直接复制元件"对话框，在该对话框中可以完成新元件的设置，如图 5-103 所示。

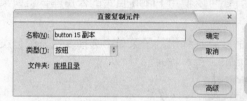

图 5-103 "直接复制元件"对话框

对元件库中多余的元件进行删除，可以有效地减小 Flash 制作文件和播放文件的体积。下面介绍删除多余元件的方法，其操作步骤如下。

1 当影片制作完成后，单击元件库右上角的 按钮，在弹出的菜单中选择"选择未用项目"命令，如图 5-104 所示。

2 此时库面板中将选择该文档中未使用的元件，如图 5-105 所示，

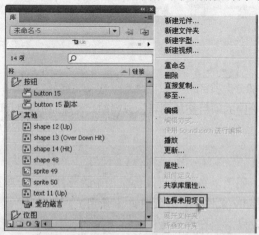

图 5-104 选择"选择未用项目"命令

图 5-105 选择未使用的元件

3 在选中的元件上右击，在弹出的快捷菜单中选择"删除"命令，或者单击"库"面板下面的"删除"按钮，即可将选中的元件删除，如图 5-106 所示。

图 5-106 删除元件

小提示

　　如果错误地删除了有用的元件,可以通过"编辑→撤销"命令或在"历史"面板中对其进行恢复。

5.7.3 使用公用库

　　在 Flash CS4 中除了使用当前文档中的库外,还可以使用 Flash 自带的公用库,里面集成了声音、按钮和类 3 个分类项目。

　　要打开公用库,只需要执行"窗口→公用库"命令,在弹出的子菜单中选择要打开的分类项目即可。图 5-107 所示为公用库中的按钮分类项目的"库"面板。

图 5-107 公用库中的按钮分类项目的"库"面板

　　要应用公用库中的项目,只需要将公用库面板中的项目拖放到舞台或当前元件库面板中即可。

5.7.4 打开其他文档的库资源

　　在 Flash CS4 中,除了可以使用公用库外,还可以直接使用其他文档中的元件库。可以是已经打开的文档中的元件库,也可以直接从外部.flv 文件中打开元件库来使用。

　　要使用已经打开的文档中的元件库很简单,只需要在库面板的名称下拉列表中选择要使用的库,即可在多个元件库中切换,如图 5-108 所示。

图 5-108　选择库名称

　　下面介绍打开外部文档的元件库的方法，其操作步骤如下。

1️⃣ 执行"文件→导入→打开外部库"命令，打开"作为库打开"对话框，如图 5-109 所示。

2️⃣ 在对话框中选择要打开的外部库所在的文件，然后单击"打开"按钮，即可在文档中打开选中文件的元件库，如图 5-110 所示。

图 5-109　"作为库打开"对话框

图 5-110　打开选中文件的元件库

3️⃣ 在打开的外部库面板中可以选择要使用的项目，将其拖放到当前元件库或场景中使用。

5.8 ｜ 疑难解析

通过前面的学习，读者应该已经掌握了动画基础与元件的基本使用方法，下面就读者在学习过程中遇到的疑难问题进行解析。

1 如何设置图层的属性

　　要设置图层的属性，只需要在"图层属性"对话框中设置即可(比如设置图层的"名称"、"类型"、"轮廓颜色"和"图层高度"等参数)。

2 如何在普通帧与关键帧之间互相转换

　　要在普通帧与关键帧之间互相转换，可以通过"清除关键帧"和"转换为关键帧"命令来实现。

（1）在"时间轴"面板中选中一个关键帧，右击，在弹出的快捷菜单中选择"清除关键帧"命令，即可将关键帧转换为普通的帧。

（2）选中一个普通的帧，右击，在弹出的快捷菜单中选择"转换为关键帧"命令，即可将普通的帧转换为关键帧。

3 如何在图形元件、影片剪辑和按钮元件之间相互转换

要快速地在图形元件、影片剪辑和按钮元件之间相互转换，可以通过"库"面板实现，其操作步骤如下。

1 在"库"面板中选中要转换的元件，右击，在弹出的快捷菜单中选择"属性"命令，如图 5-111 所示。

2 打开"元件属性"对话框，在"类型"下拉列表中选择"图形"，作为要转换的元件类型，单击"确定"按钮，即可将选中的元件转换为新的类型，如图 5-112 所示。

图 5- 111 选择"属性"命令

图 5-112 选择"图形"选项

4 如何创建透明按钮元件

按照常规方法创建的按钮是不透明的，要创建透明按钮元件，不要在"弹出"、"指针经过"和"按下"帧添加内容，而仅在"点击"帧添加内容即可，其操作步骤如下。

1 按 Ctrl +F8 组合键，打开"创建新元件"对话框，新建一个按钮元件，如图 5-113 所示。

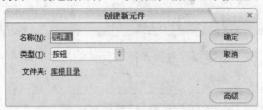

图 5-113 "创建新元件"对话框

2 在按钮元件的编辑窗口中进行编辑。在"点击"帧插入关键帧后，在编辑窗口中绘制一个图形，如图 5-114 所示。

3 将创建好的按钮元件放到场景的舞台上，可以看到按钮呈现淡绿色、半透明的效果，如图 5-115 所示。

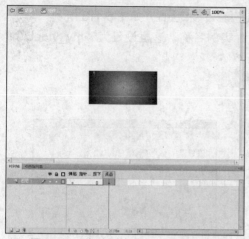

图 5-114　仅在"点击"帧编辑内容

图 5-115　将按钮拖到场景中

⑤ 如何在元件库中创建新元件

要在元件库中创建新元件很简单，只需要在"库"面板中右击，在弹出的快捷菜单中选择"新建元件"命令，然后在弹出的对话框中选择要创建的元件类型即可。

⑥ 如何在元件库中新建视频，并应用该视频元件

在元件库中新建视频时，可以创建两种视频类型，当选择"嵌入"类型时，其操作方法很简单，只需要根据提示从外部导入视频文件即可完成创建。如果要创建受 ActionScript 控制的视频类型，则需要通过 ActionScript 脚本进行控制，如图 5-116 所示。

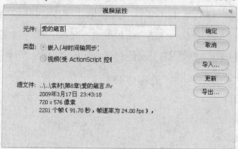

图 5-116　"视频属性"对话框

下面介绍通过 ActionScript 脚本进行控制，其操作步骤如下。

1 打开"库"面板，在面板中右击，在弹出的快捷菜单中选择"新建视频"命令，打开"视频属性"对话框。在"元件"文本框中输入影片名称，在"类型"中选择视频的类型，如图 5-117 所示。

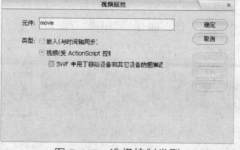

图 5-117　选择控制类型

② 从"库"面板中将新建的视频拖放到舞台，并调整好大小和位置，如图 5-118 所示。

③ 选中舞台中的视频元件，在"属性"面板中设置实例名称，这里设置为"my_video"，如图 5-119 所示。

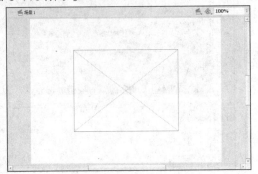

图 5-118　将创建的视频元件拖到舞台

图 5-119　设置元件属性

④ 新建一个图层，为第 1 帧添加以下动作代码：

```
var connection_nc:NetConnection = new NetConnection();
connection_nc.connect(null);
var stream_ns:NetStream = new NetStream(connection_nc);
my_video.attachVideo(stream_ns);
stream_ns.play("movie.flv");
this.createTextField("loaded_txt", this.getNextHighestDepth(), 10, 10, 160, 22);
var loaded_interval:Number = setInterval(checkBytesLoaded, 500, stream_ns);
function checkBytesLoaded(my_ns:NetStream) {
    var pctLoaded:Number = Math.round(my_ns.bytesLoaded / my_ns.bytesTotal * 100);
    loaded_txt.text    =    Math.round(my_ns.bytesLoaded    /    1000)    +    "  of  "    +
Math.round(my_ns.bytesTotal / 1000) + " KB loaded (" + pctLoaded + "%)";
    progressBar_mc.bar_mc._xscale = pctLoaded;
    if (pctLoaded >= 100) {
        clearInterval(loaded_interval);
    }
}
```

⑤ 保存文档到要调用的视频文件的同一个文件夹中，按 Ctrl + Enter 组合键，浏览视频效果。

5.9 │ 上 机 实 践

用以上所学知识制作一个按钮元件，使其"弹出"、"指针经过"和"按钮"3 种状态依次呈如图 5-120 所示的图像。

图 2-120　按钮 3 种状态

5.10 ┃ 巩固与提高

本章主要给大家讲解了元件的创建与编辑。现在给大家准备了相关的习题进行练习，希望通过完成下面的习题可以对前面学习到的知识进行巩固。

1．单选题

（1）新建元件是按（　　）。

　　A．Ctrl +F8 组合键　　　　　B．Ctrl +Enter 组合键

　　C．F8 键　　　　　　　　　　D．U 键

（2）将对象转换为元件时，可以按（　　）。

　　A．Ctrl +F8 组合键　　　　　B．Ctrl +Enter 组合键

　　C．F8 键　　　　　　　　　　D．U 键

2．多选题

（1）通过执行"插入→新建元件"命令，可以创建（　　）元件类型。

　　A．视频　　　　　　　　　　B．影片剪辑

　　C．图形　　　　　　　　　　D．按钮

（2）通过元件库可以（　　）。

　　A．创建视频　　　　　　　　B．删除元件

　　C．创建文件夹　　　　　　　D．新建元件

3．判断题

（1）在 Flash 中通过"颜色"功能来设置其元件属性时，只能设置元件的颜色、亮度和色调这 3 种属性。（　　　）

（2）在 Flash 动画制作中使用"混合"功能可以得到多层复合的图像效果。（　　　）

（3）在 Flash CS4 中，除了可以使用公用库外，还可以直接使用其他文档中的元件库，并且可以直接修改库中的元件。（　　　）

读书笔记

第6章

创建基础动画

在 Flash 中，用户可以创建逐帧动画、动作补间动画、形状补间动画、引导层动画和遮罩层动画，还可以通过软件创建时间轴特效动画。通过这些动画效果的组合，用户可以创建出各式各样的动画。

 学习指南

- Flash 动画的创建
- 创建引导层动画
- 创建遮罩层动画

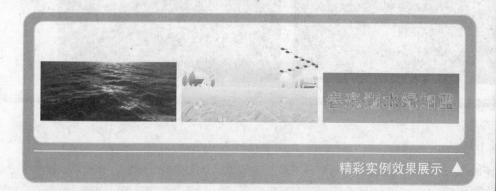

精彩实例效果展示 ▲

6.1 | Flash 动画的创建

在 **Flash CS4** 中可以创建逐帧动画、补间动画、形状补间动画、传统补间动画等。下面分别介绍这几种动画的创建方法。

6.1.1 逐帧动画

逐帧动画就是在时间轴中逐个建立具有不同内容属性的关键帧，在这些关键帧中的图形将保持大小、形状、位置、色彩的连续变化，可以在播放过程中形成连续变化的动画效果，这是传统动画制作中最常见的动画编辑方式，如图 6-1 所示。

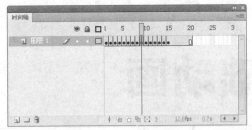

图 6-1　动画编辑方式

逐帧动画的制作原理非常简单，但是需要一帧一帧依次绘制图形，并要注意每帧间图形的变化，否则就不能达到自然、流畅的动画效果。

小提示

在进行逐帧动画的编辑时，用户可以采用将之前的关键帧复制、粘贴并作适当修改的方法，来保持动画内容的连贯，有效地进行动画编辑工作。

制作逐帧动画

下面我们将使用逐帧动画制作一个波涛起伏的海景，其效果如图 6-2 所示。

图 6-2　动画效果展示

具体操作步骤如下。

1 新建一个 **Flash** 文档，在"属性"面板中将场景大小设置为 430×185 像素，背景色设置为白色，帧频设置为 12。

② 新建一个影片元件"元件 1"，导入一幅如图 6-3 所示的图形，将其放在舞台中。将第 2 帧转换为空白关键帧，为第 2 帧导入如图 6-4 所示的图形到舞台中并使其位置与上一张图重合。

图 6-3　导入图形　　　　　　　　　　　　　　图 6-4　导入图形

③ 将第 3 帧和第 4 帧转换为空白关键帧，分别导入如图 6-5 和图 6-6 所示的图形到这两帧对应的舞台中，并使其位置重合。

图 6-5　导入图形　　　　　　　　　　　　　　图 6-6　导入图形

④ 将第 5 帧和第 6 帧转换为空白关键帧，分别导入如图 6-7 和图 6-8 所示的图形到这两帧对应的舞台中，并使其位置重合。

图 6-7　导入图形　　　　　　　　　　　　　　图 6-8　导入图形

⑤ 将第 7 帧和第 8 帧转换为空白关键帧，分别导入如图 6-9 和图 6-10 所示的图形到这两帧对应的舞台中，并使其位置重合。

图 6-9　导入图形　　　　　　　　　　　　　　图 6-10　导入图形

⑥ 将第 9 帧和第 10 帧转换为空白关键帧，分别导入如图 6-11 和图 6-12 所示的图形到这两帧对应的舞台中，并使其位置重合。

⑦ 将第 11 帧和第 12 帧转换为空白关键帧，分别导入如图 6-13 和图 6-14 所示的图形到这两帧对应的舞台中，并使其位置重合。

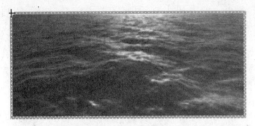

图 6-11 导入图形

图 6-12 导入图形

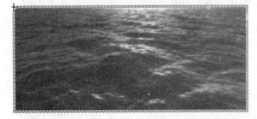

图 6-13 导入图形

图 6-14 导入图形

8 按照前面的方法，将第 13 帧到第 30 帧都设置为空白关键帧，并在每一帧中添加不同的图像，完成逐帧动画的制作。

9 按 Ctrl+Enter 组合键，即可预览海浪起伏的逐帧动画效果，如图 6-15 所示。

图 6-15 预览动画效果

6.1.2 补间动画

补间动画是指在时间轴的一个图层中，为一个元件创建在两个关键帧之间的位置、大小、角度等变化的动画效果，是 Flash 影片中常用的动画类型。执行"插入→补间动画"命令即可创建补间动画。

补间动画是根据同一对象在两个关键帧中大小、位置、旋转、倾斜、透明度等属性的差别计算生成的，主要用于组、图形元件、按钮、影片剪辑以及位图等，但是不能用于矢量图形。

补间的对象类型包括影片剪辑、图形和按钮元件以及文本字段。可补间的对象的属性包括：

- 2D X 和 Y 位置。
- 3D Z 位置。
- 2D 旋转（绕 z 轴）。
- 3D X、Y 和 Z 旋转。
- 3D 动画要求 Flash 文件在发布设置中面向 ActionScript 3.0 和 Flash Player 10。
- 倾斜 X 和 Y。
- 缩放 X 和 Y。

- 颜色效果。
- 颜色效果包括 Alpha（透明度）、亮度、色调和高级颜色设置。只能在元件上补间颜色效果。如果要在文本上补间颜色效果，可将文本转换为元件。
- 所有滤镜属性。

选择补间动画两关键帧间的任意一帧，即可在"属性"面板对补间动画进行更加细致的设置，该面板如图 6-16 所示。

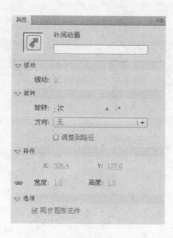

图 6-16　补间属性

6.1.3　形状补间动画

动作补间动画主要针对的是同一图形在位置、大小、角度方面的变化效果；形状补间动画则是针对所选两个关键帧中的图形在形状、色彩等方面发生变化的动画效果，它们可以是不同的图形。执行"插入→补间形状"命令即可创建形状补间动画。

下面介绍创建形状补间动画的方法，其操作步骤如下。

1 在时间轴的第 1 帧和第 20 帧分别添加兔子和猴子，并将实例分离，如图 6-17 和图 6-18 所示。

图 6-17　添加兔子

图 6-18　添加猴子

2 选中第 1 帧，右击，在弹出的快捷菜单中选择"创建补间形状"命令，如图 6-19 所示，为其添加形状补间动画，如图 6-20 所示。

图 6-19　添加形状补间动画

图 6-20　添加形状补间动画

3 在时间轴面板中拖动播放头，即可看到形状产生变化效果，如图 6-21 所示。

图 6-21　观看播放效果

6.1.4　传统补间动画

Flash 中的传统补间动画与补间动画类似，但在某种程度上，其创建过程更为复杂，也不那么灵活。不过，传统补间所具有的某些类型的动画控制功能是补间动画所不具备的。

大雁南飞

本例将创建一个动作补间动画，本例中的大雁的翅膀动作是彩的形状补间动画实现的，而大雁的飞行动画则是传使用统补间动画来实现的。效果如图 6-22 所示。

图 6-22　预览动画效果

下面介绍创建动作补间动画的方法，其操作步骤如下。

1 新建一个尺寸为 550×312，背景色为白色的
Flash 文档。

2 执行"文件→导入→导入到舞台"命令，导入
本书配套光盘中"秋天背景.jpg"文件，并调整
位图的大小和位置，如图 6-23 所示。

3 按 Ctrl＋F8 组合键，新建"雁飞"影片剪辑
元件。单击工具栏上的"椭圆工具"按钮，
绘制两个"填充颜色"为深褐色（#60534A）的
椭圆，如图 6-24 所示。

4 单击工具栏上的"选择工具"按钮，使用
"选择工具"调整两个椭圆的形状，如图 6-25 所示。

图 6-23　导入背景

图 6-24　填充颜色

图 6-25　调整椭圆的形状

5 在"时间轴"面板中单击"新建图层"按钮，新建"图层 2"，单击工具栏上的"钢笔工
具"按钮，绘制大雁一边的翅膀，如图 6-26 所示。

6 新建"图层 3"，将其放置在"图层 1"的下方，即最底层。在"时间轴"面板中单击"图
层 2"中"眼睛"图标所对应的小圆点，关闭该图层。

7 使用"钢笔工具"，绘制大雁的另一只翅膀，如图 6-27 所示。

图 6-26　绘制翅膀

图 6-27　绘制另一只翅膀

小提示

为了更加逼真地模拟大雁飞行时的动作，读者可以根据画面效果来调整翅膀的大小
和宽度。

8 选择"图层 1"的第 21 帧，按 F5 键插入帧。显示"图层 2"，隐藏"图层 3"。按住 Ctrl
键，依次在"图层 2"的第 8 帧、第 15 帧和第 21 帧单击鼠标，将其一起选中，按 F6 键插
入关键帧。

9 选择"图层 2"的第 8 帧，使用"选择工具"调整大雁翅膀的运动方向，如图 6-28 所示。

10 选择"图层 2"的第 15 帧，使用"选择工具"调整大雁翅膀的运动方向，如图 6-29 所示。

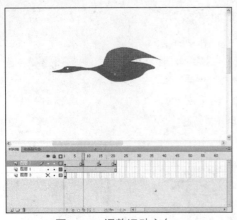

图 6-28　调整运动方向

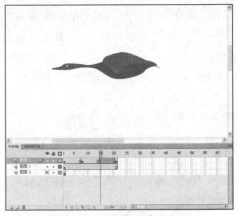

图 6-29　调整运动方向

11 选择"图层 2"的第 21 帧，使用选择工具调整大雁翅膀的运动方向，如图 6-30 所示。

12 按住 Ctrl 键，依次在"图层 2"的第 2 帧、第 10 帧和第 18 帧单击鼠标，将其一起选中，右击，在弹出的快捷菜单中选择"创建形状补间"命令，如图 6-31 所示。

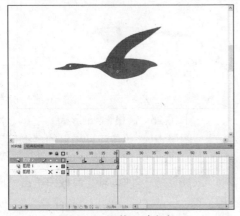

图 6-30　调整运动方向

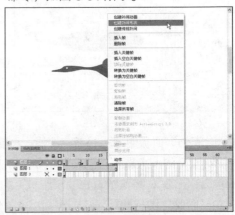

图 6-31　创建形状补间

13 完成命令的选择，在"图层 2"的第 1 帧至第 8 帧、第 8 帧至第 15 帧、第 15 帧至第 21 帧之间创建形状补间动画，让翅膀的活动自然地过渡开来，如图 6-32 所示。

14 参照"图层 2"中翅膀活动动画的制作，在"图层 3"中创建关键帧，调整关键帧翅膀的形状，制作另一只翅膀的活动动画，如图 6-33 所示。

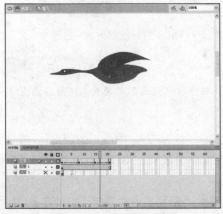

图 6-32　建形状补间动画

图 6-33　制作另一只翅膀的活动动画

15 按 Ctrl+E 组合键，返回主场景编辑区。选择"图层1"的第60帧，按 F5 键插入帧，如图 6-34 所示。

16 按 Ctrl+F8 组合键，新建"人字形雁群"图形元件。

17 将"库"面板中的"雁飞"元件拖曳至舞台，在"属性"面板中设置其"宽"和"高"分别为 68.45 和 30.7，如图 6-35 所示。

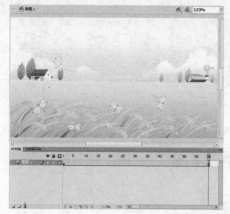

图 6-34 插入帧

图 6-35 设置属性

18 保持"雁飞"实例为选择状态，连续多次按 Ctrl+D 组合键，多次选择实例，并将实例排列成"人"形，如图 6-36 所示。

19 按 Ctrl+E 组合键，返回主场景编辑区新建"图层2"，将"人字形雁群"元件拖曳至舞台，在"属性"面板中设置实例的大小和位置，效果如图 6-37 所示。

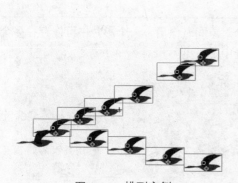

图 6-36 排列实例

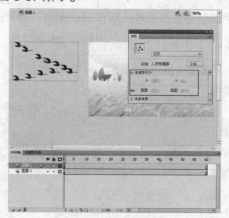

图 6-37 设置属性

20 选择"图层2"的第60帧，按 F6 键插入关键帧。

21 选择"图层2"第60帧所对应的实例，在"属性"面板中设置实例的大小和位置，如图 6-38 所示。

22 选择"图层2"第1帧至第60帧之间的任意一帧，右击，在弹出的快捷菜单中选择"创建传统补间"命令，让大雁产生一种由近到远的视觉感，如图 6-39 所示。

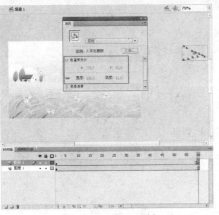

图 6-38 设置属性

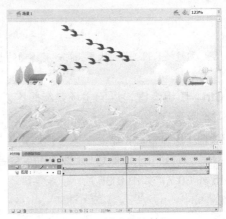

图 6-39 创建传统补间

23 按 Ctrl+S 组合键,保存文档。

24 按 Ctrl+Enter 组合键,测试影片,预览大雁飞翔的效果,如图 6-40 所示。

图 6-40 预览动画效果

6.2 | 创建引导层动画

运动引导层动画是在制作 Flash 动画影片时经常应用的一种动画方式。使用引导层,可以使指定的元件沿引导层中的路径运动。

在创建引导层动画时,一条引导路径可以对多个对象同时作用,一个影片中可以存在多个引导图层,引导图层中的内容在最后输出的影片文件中不可见。

下面介绍引导层动画的方法,其操作步骤如下。

1 在"时间轴"面板中选中"图层 3",右击,在弹出的快捷菜单中选择"引导层"命令,并将"图层 2"拖曳至"图层 3"的下方,然后在该层的绘图工作区中使用"钢笔工具"绘制一条曲线,并使用"部分选取工具"对其进行修改,使其更加平滑,如图 6-41 所示。

2 在舞台上拖动要引导的物体,使其中心点与曲线的一个端点重合,如图 6-42 所示。

3 在时间轴上为引导对象添加一个关键帧,并

图 6-41 绘制曲线

调整这一帧上的对象的位置，使其中心点与曲线的另一个端点重合，如图 6-43 所示。

图 6-42　设置引导物体

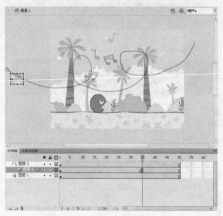

图 6-43　调整对象的位置

4 选择该图层的第 1 帧，然后执行"插入→时间轴→补间动画"命令，创建一个补间动画，如图 6-44 所示。

5 选中添加补间动画的第 1 帧，在"属性"面板中勾选"调整到路径"复选框，如图 6-45 所示。

图 6-44　创建补间动画

图 6-45　"属性"面板

6.3 创建遮罩层动画

遮罩层动画是 Flash 中常用的动画效果。使用遮罩层可以使其遮罩级内的图形只显示遮罩层允许显示的范围，遮罩层中的内容可以是填充的形状、文字对象、图形元件或影片剪辑。

　　下面介绍创建遮罩动画的方法，其操作步骤如下。

1 在 Flash 中新建一个 mc1 影片剪辑，导入素材文件夹中的"湖水.jpg"位图素材，调整其位置并将位图复制，然后水平排列，如图 6-46 所示。

2 新建 mc2 影片剪辑元件，使用"文本工具"在舞台上创建"春来湖水绿如蓝"文本，如图 6 47 所示。

3 新建"图层 2"，将"图层 2"拖曳至"图层 1"的下方，将 mc1 影片剪辑元件拖至舞台，并调整其位置，如图 6-48 所示。

4 在"图层 1"的第 220 帧插入帧，在"图层 2"的第 220 帧插入关键帧，调整图层 2 中第

220 帧所对应对象的位置，如图 6-49 所示。

图 6-46　导入图像

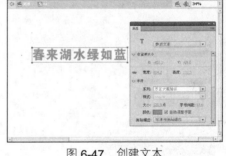

图 6-47　创建文本

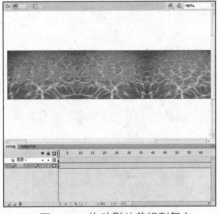

图 6-48　拖动影片剪辑到舞台

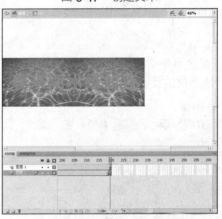

图 6-49　调整对象的位置

⑤ 选择"图层 2"的第 1 帧并右击，在弹出的快捷菜单中选择"创建传统补间"命令创建传统补间动画，如图 6-50 所示。

⑥ 复制"图层 1"中的文本，新建图层 3，将复制的文本在原位置进行粘贴，将"图层 1"和"图层 3"中的文本分离为图形，如图 6-51 所示。

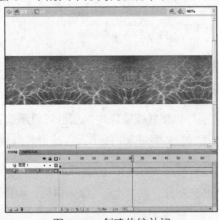

图 6-50　创建传统补间

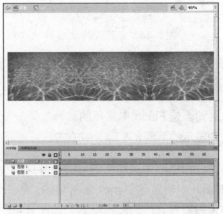

图 6-51　粘贴文本

⑦ 使用"墨水瓶工具"，设置"笔触颜色"和"笔触高度"分别为白色和 2，在"图层 3"中分离的文本上依次单击，为其描边，然后删除白色轮廓内的填充，如图 6-52 所示。

⑧ 选择"图层 1"并右击，在弹出的快捷菜单中选择"遮罩层"命令创建遮罩动画，如图 6-53 所示。

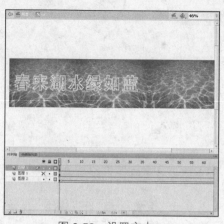

图 6-52　设置文本

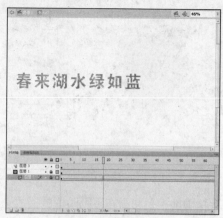

图 6-53　创建遮罩动画

⑨ 返回主场景，使用"矩形工具"，绘制一个与舞台相同大小的蓝色渐变矩形，如图 6-54 所示。

⑩ 将"库"面板中的 mc2 影片剪辑元件拖曳至舞台，放置在舞台的正中央，如图 6-55 所示。

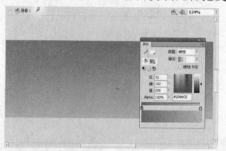

图 6-54　绘制矩形

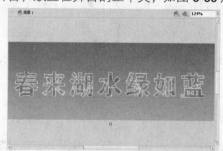

图 6-55　拖动影片剪辑到舞台

⑪ 按 Ctrl +Enter 组合键，测试影片效果，如图 6-56 所示。

图 6-56　测试影片效果

6.4 | 疑难解析

通过前面的学习，读者应该已经掌握了创建基础动画的使用方法，下面就读者在学习的过程中遇到的疑难问题进行解析。

❶ 如何控制动作补间动画在不同阶段的动画速度

要控制动作补间动画在不同阶段的动画速度，可以通过"缓动"功能实现，其操作步骤如下。

1 在 Flash 中创建一个动作补间动画。

2 选中动画的第 1 个关键帧，打开"属性"面板，在"缓动"文本框中输入一个值，即可控制动画的播放速度，如图 6-57 所示。

图 6-57 "属性" 面板

3 如果要精确地控制动画在不同阶段的播放速度，可以单击"缓动"后面的"编辑"按钮，打开"自定义缓入/缓出"对话框，在其中拖动曲线进行调整，如图 6-58 所示。

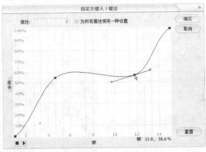

图 6-58 调整曲线

2 如何精确控制形状补间动画的形变过程

控制形状补间动画形变过程的操作步骤如下。

1 在 Flash 中创建一个形状补间动画，如图 6-59 所示。

（a）变化前的图形

（b）图形变化中

（c）变化后的图形

图 6-59 创建形状补间动画

2 将播放头拖到时间轴第 1 帧位置，执行"修改→形状→添加形状提示"命令，在舞台的图形上面添加一个形状提示点。查看动画最后一个关键帧，舞台上的图形上面也添加了一个形状提示点，与第 1 帧的提示点相对应，如图 6-60 所示。

（a）变化前的图形

（b）变化后的图形

图 6-60 添加提示点

3 重复执行"修改→形状→添加形状提示"命令，添加多个形状提示点，如图 6-61 所示。

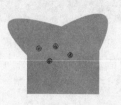 

（a）变化前的图形 （b）变化后的图形

图 6-61 添加多个形状提示点

4 分别调整第 1 帧和最后一个关键帧上的形状提示点，使两帧上的提示点相对应。可以看到形状提示点分别变为黄色和绿色，表示形状提示点设置成功，如图 6-62 所示。

（a）变化前的图形 （b）变化后的图形

图 6-62 调整提示点

5 按 Ctrl +Enter 组合键，可以看到形变的过程变得更加规则了，如图 6-63 所示。

（a）变化前的图形 （b）图形变化中 （c）变化后的图形

图 6-63 测试动画

6.5 上机实践

用以上所学知识制作如图 6-64 所示的写字效果。

图 6-64 最终效果

6.6 | 巩固与提高

本章主要给大家讲解了基础动画的创建与编辑，现在给大家准备了相关的习题进行练习，希望通过完成下面的习题可以对前面学习到的知识进行巩固。

1. 单选题

（1）在时间轴插入帧是按（　　　）。

　　A. F4 键　　　　　　　　　B. F5 键

　　C. F6 键　　　　　　　　　D. F7 键

（2）在时间轴插入关键帧是按（　　　）。

　　A. F4 键　　　　　　　　　B. F5 键

　　C. F6 键　　　　　　　　　D. F7 键

（3）在时间轴插入空白关键帧是按（　　　）。

　　A. F4 键　　　　　　　　　B. F5 键

　　C. F6 键　　　　　　　　　D. F7 键

2. 多选题

（1）逐帧动画就是在时间轴中逐个建立具有不同内容属性的关键帧，在这些关键帧中的图形将保持（　　　）的连续变化。

　　A. 大小　　　B. 形状　　　C. 位置　　　　　D. 色彩

（2）在绘图纸按钮中包括（　　　）按钮。

　　A. 绘图纸外观　　　　　　　B. 绘图纸外观轮廓

　　C. 编辑多个帧　　　　　　　D. 修改绘图纸标记

3. 判断题

（1）使用遮罩层，可以使其遮罩级内的图形只显示遮罩层允许显示的范围，遮罩层中的内容可以是填充的形状、文字对象、图形元件或影片剪辑。（　　　）

（2）在创建引导层动画时，一条引导路径可以对多个对象同时作用，一个影片中可以存在多个引导图层，引导图层中的内容在最后输出的影片文件中不可见。（　　　）

（3）执行"插入→补间形状"命令可以创建形状补间动画。（　　　）

第7章

声音与视频的应用

Flash CS4 提供多种使用声音的方式，可以使声音独立于时间轴连续播放，或使用时间轴将动画与音轨保持同步。对按钮添加声音可以使按钮具有更强的互动性，通过声音的淡入淡出可以使音轨更加优美。

 学习指南

- 声音的导入
- 声音的添加
- 声音的编辑
- 视频的导入

精彩实例效果展示 ▲

無

7.1 声音的导入

Flash 影片中的声音是通过对外部的声音文件导入而得到的。与导入位图的操作一样，执行"文件→导入→导入到舞台"命令，就可以进行对声音文件的导入。Flash 可以直接导入 WAV 声音（*.wav）、MP3 声音（*.mp3）、AIFF 声音（*.aif）等格式的声音文件，支持 Midi 格式（*.mid）的声音文件映射到 Flash 中。

导入声音文件的操作步骤如下。

1 执行"文件→导入→导入到库"命令，打开"导入到库"对话框，如图 7-1 所示。

2 选择要导入的声音文件，单击"打开"按钮可将声音文件导入到元件库中，如图 7-2 所示。

图 7-1 "导入到库"对话框

图 7-2 导入到"库"面板中的声音文件

小提示

导入的声音文件作为一个独立的元件存在于"库"面板中，单击"库"面板预览窗格右上角的播放按钮▶，可以对其进行播放预览。

7.2 声音的添加

在 Flash 中，可以使用库将声音添加至文档，或者可以在运行时使用 Sound 对象的 loadSound 方法将声音加载至 SWF 文件。

7.2.1 将声音添加到时间轴

在文档中添加声音很简单，其操作步骤如下。

1 将声音文件导入到库面板中。

2 在"时间轴"面板中选中要插入声音的帧。

3 从库中将声音拖放到舞台中，如图 7-3 所示。

4 然后在"时间轴"面板中将声音文件所在的帧延长到需要的位置（如第 5540 帧），可以看到在这 5540 帧之间添加了声音内容，如图 7-4 所示。

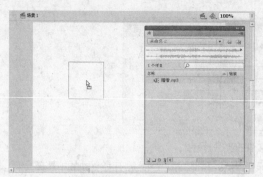
图 7-3　将声音拖放到舞台中

图 7-4　声音所在的帧延长

小提示

　　一个层中可以放置多个声音文件，声音与其他对象也可以放在同一个图层中。但建议将声音对象单独使用一个图层，这样便于管理。当播放动画时，所有图层中的声音都将一起被播放。

7.2.2　将声音添加到按钮

　　下面介绍将声音添加到按钮上的方法，其操作步骤如下。

1 执行"文件→导入→导入到库"命令，将声音文件导入到元件库中。

2 执行"插入→新建元件"命令，新建一个按钮元件，进入按钮元件的编辑界面，如图 7-5 所示。

图 7-5　创建按钮元件

3 现在编辑 4 个按钮状态的内容。新建一个图层，在"按下"帧上添加一个空白关键帧，如图 7-6 所示。

图 7-6　新建新图层并在"按下"帧上添加空白关键帧

4 从"库"面板中将导入的声音文件拖放到舞台，这样便在"按下"帧添加了一个声音文件，如图 7-7 所示。

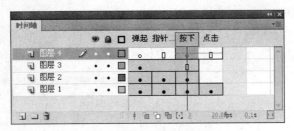

图 7-7　声音文件拖放到舞台

5 按 **Ctrl + Enter** 组合键预览动画效果，当鼠标单击按钮时，就会播放开始添加的声音文件。

6 使用同样的方法可以为其他 **3** 个按钮状态添加声音文件。

　　为按钮添加音效时，虽然过程并不复杂，但在实际应用中会增加访问者下载页面数据的时间。所以，在制作应用于网页的动画作品时，一定要注意声音文件的大小。

现场练兵

为影片添加背景音乐

　　本练习介绍在影片中添加背景音乐的方法。动画效果如图 **7-8** 所示。

图 7-8　动画效果

　　具体操作步骤如下。

1 新建一个文档，执行"文件→导入→导入到舞台"命令，打开"导入"对话框，在对话框中选择要导入的图像和音乐文件，如图 **7-9** 所示，然后单击"打开"按钮。

2 在舞台中和"库"面板中可以看到新导入的图像和声音文件，如图 **7-10** 所示。

图 7-9　"导入"对话框

图 7-10　导入到库中的素材

3 单击"属性"面板中"大小"后面的"编辑"按钮，打开"文档属性"对话框。在"匹配"
栏中单击"内容"单选按钮，使舞台的尺寸匹配刚导入的图像尺寸，如图 7-11 所示。

4 新建一个图层，将"库"面板中的声音文件拖放到舞台中，为新建图层的第 1 帧添加声音，
如图 7-12 所示。

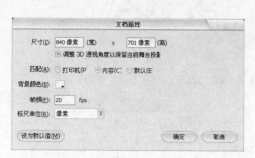

图 7-11 调整文件尺寸大小

图 7-12 添加声音到场景中

5 选中"图层 1"的第 1 帧，执行"窗口→动作"命令，打开"动作"面板，在其中输入"stop();"
语句，如图 7-13 所示。

6 按 Ctrl +Enter 组合键预览动画效果，即可听到添加的声音，如图 7-14 所示。

图 7-13 为第 1 帧添加动作语句

图 7-14 预览动画

7.3 声音的编辑

在文档中添加声音后，还可以对其效果、播放次数、同步、导出品质等参数进行编辑，达
到动画制作需要的效果。

7.3.1 设置声音播放的效果

在添加了声音到时间轴后，选中含有声音的帧，在"属性"面板中可以查看声音的属性，
如图 7-15 所示。

在声音的"属性"面板中可以为声音设置无、左声道、右声道、从左到右淡出、从右到左淡出、淡入、淡出和自定义 8 种效果。在面板的"效果"下拉列表中即可选择要应用的声音效果，如图 7-16 所示。

图 7-15　声音"属性"面板

图 7-16　"效果"选项

声音"效果"中各个选项的功能分别介绍如下。

● 无：不对声音文件应用效果，选中此选项将删除以前应用的效果。

● 左声道：只在左声道中播放声音。

● 右声道：只在右声道中播放声音。

● 从左到右淡出：将声音从左声道切换到右声道。

● 从右到左淡出：将声音从右声道切换到左声道。

● 淡入：随着声音的播放逐渐增加音量。

● 淡出：随着声音的播放逐渐减小音量。

● 自定义：允许使用"编辑封套"创建自定义的声音淡入和淡出点。选择该项后，会自动打开"编辑封套"对话框，在这里可以对声音进行编辑，如图 7-17 所示。

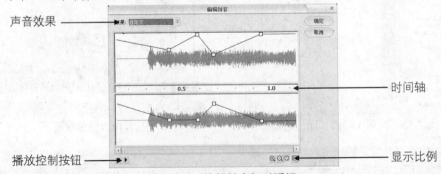

图 7-17　"编辑封套"对话框

小提示

　　直接单击"效果"后面的"编辑"按钮，也可以打开"编辑封套"对话框，在其中选择声音效果或自定义声音效果。

7.3.2　编辑声音播放的次数与同步

　　在 Flash 中可以通过"同步"功能让声音与影片产生关联。在声音的"属性"面板中单击

"同步"后面的下拉按钮，即可看到同步选项，包括事件、开始、停止和数据流 4 个选项，如图 7-18 所示。

图 7-18 "同步"选项

声音的"同步"下拉列表中各个选项的功能分别介绍如下。

● 事件：将声音和一个事件的发生过程同步起来。事件声音在显示其起始关键帧时开始播放，并独立于时间轴完整播放，即使 SWF 文件停止播放也会继续。

● 开始：与"事件"选项的功能相近，但是如果声音已经在播放，则新声音实例就不会播放。

● 停止：使指定的声音静音。

● 数据流：将同步声音，以便在网站上播放。Flash 强制动画和音频流同步，如果 Flash 不能足够快地绘制动画的帧，就跳过帧。与事件声音不同，音频流随着 SWF 文件的停止而停止，且音频流的播放时间不会比帧的播放时间长。

在 Flash 的声音"属性"面板中，通过声音循环功能，可以控制声音的重复次数。在同步后面的"声音循环"下拉列表中选择"重复"或"循环"选项即可，如图 7-19 所示。选择前者，需要在后面的文本框中输入重复的次数；选择后者则表示将一直循环播放声音。

图 7-19 "声音循环"选项

要连续播放，请输入一个足够大的数，以便在扩展持续时间内播放声音。例如，若要在 15 分钟内循环播放一段 15 秒的声音，请输入 60。不建议循环播放被设为"数据流"的音频。如果将音频流设为循环播放，帧就会添加到文件中，文件的大小就会根据声音循环播放的次数而倍增。

7.3.3 声音的更新

当用户从外部导入声音到元件库后，如果声音的源文件重新编辑过，就可以使用声音的更新功能直接更新声音文件，而不必重新导入一个新的声音元件。

声音更新的操作步骤如下。

1 打开含有声音元件的"库"面板，在面板中选中要更新的声音文件，如图 **7-20** 所示。

2 用鼠标右键单击声音文件，在弹出的快捷菜单中选择"更新"命令，如图 **7-21** 所示。

图 **7-20** 选择更新文件   图 **7-21** 选择"更新"命令

3 打开"更新库项目"对话框，如图 **7-22** 所示。在对话框的底部会显示需要更新的项目，选中要更新的条目，单击"更新"按钮开始更新。

图 **7-22** "更新库项目"对话框

4 更新完成后，单击"关闭"按钮，退出"更新库项目"对话框，完成声音的更新。

7.3.4 设置声音的导出品质

在 Flash CS4 中，可以设置单个声音的压缩选项，然后用这些设置导出声音。 也可以在"发布设置"对话框中为事件声音或音频流设置全局压缩设置，这些设置会应用于单个事件声音或所有音频流。

要为单个声音设置导出品质，可以在元件库中设置，其操作步骤如下。

1 在元件库中选中要设置的声音文件，在其上右击，在弹出的快捷菜单中选择"属性"命令，打开"声音属性"对话框，如图 **7-23** 所示。

图 **7-23** "声音属性"对话框

2 在对话框的"压缩"下拉列表中选择要应用的压缩类型，如图 7-24 所示。

3 设置压缩参数与其他参数，如图 7-25 所示。

图 7-24　选择压缩类型

图 7-25　设置其他参数

4 单击"确定"按钮，完成单个声音的导出品质设置。

如果要设置全局声音的导出品质，可以通过发布设置来设置，其操作步骤如下。

1 执行"文件→发布设置"命令，打开"发布设置"对话框，在对话框中找到设置声音的位置，如图 7-26 所示。

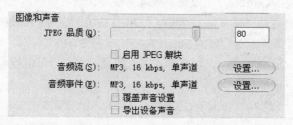
图 7-26　"发布设置"对话框

- 音频流：为 SWF 文件中的所有音频流设置采样率和压缩比。
- 音频事件：为 SWF 文件中的所有事件声音设置采样率和压缩比。
- 覆盖声音设置：覆盖在"属性"面板的"声音"部分中为个别声音选择的设置。如果取消勾选"覆盖声音设置"复选框，则 Flash 会扫描文档中的所有音频流（包括导入视频中的声音），然后按照各个设置中最高的设置发布所有音频流。
- 导出设备声音：勾选该复选框后，将会导出适合于设备（包括移动设备）的声音而不是原始库声音。

2 单击"音频流"后面的"设置"按钮，打开"声音设置"对话框，在其中设置"压缩"、"比特率"和"品质"等参数，如图 7-27 所示。

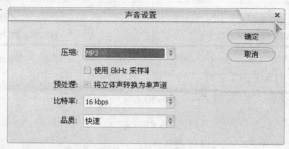
图 7-27　设置声音

3 在"发布设置"对话框中勾选"覆盖声音设置"复选框，如图 7-28 所示。

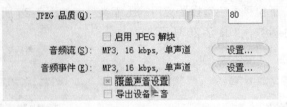

图 7-28　勾选"覆盖声音设置"复选框

4 单击"确定"按钮，完成全局声音的导出设置。

7.4 | 视频的导入

Flash CS4 可以从其他应用程序中将视频剪辑导入为嵌入或链接的文件。

7.4.1 导入视频的格式

在 Flash CS4 中并不是所有的视频都能导入到库中，如果用户的操作系统安装了 QuickTime 4（或更高版本）或安装了 DirectX 7（或更高版本）插件，则可以导入各种文件格式视频剪辑。主要格式包括 AVI（音频视频交叉文件）、MOV（QuickTime 影片）和 MPG/MPEG（运动图像专家组文件），还可以将带有嵌入视频的 Flash 文档发布为 SWF 文件。

如果系统中安装了 QuickTime 4，则在导入嵌入视频时支持以下的视频文件格式，如表 7-1 所示。

表 7-1　安装了 QuickTime 4 可导入的视频格式

文件类型	扩展名
音频视频交叉	.avi
数字视频	.dv
运动图像专家组	.mpg、.mpeg
QuickTime 影片	.mov

如果系统安装了 DirectX 7 或更高版本，则在导入嵌入视频时支持以下的视频文件格式，如表 7-2 所示。

表 7-2　安装了 DirectX 7 或更高版本导入的视频格式

文件类型	扩展名
音频视频交叉	.avi
运动图像专家组	.mpg、.mpeg
Windows 媒体文件	.wmv、.asf

在有些情况下，Flash 可能只能导入文件中的视频，而无法导入音频。例如，系统不支持用 QuickTime 4 导入的 MPG/MPEG 文件中的音频。在这种情况下，Flash 会显示警告消息，指明无法导入该文件的音频部分，但是仍然可以导入没有声音的视频。

小提示

带有链接视频的 Flash 文档必须以 QuickTime 格式发布。

7.4.2　认识视频编解码器

在默认情况下，Flash 使用 Sorenson Spark 编解码器导入和导出视频。编解码器是一种压缩/解压缩算法，用于控制导入和导出期间多媒体文件的压缩和解压缩方式。

Sorenson Spark 是包含在 Flash 中的运动视频编解码器，使用者可以向 Flash 中添加嵌入的视频内容。Spark 是高品质的视频编码器和解码器，显著地降低了将视频发送到 Flash 所需的带宽，同时提高了视频的品质。由于包含了 Spark，Flash 在视频性能方面有了重大飞跃。在 Flash 5 或更早的版本中，只能使用顺序位图图像模拟视频。

现在可供使用的 Sorenson Spark 有两个版本，Sorenson Spark 标准版包含在 Flash 和 Flash Player 中。Spark 标准版编解码器对于慢速运动的内容（例如人在谈话）可以产生高品质的视频。Spark 视频编解码器由一个编码器和一个解码器组成。编码器（或压缩程序）是 Spark 中用于压缩内容的组件。解码器（或解压缩程序）是对压缩的内容进行解压以便能够对其进行查看的组件，解码器包含在 Flash Player 中。

对于数字媒体，可以应用两种不同类型的压缩：时间和空间。时间压缩可以识别各帧之间的差异，并且只存储这些差异，以便根据帧与前面帧的差异来描述帧。没有更改的区域只是简单地重复前面帧中的内容。时间压缩的帧通常称为帧间。空间压缩适用于单个数据帧，与周围的任何帧无关。空间压缩可以是无损的（不丢弃图像中的任何数据）或有损的（有选择地丢弃数据）。空间压缩的帧通常称为内帧。

Sorenson Spark 是帧间编解码器。与其他压缩技术相比，Sorenson Spark 的高效帧间压缩在众多功能中尤为独特。它只需要比大多数其他编解码器都要低得多的数据速率，就能产生高品质的视频。许多其他编解码器使用内帧压缩，例如，JPEG 是内帧编解码器。

帧间编解码器也使用内帧。内帧用作帧间的参考帧（关键帧）。Sorenson Spark 总是从关键帧开始处理。每个关键帧都成为后面帧间的主要参考帧。只要下一帧与上一帧显著不同，该编解码器就会压缩一个新的关键帧。

7.4.3　导入为内嵌视频

内嵌视频也称为嵌入视频，所指为导入到 Flash 中的视频文件。用户可以将导入后的视频与主场景中的帧频同步，也可以调整视频与主场景时间轴的比率，以便在回放时对视频中的帧进行编辑。

在"库"面板中拖曳视频剪辑到舞台创建一个视频对象。对于视频元件，在舞台上可以利用导入的视频创建多个实例，而不会增大 Flash 影片文件的大小。

导入为嵌入视频的操作步骤如下。

■1 执行"文件→导入→导入视频"命令，进入如图 7-29 所示的"选择视频"对话框。

■2 单击对话框中的"浏览"按钮，在弹出的"打开"对话框中选择一个视频文件，如图 7-30 所示。

■3 单击"选择视频"对话框中的"下一步"按钮，进入"部署"对话框，选择一种部署视频的模式，这里选择"从 Web 服务器渐近式下载"模式，如图 7-31 所示。

图 7-29　"选择视频"对话框

图 7-30 选择文件

图 7-31 "部署"对话框

④ 单击"下一步"按钮，打开"编码"对话框，在"品质"下拉列表中选择一种 Flash 编码的配置文件，通过右边浏览条下方的两个小三角按钮设置视频的起始和结束位置，如图 7-32 所示。

⑤ 单击"下一步"按钮，进入"外观"对话框，在"外观"下拉列表中选择一种播放控件的外观模式，如图 7-33 所示。

图 7-32 "编码"对话框

图 7-33 "外观"对话框

⑥ 单击"下一步"按钮，进入"完成视频导入"对话框，在对话框中单击"完成"按钮，如图 7-34 所示。

⑦ 在打开的"另存为"对话框中设置文件保存的路径及名称，如图 7-35 所示。

图 7-34 "完成视频导入"对话框

图 7-35 "另存为"对话框

⑧ 单击"保存"按钮，进入如图 7-36 所示的"Flash 视频编码进度"窗口。

⑨ 编码完毕后，在舞台和"库"面板中即出现导入的视频文件，如图 7-37 所示。

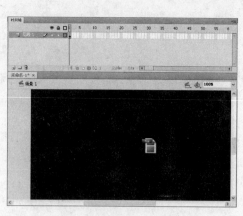

图 7-36 "Flash 视频编码进度"对话框　　　　图 7-37 视频导入完毕

10 按 **Ctrl+Enter** 组合键预览效果。

7.5 | 疑难解析

通过前面的学习，读者应该已经掌握了声音与视频的应用，下面就读者在学习过程中遇到的疑难问题进行解析。

1 如何一次性导入多个声音文件

要一次性导入多个声音文件很简单，只需要在导入时同时选择多个声音文件即可。其操作步骤如下。

1 执行"文件→导入→导入到库"命令，打开"导入到库"对话框，如图 7-38 所示。

2 在"导入到库"对话框中同时选择多个声音文件，单击"打开"按钮即可，如图 7-39 所示。

图 7-38 "导入到库"对话框　　　　图 7-39 同时选择多个文件

2 如何确认添加的声音文件的长度

要确认添加的声音文件的长度，可以在"库"面板中看到。打开"库"面板，选中面板中的声音文件，单击面板底部的"属性"按钮 ，在打开的"声音属性"对话框中即可看到声音文件的大小、播放时间长度等属性，如图 7-40 所示。

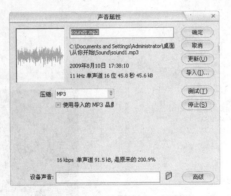

图 7-40 "声音属性"对话框

3 如何重新选择声音的源地址

要重新选择声音文件的源地址，只需要在"库"面板中进行操作即可，其操作步骤如下。

1 选中"库"面板中的声音文件，单击面板底部的"属性"按钮 ⓘ，打开"声音属性"对话框，单击"导入"按钮，如图 7-41 所示。

2 在打开的"导入声音"对话框中选择新的声音文件，单击"打开"按钮，在"声音属性"对话框中可以看到新的声音源地址，如图 7-42 所示。

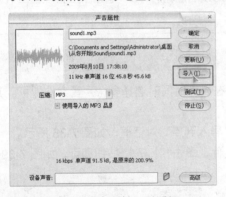

图 7-41 "声音属性"对话框

图 7-42 "声音属性"对话框

4 如何对声音进行压缩处理

要对声音进行压缩处理，只需要在"声音属性"对话框的"压缩"选项中选择压缩方式即可，如图 7-43 所示。

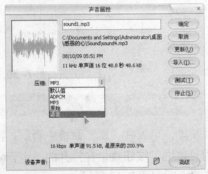

图 7-43 "声音属性"对话框

7.6 上机实践

用以上所学知识导入一个声音文件，将其添加到场景，并设置其声音的淡入淡出效果。

7.7 巩固与提高

本章主要给大家讲解声音的导入与编辑操作。现在给大家准备了相关的习题进行练习，希望通过完成下面的习题可以对前面学习到的知识进行巩固。

1. 单选题

（1）在 Flash 中不可以导入的声音文件格式是（　　）。

　　A．mp3　　　　　　　　B．rm

　　C．wav　　　　　　　　D．midi

（2）Flash 中可以（　　）。

　　A．设置声音的效果　　　B．录制声音

　　C．剪切声音　　　　　　D．转换声音格式

2. 多选题

（1）可以设置的声音效果有（　　）。

　　A．从左到右淡出　　　　B．从右到左淡出

　　C．淡入淡出　　　　　　D．自定义

（2）对于导入的声音，可以进行（　　）操作。

　　A．设置声音效果　　　　B．压缩声音

　　C．更新声音　　　　　　D．复制声音

3. 判断题

（1）在文档中添加声音后，还可以对其效果、播放次数、同步、导出品质等参数进行编辑，达到动画制作需要的效果。（　　）

（2）当用户从外部导入声音到元件库后，如果声音的源文件重新编辑过，就可以使用声音的更新功能直接更新声音文件，而不必重新导入一个新的声音元件。（　　）

（3）在 Flash CS4 中，可以设置单个声音的压缩选项，然后用这些设置导出声音。（　　）

读书笔记

第**8**章

滤镜的应用

Flash 滤镜的出现弥补了在图形效果处理方面的不足，使用户在编辑运动类和烟雾类等图形效果时，可以直接在 Flash 中添加滤镜效果。这些滤镜包括投影、模糊、发光、斜角等效果，它们能使 Flash 动画影片的画面更加优美。

学习指南

- 滤镜的添加与设置
- 滤镜的禁用、启用与删除
- 预设滤镜效果

精彩实例效果展示 ▲

8.1 | 滤镜的添加与设置

在舞台上选择文本、影片剪辑实例或按钮实例，单击"属性"面板上的"滤镜"标签，进入滤镜参数设置区，如图 8-1 所示。

在舞台中选中要添加滤镜效果的对象后，即可在"滤镜"栏中单击"添加滤镜"按钮，然后在弹出的菜单中选择要进行的操作命令。

使用"滤镜"菜单可以为对象应用各种滤镜。"滤镜"菜单包括"投影"、"模糊"、"发光"、"斜角"、"渐变发光"、"渐变斜角"和"调整颜色"等命令，如图 8-2 所示。

图 8-1 设置参数

图 8-2 滤镜菜单

8.1.1 投影

"投影"滤镜是模拟光线照在物体上产生阴影的效果。要应用投影效果滤镜，选中影片剪辑或文字，然后在"滤镜"菜单中选择"投影"命令即可，设置如图 8-3 所示，其效果如图 8-4 所示。

图 8-3 设置参数

图 8-4 设置阴影后的效果

"投影"滤镜中各项参数的功能分别介绍如下。

- 模糊：指投影形成的范围，分为模糊 X 和模糊 Y，分别控制投影的横向模糊和纵向模糊；单击"链接 X 和 Y 属性值"按钮 ，可以分别设置模糊 X 和模糊 Y 为不同的数值。
- 强度：指投影的清晰程度，数值越高，得到的投影就越清晰。
- 品质：指投影的柔化程度，分为低、中、高 3 个档次；档次越高，效果就越真实。
- 颜色：用于设置投影的颜色。
- 角度：设定光源与源图形间形成的角度，可以通过数值设置。

- 距离：源图形与地面的距离，即源图形与投影效果间的距离。
- 挖空：勾选该选项，将把产生投影效果的源图形挖去，并保留其所在区域为透明，如图 8-5 所示。

图 8-5　挖空效果

- 内侧阴影：勾选该选项，可以使阴影产生在源图形所在的区域内，使源图形本身产生立体效果，如图 8-6 所示。
- 隐藏对象：该选项可以将源图形隐藏，只在舞台中显示投影效果，如图 8-7 所示。

图 8-6　内侧阴影

图 8-7　隐藏对象

8.1.2　模糊

　　"模糊"滤镜可以使对象的轮廓柔化，变得模糊。通过对模糊 X、模糊 Y 和品质的设置，可以调整模糊的效果，如图 8-8 所示，模糊后的效果如图 8-9 所示。

图 8-8　设置属性

图 8-9　模糊后的效果

　　"模糊"滤镜中各项参数的功能分别介绍如下。

- 模糊 X：设置在 X 轴方向上的模糊半径，数值越大，图像模糊程度越高。
- 模糊 Y：设置在 y 轴方向上的模糊半径，数值越大，图像模糊程度越高。
- 品质：指模糊的程度，分为低、中、高 3 个档次；档次越高，得到的效果就越好，模糊程度就越高，如图 8-10 所示。

（a）低　　　　　　　（b）中　　　　　　　（c）高

图 8-10　模糊效果

8.1.3　发光

"发光"滤镜是模拟物体发光时产生的照射效果，其作用类似于使用柔化填充边缘效果，但得到的图形效果更加真实，而且还可以设置发光的颜色，使操作更为简单，参数设置如图 8-11 所示，效果如图 8-12 所示。

图 8-11　设置属性　　　　　　　　图 8-12　设置后的效果

"发光"滤镜中各项参数的功能分别介绍如下。

● 模糊 Y：设置在 x 轴方向上的模糊半径，数值越大，图像模糊程度越高。

● 模糊 Y：设置在 y 轴方向上的模糊半径，数值越大，图像模糊程度越高。

● 强度：指发光的清晰程度，数值越高，得到的发光效果就越清晰。

● 颜色：用于设置投影的颜色。

● 挖空：勾选该选项，将把产生发光效果的源图形挖去，并保留其所在区域为透明，如图 8-13 所示。

 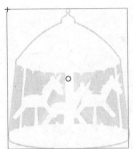

（a）挖空前的效果　　　　　　　　（b）挖空后的效果

图 8-13　挖空效果

● **内发光:** 勾选该选项,可以使阴影产生在源图形所在的区域内,使源图形本身产生立体效果,如图 8-14 所示。

（a）设置前的效果

（b）设置后的效果

图 8-14　内侧发光

小提示

发光效果与投影效果相比,就好像是光源从正上方直射在源图形上,然后在其下方产生投影的效果;而与模糊效果相比,发光效果会保留源图形的清晰,而不是将图形全部模糊。

8.1.4　斜角

"斜角"滤镜可以使对象的迎光面出现高光效果,背光面出现投影效果,从而产生一个虚拟的三维效果,参数设置如图 8-15 所示,效果如图 8-16 所示。

图 8-15　设置属性

图 8-16　设置后的效果

"斜角"滤镜中各项参数的功能介绍如下。

● **模糊:** 指投影形成的范围,分为模糊 X 和模糊 Y,分别控制投影的横向模糊和纵向模糊;单击"链接 X 和 Y 属性值"按钮 🔗 ,可以分别设置模糊 X 和模糊 Y 为不同的数值。

● **强度:** 指投影的清晰程度,数值越高,得到的投影就越清晰。

● **品质:** 指投影的柔化程度,分为低、中、高 3 个档次,档次越高,得到的效果就越真实。

● **阴影:** 设置投影的颜色,默认为黑色。

● **加亮:** 设置补光效果的颜色,默认为白色。

● **角度:** 设定光源与源图形间形成的角度。

● **距离:** 源图形与地面的距离,即源图形与投影效果间的距离。

● **挖空:** 勾选该选项,将把产生投影效果的源图形挖去,并保留其所在区域为透明。

在"类型"下拉菜单中包括 3 个用于设置斜角效果样式的选项:内侧、外侧、整个。

● **内侧:** 产生的斜角效果只出现在源图形的内部,即源图形所在的区域,如图 8-17 所示。

（a）设置前的效果　　　　　　　　（b）设置后的效果

图 8-17　内侧斜角效果

● 外侧：产生的斜角效果只出现在源图形的外部，即所有非源图形所在的区域，如图 8-18 所示。

（a）设置前的效果　　　　　　　　（b）设置后的效果

图 8-18　外侧斜角效果

● 整个：产生的斜角效果将在源图形的内部和外部都出现，如图 8-19 所示。

（a）设置前的效果　　　　　　　　（b）设置后的效果

图 8-19　整个斜角效果

8.1.5　渐变发光

　　"渐变发光"滤镜面板在"发光"滤镜的基础上增添了渐变效果，可以通过面板中的色彩条对渐变色进行控制。"渐变发光"滤镜可以对发出光线的渐变样式进行修改，从而使发光的颜色更加丰富，效果更好，参数设置如图 8-20 所示，效果如图 8-21 所示。

图 8-20　设置属性

图 8-21　设置后的效果

"渐变发光"滤镜中各项参数的功能分别介绍如下。

● 模糊：指发光的模糊范围，分为模糊 X 和模糊 Y，分别控制投影的横向模糊和纵向模糊。单击"链接 X 和 Y 属性值"按钮 ⊶，可以分别设置模糊 X 和模糊 Y 为不同的数值。

● 强度：指发光的清晰程度，数值越高，发光部分就越清晰。

● 品质：指发光的柔化程度，分为低、中、高 3 个档次，档次越高，效果就越真实。

● 角度：设定光源与源图形间形成的角度。

● 距离：滤镜距离，即源图形与发光效果间的距离。

● 挖空：勾选该选项，将把产生发光效果的源图形挖去，并保留其所在区域为透明。

● 类型：设置斜角效果样式，包括内侧、外侧和整个 3 个选项。

● 色彩条：设置发光的渐变颜色，通过对控制滑块处的颜色设置达到渐变效果，并且可以添加或删除滑块，以完成更多颜色效果的设置，如图 8-22 所示。

（a）添加滑块前

（b）添加滑块后

图 8-22　设置渐变发光

"渐变发光"滤镜面板右下角的色彩条可以完成对发光颜色的设置，其使用方法与"颜色"面板中色彩条的使用方法相同。

该色彩条中心控制滑块左边的是图形外部发出的光，右边则是图形内部发出的光，在没有勾选"挖空"选项时，这些光由于图形的遮挡，在舞台中并不可见，如图 8-23 所示。

（a）外部发光

（b）内部发光

图 8-23　渐变发光

渐变包含两种或多种可相互淡入或混合的颜色，选择的渐变开始颜色称为 Alpha 颜色。若要更改渐变中的颜色，需要从渐变定义栏下面选择一个颜色滑块，然后单击渐变栏下方显示的颜色空间以显示"颜色选择器"，如图 8-24 所示。

（a）设置属性

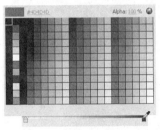

（b）选择颜色

图 8-24　设置颜色

如果在渐变定义栏中滑动这些滑块，可以调整该颜色在渐变中的级别和位置，应用了该滤镜的图像效果也会随之改变，如图 8-25 所示。

（a）滑动滑块

（b）设置后的效果

图 8-25　设置渐变发光

要向渐变中添加滑块，单击渐变定义栏或渐变定义栏的下方即可。将鼠标移到渐变定义栏的下方，单击即可添加一个新的滑块，如图 8-26 所示。

（a）添加滑块前

（b）添加滑块后

图 8-26　设置属性

小提示

在色彩条上最多可以创建 15 种颜色转变的渐变，即最多可以添加 15 个颜色滑块。若要重新放置渐变上的滑块，则要沿着渐变定义栏拖动滑块。若要删除滑块，则要将滑块向下拖离渐变定义栏。

8.1.6　渐变斜角

"渐变斜角"滤镜在"斜角"滤镜的基础上添加了渐变功能，使最后产生的效果更加变幻多端，参数设置如图 8-27 所示，效果如图 8-28 所示。

图 8-27　设置属性　　　　　图 8-28　设置后的效果

"渐变斜角"滤镜中各项参数的功能介绍如下。

- 模糊：指投影形成的范围，分为模糊 X 和模糊 Y，分别控制投影的横向模糊和纵向模糊；单击"链接 X 和 Y 属性值"按钮 ，可以分别设置模糊 X 和模糊 Y 为不同的数值。
- 强度：指投影的清晰程度，数值越高，得到的投影就越清晰。
- 品质：指投影的柔化程度，分为"低"、"中"、"高" 3 个档次，档次越高，效果就越真实。
- 角度：设定光源与源图形间形成的角度。
- 距离：源图形与地面的距离，即源图形与投影效果间的距离。
- 挖空：勾选该选项，将把产生投影效果的源图形挖去，并保留其所在区域为透明。
- 类型：在"类型"下拉列表中，包括 3 个用于设置斜角效果样式的选项：内侧、外侧、整个。
- 色彩条：设置斜角的渐变颜色，通过对控制滑块处的颜色设置达到渐变效果，并且可以添加或删除滑块，以完成更多颜色效果的设置。

小提示

"渐变斜角"滤镜的应用方法与"斜角"滤镜的应用方法类似，而渐变色的调整则可以参考"渐变发光"滤镜中渐变色的应用方法。

8.1.7　调整颜色

"调整颜色"滤镜可以通过拖动各项目的滑动块或直接修改数值，方便地完成对影片剪辑或文字对象的亮度、对比度、饱和度和色相的修改，参数设置如图 8-29 所示，效果如图 8-30 所示。

图 8-29　设置属性　　　　　图 8-30　设置后的效果

"调整颜色"滤镜中各项参数的功能介绍如下。

- 亮度：是指图形的明亮程度。
- 对比度：是指图形最亮和最暗区域之间的比率，比值越大，从黑到白的渐变层次就越多，色彩表现就越丰富。

- 饱和度：指的是色彩的纯度，纯度越高，图形越鲜明；纯度较低，图形则较黯淡。
- 色相：是指色彩的相貌，如红、黄、绿、蓝等。它是色彩的首要特征，是区别各种不同色彩的标准。

现场练兵

制作朦胧效果相框

下面使用滤镜制作一个具有朦胧效果的相框，如图 8-31 所示。

图 8-31 最终效果

具体操作步骤如下。

1 新建一个 Flash ActionScript 2.0 文档，执行"文件→导入→导入到库"命令，打开"导入到库"对话框，在其中选择要导入的图像，然后单击"打开"按钮，如图 8-32 所示。

2 执行"插入→新建元件"命令，新建一个名为"bg"的影片剪辑，将开始导入的图像拖放到影片剪辑的编辑窗口中，如图 8-33 所示。

图 8-32 导入图片

图 8-33 拖放图片到编辑窗口

3 新建一个名为"遮挡"的影片剪辑，在编辑窗口中绘制一个没有边框线的矩形，设置填充类型为"放射状"，颜色的渐变填充为"Alpha"值为 0 的#999999 到"Alpha"值为 100 的#502401，如图 8-34 所示。

（a）绘制矩形

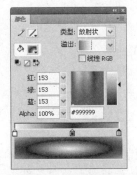

（b）填充颜色

图 8-34 "遮挡"的影片剪辑

4 新建一个名为"框"的影片剪辑，使用矩形工具在编辑窗口中绘制一个如图 18-35（a）所示的框，并为其应用放射状的颜色填充，如图 8-35（b）所示。

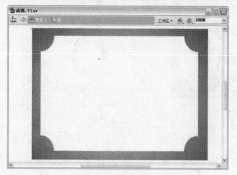

（a）绘制矩形

（b）填充颜色

图 8-35　"框"的影片剪辑

5 回到主场景中，将"bg"影片剪辑拖放到舞台并调整好位置后，将图层的名称修改为"bg"，并延长显示帧到第 10 帧，如图 8-36 所示。

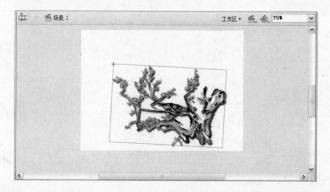

图 8-36　命令图层

6 选中"bg"影片剪辑，在"滤镜"参数栏中为其添加"投影"和"模糊"滤镜，"投影"滤镜的参数保持默认值，"模糊"滤镜则将"模糊 X"和"模糊 Y"的值都设置为"1"，如图 8-37 所示。

（a）设置"投影"属性

（b）设置"模糊"属性

图 8-37　设置属性

7 新建一个图层，将图层的名称修改为"框"。从库中将"框"影片剪辑拖放到舞台，然后调整舞台的尺寸，使其与元件"框"的尺寸相同，如图 8-38 所示。

图 8-38　拖放影片剪辑到舞台

8 选中"框"影片剪辑，为其添加"斜角"、"渐变斜角"和"投影"滤镜，其参数设置如图 8-39 所示。

（a）设置"斜角"属性　　　　（b）设置"渐变斜角"属性　　　　（c）设置"投影"属性

图 8-39　设置属性

9 在"时间轴"面板中选中"bg"图层，在其上方添加一个名为"遮挡"的新图层，然后将"遮挡"影片剪辑拖放到舞台中。

10 在时间轴上选中"遮挡"图层的第 10 帧，按 F6 键，插入一个关键帧后，选中第 1 帧的"遮挡"影片剪辑，在"属性"面板中调整其尺寸，将其放大，如图 8-40 所示。

11 选中第 1 帧的"遮挡"影片剪辑，为其添加"发光"滤镜，并将颜色设置为"#FFFFFF"白色，其他参数保持默认，如图 8-41 所示。

图 8-40　调整尺寸　　　　　　　图 8-41　设置属性

12 选中第 10 帧的"遮挡"影片剪辑，在"属性"面板中调整其尺寸，将其缩小到合适适度，如图 8-42 所示。

13 选中"遮挡"图层的第 1 帧，执行"插入→时间轴→创建补间动画"命令，添加一个动画补间动画，如图 8-43 所示。

图 8-42　调整尺寸

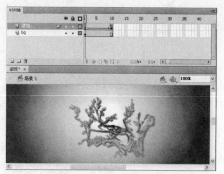

图 8-43　创建补间动画

14 选中"遮挡"图层的最后一帧，执行"窗口→动作"命令，打开"动作"面板，在其中输入动作语句"stop();"，控制动画在第 10 帧停止，如图 8-44 所示。

15 保存文档后，按 Ctrl +Enter 组合键，预览动画效果，如图 8-45 所示。

图 8-44　添加动作

图 8-45　预览效果

8.2 | 滤镜的禁用、启用与删除

在 Flash 中为对象添加滤镜后，可以通过禁用滤镜和重新启用滤镜来查看对象在添加滤镜前后的效果对比。如果对添加的滤镜不满意，还可能将添加的滤镜删除，重新添加其他滤镜。

8.2.1　禁用滤镜

在为对象添加滤镜后，可以将添加的滤镜禁用，不在舞台上显示滤镜效果。可以同时禁用所有的滤镜，也可以单独禁用某个滤镜。下面分别介绍禁用全部滤镜和单独禁用单个滤镜的方法。

禁用所有滤镜的操作步骤如下。

1 在"滤镜"参数栏中单击"添加滤镜"按钮，在弹出的下拉菜单中选择"禁用全部"命令，如图 8-46 所示。

2 在"滤镜"参数栏中可以看到滤镜列表框中的滤镜项目后面都出现了一个 × 图标，表示所有的滤镜都已经禁用，舞台中所有应用了滤镜的对象都回复到初始状态，如图 8-47 所示。

图 8-46　禁用滤镜

图 8-47　禁用滤镜

单独禁用单个滤镜的操作步骤如下。

1 为舞台中的对象添加滤镜，此时在"滤镜"参数栏中显示已添加的滤镜，如图 8-48 所示，表示该滤镜已经启用。

2 选择要禁用的滤镜，然后单击"启用或禁用滤镜"按钮 ，此时在选择的滤镜后显示 × 图标，即表示当前滤镜已经禁用，如图 8-49 所示。

图 8-48　添加的滤镜

图 8-49　禁用滤镜

8.2.2　启用滤镜

启用滤镜的方法同禁用滤镜一样，也有全部启用和单独启用两种。下面分别介绍全部启用和单独启用滤镜的方法。

单击"添加滤镜"按钮 ，在弹出的下拉菜单中选择"启用全部"命令，即可将已经被禁用的滤镜效果重新启用，如图 8-50 所示。这时，可以看到"滤镜"参数栏滤镜效果后的 × 图标全部取消，表示该滤镜已经被启用。

图 8-50　启用滤镜

在"滤镜"参数栏中选择被禁用的滤镜,单击"启用或禁用滤镜"按钮 ,此时,滤镜后显示的 ⊠ 图标消失,启用该滤镜,如图 8-51 所示。

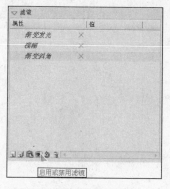

（a）启用前

（b）启用后

图 8-51　启用滤镜

8.2.3　删除滤镜

使用"滤镜"参数栏中的"删除滤镜"按钮 🔟,可以将选中的滤镜效果删除。在"滤镜"参数栏左侧的"滤镜效果"框中,选中要删除的滤镜效果,然后单击"删除滤镜"按钮,即可将该滤镜删除。删除滤镜效果后,舞台上添加了该滤镜的对象即会被取消该滤镜效果,如图 8-52 所示。

同禁用滤镜和启用滤镜一样,单击"添加滤镜"按钮 🔟,在弹出的下拉菜单中选择"删除全部"命令,即可将所有的滤镜效果全部删除,如图 8-53 所示。

图 8-52　删除滤镜

图 8-53　删除全部滤镜

8.3 | 预设滤镜效果

在 Flash 中可以将编辑完成的滤镜效果保存为一个预设方案,方便在以后调入使用,还可以对保存的预设方案进行重命名和删除操作。

在"滤镜"参数栏中单击"预设"按钮 🔟,在弹出的下拉菜单中包括"另存为"、"重命名"和"删除"3 个命令选项,如图 8-54 所示。

图 8-54 "预设"菜单

8.3.1 保存预设方案

在"滤镜"参数栏中可以将编辑好的滤镜方案保存为单独的项目，以命令的形式保存在菜单的"预设"命令中，方便下次直接调用。如图 8-55 所示为添加的预设方案命令。

图 8-55 保存预设方案

下面介绍保存预设方案的方法，其操作步骤如下。

1 为对象添加了滤镜效果后，单击"预设"按钮 ，在弹出的下拉菜单中选择"另存为"命令，打开"将预设另存为"对话框，如图 8-56 所示。

（a）选择"另存为"命令

（b）"将预设另存为"对话框

图 8-56 保存预设方案

2 在对话框中输入要保存的名称后，单击"确定"按钮，如图 8-57 所示。

③ 单击"预设"按钮，在弹出的下拉菜单中可以看到新添加的预设方案，如图 8-58 所示。

图 8-57　输入名称

图 8-58　查看添加的预设方案

8.3.2　重命名和删除方案

在保存了预设滤镜方案后，还可以对保存的方案重新命名。下面介绍重命名预设方案的方法，其操作步骤如下。

① 单击"预设"按钮，在弹出的下拉菜单中选择"重命名"命令，打开"重命名预设"对话框，如图 8-59 所示。

② 在对话框中双击要重命名的方案项目，使其变为可编辑状态，如图 8-60 所示。

图 8-59　打开"重命名预设"对话框

图 8-60　重命名

③ 为需要重命名的方案重新输入名称后，单击"重命名"按钮，完成重命名操作，如图 8-61 和图 8-62 所示。

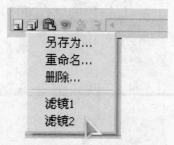

图 8-61　单击"重命名"按钮

图 8-62　重命名后的效果

在"滤镜"参数栏中还可以将保存的预设滤镜方案删除。单击"预设"按钮，在弹出的下拉菜单中选择"删除"命令，打开"删除预设"对话框，在对话框中选中要删除的方案，然后单击"删除"按钮即可，如图 8-63 所示。

图 8-63 删除预设方案

8.4 | 疑难解析

通过前面的学习，读者应该已经掌握了滤镜的应用，下面就读者在学习过程中遇到的疑难问题进行解析。

1 如何使用"投影"滤镜为影片剪辑设置投影效果

使用"投影"滤镜可以将一张平面的图形变得富有立体层次感，下面介绍使用"投影"滤镜的方法，其操作步骤如下。

1 从外部导入一张图形到舞台，将其转换为一个影片剪辑，如图.8-64 所示。

图 8-64 导入图形

2 选中影片剪辑，在"滤镜"参数栏中为其添加"投影"滤镜，将"模糊"值设置为"25"，"强度"设置为 85%，"品质"设置为"高"，勾选"内阴影"复选框，如图 8-65 所示。

3 在舞台中可以看到，应用了投影的影片剪辑产生了变化，如图 8-66 所示。

图 8-65 设置属性

图 8-66 添加投影后的效果

④ 选中影片剪辑，再为其添加一个"投影"滤镜，将"强度"设置为"**58%**"，"品质"设置为"高"，其他选项保持默认值，如图 8-67 所示。

⑤ 在舞台中可以看到，应用了投影的影片剪辑产生了变化，如图 8-68 所示。

图 8-67　设置属性　　　　　　　　　图 8-68　添加投影后的效果

② 如何使用滤镜制作月夜效果

要使用滤镜制作月夜景色效果，需要使用"模糊"、"发光"和"斜角"滤镜。下面介绍制作方法，其操作步骤如下。

① 新建一个名为"月"的影片剪辑，在编辑窗口中绘制一个圆形的月亮，如图 8-69 所示。

② 新建一个名为"地"的影片剪辑，在编辑窗口中绘制如图 8-70 所示的图形。

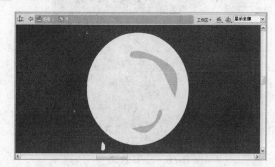

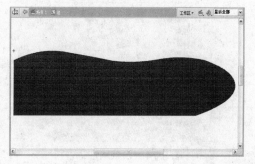

图 8-69　绘制月亮　　　　　　　　　图 8-70　绘制地

③ 回到场景中，将"月"和"地"影片剪辑拖放到舞台，调整好位置。

④ 选中"月"影片剪辑，为其添加"模糊"和"发光"滤镜，将"模糊"滤镜中的"模糊"值设置为"**7**"，"品质"设置为"**高**"，如图 8-71 所示。

⑤ 将"发光"滤镜中的"模糊"值设置为"**86**"，"强度"设置为"**170%**"，"品质"设置为"**高**"，并修改"颜色"的值，如图 8-72 所示。

图 8-71　设置属性　　　　　　　　　图 8-72　设置属性

6 在编辑窗口中可以看到"月"影片剪辑的边缘变得模糊，并且周围产生了淡淡的光圈，如图 8-73 所示。

图 8-73 添加模糊效果

7 在舞台中选择"地"影片剪辑，为其添加"斜角"滤镜，将"模糊"值设置为"30"，"强度"设置为"60%"，"阴影"设置为"#006600"，"加亮"设置为"#FFFF00"，角度设置为"90"，"距离"设置为"10"，如图 8-74 所示。

8 保存文档，按 Ctrl +Enter 组合键，观看滤镜效果，如图 8-75 所示。

图 8-74 设置属性

图 8-75 观看效果

8.5 | 上 机 实 践

用以上所学知识使用滤镜制作如图 8-76 所示的月食效果。

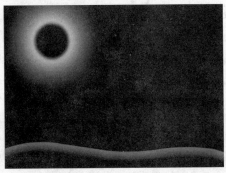

图 8-76 月食效果

8.6 | 巩固与提高

本章主要讲解了滤镜的创建与编辑。现在给大家准备了相关的习题进行练习，希望通过完成下面的习题可以对前面学习到的知识进行巩固。

1. 单选题

（1）为对象添加滤镜是通过（　　　）添加的。

　　　A. "属性" 面板　　　B. "参数" 面板

　　　C. "滤镜" 参数栏　　D. "动作" 面板

（2）投影滤镜是模拟光线照在物体上产生（　　　）。

　　　A. 阴影效果　　　　　B. 发光效果

　　　C. 三维效果　　　　　D. 变色效果

（3）斜角滤镜是模拟光线照在物体上产生（　　　）。

　　　A. 阴影效果　　　　　B. 发光效果

　　　C. 三维效果　　　　　D. 变色效果

2. 多选题

（1）在 Flash 中，可以添加滤镜的对象包括（　　　）。

　　　A. 文本　　　　　　　B. 影片剪辑

　　　C. 组件　　　　　　　D. 按钮

（2）在 "滤镜" 参数栏中，除了可以添加并编辑滤镜外，还可以（　　　）。

　　　A. 禁用滤镜　　　　　B. 启用滤镜

　　　C. 删除滤镜　　　　　D. 预设滤镜方案

3. 判断题

（1）调整颜色滤镜可以通过拖动各项目的滑动块或直接修改数值，方便地完成对影片剪辑或文字对象的亮度、对比度、饱和度和色相的修改。（　　　　）

（2）在为对象添加滤镜后，可以将添加的滤镜禁用，不在舞台上显示滤镜效果，并且该滤镜也不会在播放时显示出来。（　　　）

（3）在 "滤镜" 参数栏中可以将编辑好的滤镜方案保存为单独的项目，以命令的形式保存在菜单的 "预设" 命令中，方便下次直接调用。（　　　）

读书笔记

ActionScript 编程基础

在制作动画时，用户可以通过"动作"面板创建嵌入到 FLA 格式文件中的
ActionScript 动作脚本，通过创建的脚本来控制影片中的元素或创建新的影片元
素，实现 Flash 影片的创建。

学习指南

- ● ActionScript 2.0
- ● ActionScript 3.0

现在时间：

21：30：30

精彩实例效果展示 ▲

9.1 | ActionScript 2.0

在制作动画时，用户可以通过"动作"面板创建嵌入到 FLA 格式文件中的 ActionScript 动作脚本，通过创建的脚本来控制影片中的元素或创建新的影片元素，实现 Flash 影片的创建。

9.1.1 认识 ActionScript 2.0

ActionScript 2.0 支持 ActionScript 语言的所有标准元素，它使用户能够更加严格地遵守其他面向对象语言（如 Java）所采用的标准来编写脚本。ActionScript 2.0 主要用于满足中级或高级 Flash 程序员的需要，供他们用来创建需要实现类和子类的应用程序。

ActionScript 2.0 的主要特点包括以下几点。

- 使用 ActionScript 2.0 定义类或接口的脚本必须存储为外部脚本文件，并且在每个脚本中定义一个类；即不能在"动作"面板中定义类和接口。
- 可以隐式导入单个类文件或显式导入单个类文件（通过使用 import 命令），也可以使用通配符导入包（一个目录中的一组类文件）。
- Flash Player 6 和更高版本支持使用 ActionScript 2.0 开发的应用程序。

9.1.2 "动作"面板的使用

通过"动作"面板，用户可以创建嵌入到 FLA 格式文件中的脚本。在选定了要加入动作的对象后，在"动作"面板中输入 ActionScript 代码即可。

"动作"面板由 3 个窗格构成，分别是动作工具箱（按类别对 ActionScript 元素进行分组）、脚本导航器（可以快速地在 Flash 文档中的脚本间导航）和"脚本"窗格（可以在其中输入 ActionScript 代码），如图 9-1 所示。

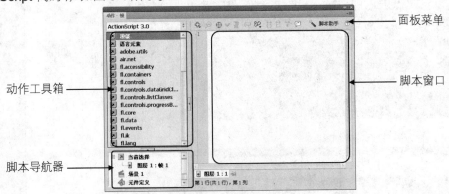

图 9-1 "动作"面板

1．动作工具箱

通过动作工具箱可以选择不同的动作脚本语言类型。Flash CS4 的"动作"面板的动作工具箱窗口中有 ActionScript 1.0&2.0、ActionScript 3.0、Flash Lite 1.0 ActionScript、Flash Lite 1.1 ActionScript、Flash Lite 2.0 ActionScript 和 Flash Lite 2.1 ActionScript 6 种语言供用户选择，如图 9-2 所示。

（a）ActionScript 3.0　　　　　　（b）Flash Lite 2.0 ActionScript

图 9-2　动作工具箱

下面简单介绍这 6 种语言的功能和特点。

- ActionScript 1.0&2.0：ActionScript 1.0 是最简单的 ActionScript，仍为 Flash Lite Player 的一些版本所使用；ActionScript 2.0 基于 ECMA Script 规范，但并不完全遵循该规范。ActionScript 1.0 和 2.0 可共存于同一个 FLA 文件中。
- ActionScript 3.0：ActionScript 3.0 完全符合 ECMA Script 规范，提供了更出色的 XML 处理、一个改进的事件模型以及一个用于处理屏幕元素的改进的体系结构。使用 ActionScript 3.0 的 FLA 文件不能包含 ActionScript 的早期版本。
- Flash Lite 1.0 ActionScript：是 ActionScript 1.0 的子集，受运行在移动电话和移动设备上的 Flash Lite 1.0 的支持。
- Flash Lite 1.1 ActionScript：是 ActionScript 1.0 的子集，受运行在移动电话和移动设备上的 Flash Lite 1.x 的支持。
- Flash Lite 2.0 ActionScript：是 ActionScript 2.0 的子集，受运行在移动电话和移动设备上的 Flash Lite 2.0 的支持。
- Flash Lite 2.1 ActionScript：是 ActionScript 2.0 的子集，受运行在移动电话和移动设备上的 Flash Lite 2.1 的支持。

2．脚本导航器

使用脚本导航器可以显示当前文档中添加了脚本的对象。单击脚本导航器中的某一项目，与该项目关联的脚本将显示在"脚本"窗格中，并且播放头将移到时间轴上的相应位置，如图 9-3 所示。

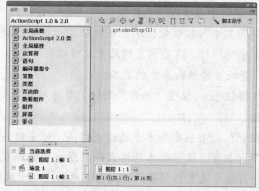

图 9-3　脚本导航器

3."脚本"窗口

在"脚本"窗口中可以对代码进行"添加"(+) 菜单（类似动作工具箱）、查找和替换、语法检查、语法着色、自动套用格式、代码提示、代码注释、代码折叠、调试选项(仅限 ActionScript 文件）和自动换行等操作。

在 Flash CS4 中，"脚本"窗口分为"手写"模式和"脚本助手"两种不同的模式，这两种模式的操作窗口有所区别，如图 9-4 所示。

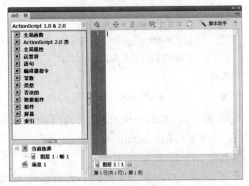
（a）"手写"模式

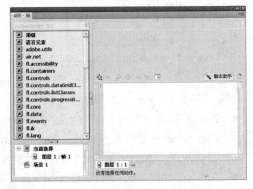
（b）"脚本助手"模式

图 9-4 "脚本"窗口

在"手写"模式"脚本"窗口中，用户可以直接输入脚本代码，如果在"首选参数"面板中设置了代码提示功能，在输入代码时会出现提示内容，如图 9-5 所示。

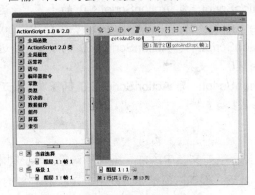

图 9-5 输入脚本代码

下面分别介绍"脚本"窗口中各个按钮的功能。

- "将新项目添加到脚本中"按钮：单击该按钮显示预置的动作语言元素，从中可以选择要添加到脚本中的项目。这些预置的元素也可以在"动作"工具箱中找到并选择。
- "查找"按钮：查找并替换脚本中的文本。
- "插入目标路径"按钮：(仅限"动作"面板）帮助用户为脚本中的某个动作设置绝对或相对目标路径。
- "语法检查"按钮：检查当前脚本中的语法错误，语法错误列在"输出"面板中。
- "自动套用格式"按钮：设置脚本的格式以实现正确的编码语法和更好的可读性。在"首选参数"对话框中设置自动套用格式首选参数，从"编辑"菜单或通过"动作"面板可访问此对话框。

- "显示代码提示"按钮⊡: 如果已经关闭了自动代码提示, 可使用"显示代码提示"来显示您正在处理的代码行的代码提示。
- "调试选项"按钮⊠: (仅限"动作"面板)设置和删除断点, 以便在调试时可以逐行执行脚本中的每一行。只能对 ActionScript 文件使用调试选项, 而不能对 ActionScript Communication 或 Flash JavaScript 文件使用这些选项。
- "折叠成对大括号"按钮⌘: 对出现在当前包含插入点的成对大括号或小括号间的代码进行折叠。
- "折叠所选"按钮⌗: 折叠当前所选的代码块。
- "展开全部"按钮⌘: 展开当前脚本中所有折叠的代码。
- "应用块注释"按钮⊡: 将注释标记添加到所选代码块的开头和结尾。
- "应用行注释"按钮⊡: 在插入点处或所选多行代码中每一行的开头处添加单行注释标记。
- "删除注释"按钮⊡: 从当前行或当前选择内容的所有行中删除注释标记。
- "显示/隐藏工具箱"按钮⊞: 显示或隐藏"动作"工具箱。
- "脚本助手"按钮⊿: (仅限"动作"面板)在"脚本助手"模式中, 将显示一个用户界面, 用于输入创建脚本所需的元素。
- "帮助"按钮⊙: 显示"脚本"窗格中所选 ActionScript 元素的参考信息。 例如, 如果单击"gotoAndStop"语句, 再单击"帮助"按钮, 就会打开"帮助"面板显示帮助内容, 如图 9-6 所示。

（a）输入代码　　　　　　　　　　　　（b）"帮助"面板

图 9-6　脚本代码

- "面板菜单"按钮⊟: (仅限"动作"面板)包含适用于"动作"面板的命令和首选参数。例如, 可以设置行号和自动换行、访问 ActionScript 首选参数以及导入或导出脚本。
- "在'动作'面板中固定脚本"按钮⊡: 将当前脚本内容固定在脚本窗口中, 即使在工作区内选中了其他对象, 在脚本窗口中依然显示先前固定的脚本。

在"脚本助手"模式中, 脚本助手允许用户通过选择动作工具箱中的项目来构建脚本。单击某个项目, 面板右上方会显示该项目的描述; 双击某个项目, 该项目就会被添加到"动作"面板的"脚本"窗口中。

4. 面板菜单

在"动作"面板中单击右上角的"面板菜单"按钮后, 在弹出的菜单中即可执行各种命令。在菜单中可以执行"重新加载代码提示"、"固定脚本"、"关闭脚本"、"关闭所有脚本"、"转到行"、"查找和替换"等命令，如图9-7所示。

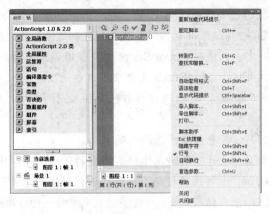

图9-7 "动作"面板

9.1.3 常用动作命令语句

在 ActionScript 2.0 中，包含了大量的函数、变量、运算符和各种语句。通过对这些函数、变量、运算符和各种语句的运用，用户可以轻松地创建各种复杂漂亮的动画效果。

1. 函数

函数是可以向脚本传递参数并能够返回值的可重复使用的代码块。ActionScript 中的函数，包含了各种各样的常见编程任务，如处理数据类型、生成调试信息以及与 Flash Player 或浏览器进行通讯。

函数根据其适用对象的不同，又分为时间轴控制、浏览器/网络、打印函数、其他函数、数字函数、转换函数和影片剪辑控制 7 种类型。下面简单介绍其中几种类型的用法。

（1）时间轴控制

该类函数用于控制时间轴，可以完成对场景、场景中时间轴、影片剪辑中时间轴在播放、停止以及跳转等的控制，其中最为常用的有 play、stop、gotoAndPlay 和 gotoAndStop。

- play: 执行该命令时，影片或影片剪辑开始播放。该命令没有参数。
- stop: 当播放头播放到含有该动作脚本的关键帧时停止播放；通过按钮也可以触发该动作，使影片停止。该命令没有参数。
- gotoAndPlay: 影片转到帧或帧标签处并开始播放，如果未指定场景，则播放头将转到当前场景中的指定帧。
- gotoAndStop: 影片转到帧或帧标签处并停止播放，如果未指定场景，则播放头将转到当前场景中的指定帧。

（2）浏览器/网络

该类函数中的动作脚本，主要针对的是 Flash 播放器及其他外部文件产生作用的命令。使用该类中的动作脚本，可以开启 Flash 动画影片以外的应用程序或网络链接，获取外部信息，调用外部图片文件等。

- fscommand: 使 Flash 动画影片文件与 Flash Player 播放器或承载 Flash Player 的程序(如 IE 浏览器)进行通讯。在"独立播放器"下拉列表中包括 fullscreen [true/false]、

- allowscale[true/false]、showmenu [true/false]、trapallkeys[true/false]、exec 和 quit 命令。
- getURL：将来自特定 URL 的文件加载到窗口中，或将变量传递到位于所定义的 URL 的另一个应用程序。要使用此函数，确保要加载的文件位于指定的位置。该函数最常见的用法就是打开相应的网页链接。
- loadMovieNum：在播放 Flash 动画影片时，可以将 SWF、JPEG、GIF 或 PNG 文件加载到该动画影片指定的影片剪辑中。
- loadVariablesNum：用于从外部文件（例如文本文件，或由 ColdFusion、CGI 脚本、Active Server Page (ASP)、PHP 和 Perl 脚本生成的文本）中读取数据，并修改目标影片剪辑中变量的值。

（3）影片剪辑控制

对影片剪辑进行控制的相关动作脚本的集合，使用该类中的动作脚本，可以实现调整影片剪辑属性、复制影片剪辑、移除影片剪辑、拖曳影片剪辑等操作。

- duplicateMovieClip：当 Flash 动画影片播放时，对目标影片剪辑进行复制，从而在影片中得到新的影片剪辑实例，使用 removeMovieClip() 函数或方法可以删除 duplicateMovieClip() 创建的影片剪辑实例。
- setProperty：用于更改影片剪辑属性值的动作脚本，使用该动作脚本可以修改目标影片剪辑的大小、位置、角度、透明度等属性。
- on：添加在按钮元件上，通过鼠标事件或按键触发该函数中包含的内容。
- onClipEvent：添加在影片剪辑上，用于触发为特定影片剪辑实例定义的动作。
- startDrag：使影片剪辑在影片播放过程中可以被鼠标拖曳。一次只能拖动一个影片剪辑，使用 stopDrag() 动作脚本停止拖曳，或者其他影片剪辑调用了 startDrag() 动作脚本停止拖曳。

2. 变量

变量是程序编辑中重要的组成部分，用来对所需的数据资料进行暂时储存。只要设置变量名称与内容，就可以产生出一个变量。变量可用于记录和保存用户的操作信息、输入的资料，记录动画播放的剩余时间，或用于判断条件是否成立等。

当首次定义变量时，需要为该变量指定一个初始值，然后一切变化就将以此值为基础开始变化，这就是所谓的初始化变量；而加载变量初始值，通常是在 Flash 动画影片的第一帧中完成的，这样有助于在播放 SWF 文件时跟踪和比较变量的值。

变量可以存储包括数值、字符串、逻辑值、对象等任意类型的数据，如 URL、用户名、数学运算的结果、事件发生的次数以及是否单击了某个按钮等。

变量的命名，必须符合以下规则：

- 必须以英文字母 a 到 z 开头，没有大小写的区别。
- 不能有空格，可以使用底线（ _ ）。
- 不能与 Actions 中使用的命令名称相同。
- 在它的作用范围内必须是唯一的。

变量的作用范围是指脚本中能够识别和引用指定变量的区域。ActionScript 中的变量可以分为全局变量和局部变量，全局变量可以在整个影片的所有位置产生作用，其变量名在影片中是唯一的；局部变量只在它被创建的括号范围内有效，所以在不同元件对象的脚本中可以设置同样名称的变量而不产生冲突，作为一段独立的代码，独立使用。

小提示

　　变量可添加在时间轴上的任何一帧关键帧中，也可以添加到按钮或影片剪辑中，通过触发事件产生作用。

3. 运算符

运算符是指定如何组合、比较或修改表达式值的字符。具体包括按位运算符、比较运算符、赋值、逻辑运算符、其他运算符和算术运算符 6 种类型，其中常用的包括以下几类。

（1）比较运算符

比较运算符用于进行变量与数值间、变量与变量间大小比较的运算符。包含了"！="不等于运算符、"！=="不全等运算符、"<"小于运算符、"<="小于或等于运算符、"=="等于运算符、"==="全等运算符、">"大于运算符、">="大于或等于运算符构成。

（2）赋值

赋值运算符是指执行变量赋值的运算符。在该类运算符中包括"-="、"%="、"&="、"*="、"|="、"/="、"^="、"+="、"<<="、"="、">>="和">>>="等。

在赋值运算符中，最常用的就是"-="减法赋值运算符和"+="加法赋值运算符，它们是就 A 与 B 减或加的值，返回给 A，如下段代码所示：

```
i=1;
//变量 i 的初始值为 1
i+=3;
//变量 i 的值递加 3
```

执行上面的动作脚本，变量 i 的值将表现为：1、4、7、10、13、16、19、22、25……

小提示

　　"//"是命令 comment（注释）的符号，用以在脚本中为命令语句添加注释说明。任何出现在注释分隔符 // 和行结束符之间的字符，都将被程序解释为注释。

（3）逻辑运算符

使用逻辑运算符可以对数字、变量等进行比较，然后得出它们的交集或并集作为输出结果。在 ActionScript 2.0 中，逻辑运算符包括"&&"、"||"和"!"3 种。

- "&&"运算符：当条件同时满足该运算符左右两边的表达式时，触发事件。即满足条件为它们的交集，如图 9-8 所示。

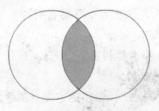

图 9-8　交集

- "||" 运算符: 当条件满足该运算符左右任意一边的表达式时, 触发事件。即满足条件为它们的并集, 如图 9-9 所示。
- "!" 运算符: 当条件不能同时满足该运算符左右两边的表达式时, 触发事件, 即它们的补集, 如图 9-10 所示。

图 9-9　并集

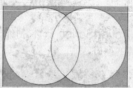

图 9-10　补集

（3）其他运算符

其他运算符包括递减变量 "--"、条件运算 "?:"、递增变量 "++"、返回类 "instanceof"、返回表达式 "typeof"、计算表达式 "void" 等运算符。

（4）算术运算符

算术运算符是指用于对数值、变量进行计算的各种运算符号, 如+、-、*、/、%。

4. 语句

语句是告诉 FLA 文件执行操作的指令, 执行特定的动作。例如, 可以使用条件语句确定某一条件是否为 true 或是否成立。然后, 代码可以根据条件是否为 true 执行指定的动作, 例如函数或表达式。

（1）条件语句

条件语句用于在影片中需要的位置设置执行条件, 当影片播放到该位置时, 程序将对设置的条件进行检查; 如果这些条件得到满足, 则判断结果为 true（真）, Flash 将运行条件后面大括号内的语句; 如果条件不满足, 则判断结果为 false（假）, Flash 将跳过大括号内的语句, 而直接运行大括号后面的语句。

条件语句需要用 If...else（可以理解为 "如果……就……; 否则就……"）命令来设置。在执行过程时, If 命令将判断其后的条件是否成立, 如果条件成立, 则执行下面的语句, 否则将执行 else 后面的语句。例如下面的语句就是一个典型的条件语句, 当变量 score 的值大于等于 100 时, 程序将执行 play() 语句以继续播放影片, 否则将执行 stop() 以停止影片的播放。

```
If (score>=100){
play ();
}else{
    stop ();
}
```

（2）循环语句

ActionScript 可以按指定的次数重复一个动作, 或者在特定的条件成立时重复动作。循环语句可以使用户在特定条件为 true 时, 重复执行一系列语句。在 ActionScript 中有 4 种类型的循环, for 循环、for...in 循环、while 循环和 do...while 循环。不同类型循环的行为方式互不相同, 而且分别适合于不同的用途。

现场练兵

制作一幅波动显示的画卷

下面使用 ActionScript 脚本制作一幅波动显示的画卷，如图 9-11 所示。

图 9-11　最终效果

具体操作步骤如下。

1 新建一个 ActionScript 2.0 的 Flash 文档，在"文档属性"对话框中将影片尺寸修改为 800×300 像素，帧频设置为 36，如图 9-12 所示。

2 在"发布"设置对话框中将"播放器"设置为 Flash Player 7.0，"脚本"设置为 ActionScript 2.0，如图 9-13 所示。

图 9-12　"文档属性"对话框

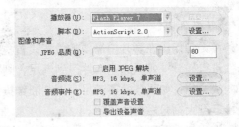

图 9-13　"发布"对话框

3 执行"文件→导入→导入到库"命令导入一个图形文件。新建一个名为"图片"的影片剪辑，从"库"面板中将导入的图形拖放到舞台中，在"属性"面板中将"X"和"Y"的参数设置为 0，使其左上角与舞台的中心点对齐，如图 9-14 所示。

图 9-14　导入图片

4 新建一个名为"遮罩"的影片剪辑，将"图片"影片剪辑拖放到舞台中，在"属性"面板中将实例名称设置为"image"，"X"和"Y"的参数设置为 0，如图 9-15 所示。

5 在时间轴上新建一个图层，在舞台上绘制 4 个竖条图形，并使其如图 9-16 所示排列。

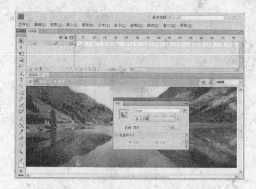

图 9-15 拖放影片剪辑到舞台中　　　　　图 9-16 绘制图形

6 在"时间轴"面板的"图层 2"上右击，在弹出的快捷菜单中选择"遮罩层"命令，将其设置为遮罩层，如图 9-17 所示。

7 在"库"面板中的"遮罩"元件上右击，在弹出的快捷菜单中选择"链接属性"命令，弹出"链接属性"对话框，勾选"为运行时共享导出"和"第一帧导出"复选框，并将标识符设置为"mask"，如图 9-18 所示。

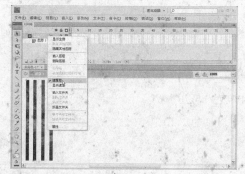

图 9-17 转换图层属性　　　　　　　图 9-18 "链接属性"对话框

8 新建一个透明按钮元件，在"点击"帧绘制一个矩形，如图 9-19 所示。

9 回到主场景中，在第 2 帧插入一个关键帧，将"图片"影片剪辑拖放到舞台，调整好位置，如图 9-20 所示。

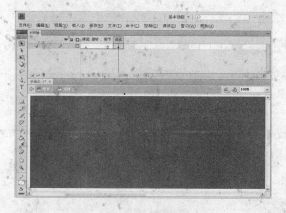

图 9-19 绘制矩形　　　　　　　　图 9-20 拖放影片剪辑到舞台

⑩ 新建一个图层，将 "anniu" 透明按钮元件拖放到舞台，调整其大小为 800×300 像素，将元件的实例名称设置为 "back"，如图 9-21 所示。

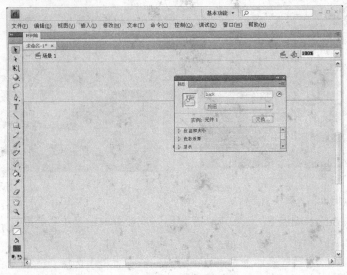

图 9-21 设置实例名称

⑪ 新建一个图层，在第 2 帧插入关键帧，打开 "动作" 面板，在其中输入以下 ActionScript 代码:

```
MovieClip.prototype.eMove = function (a, b, tx, ty) {
    this.tempx = this._x;
    this.tempy = this._y;
    this._x = ((a * (this._x - tx)) + (b * (this.prev_x - tx))) + tx;
    this._y = ((a * (this._y - ty)) + (b * (this.prev_y - ty))) + ty;
    this.prev_x = this.tempx;
    this.prev_y = this.tempy;
};
i = 0;
maskNum = 40;
maskWidth = 20;
copyHline = 1;
_root.onEnterFrame = function () {
    if (i <= maskNum) {
        this.attachMovie("mask", "mask" + i, i);
        this["mask" + i]._x = Math.floor(i / copyHline) * maskWidth;
        this["mask" + i]._y = Math.floor(i % copyHline) * maskWidth;
        this["mask" + i].onEnterFrame = function () {
            nowNum = Number (this._name.slice(4, 6));
            this.image.eMove(1.7, -0.9, -(Math.floor(nowNum / copyHline) * maskWidth),
-(Math.floor(nowNum % copyHline) * maskWidth));
        };
    }
```

```
            i++;
    };
    //下面部分为控制跳转到第 1 帧并继续播放
    this.back.onRelease = function() {
    gotoAndPlay(1);
    };
    stop();
```

⑫ 按 **Ctrl + Enter** 组合键预览动画效果，如图 **9-22** 所示。

图 **9-22**　预览动画效果

9.2 │ ActionScript 3.0

在刚接触 Flash 时，有必要先对 Flash 有一个概念性的了解，其中首先需要了解的就是 Flash 的常用术语。Flash 的常用术语包括舞台、帧、关键帧、帧速、图层、场景、时间轴、元件、实例、动作脚本和组件等。

9.2.1　认识 ActionScript 3.0

　　ActionScript 3.0 的脚本编写功能超越了 ActionScript 的早期版本。它旨在方便创建拥有大型数据集和面向对象的可重用代码库的高度复杂应用程序。虽然 ActionScript 3.0 对于在 Adobe Flash Player 9 中运行的内容并不是必需的，但它使用新型的虚拟机 AVM2 实现了性能的改善。ActionScript 3.0 代码的执行速度比旧式 ActionScript 代码快 10 倍。

9.2.2　ActionScript 3.0 的新功能

　　ActionScript 3.0 包含 ActionScript 编程人员所熟悉的许多类和功能，但 ActionScript 3.0 在架构和概念上是区别于早期的 ActionScript 版本的。ActionScript 3.0 中的改进部分包括新增的核心语言功能以及能够更好地控制低级对象的改进 Flash Player API。在 ActionScript 3.0 中新增了以下功能：

- 新增了 ActionScript 虚拟机，称为 AVM2，它使用全新的字节码指令集，使性能显著提高。
- 采用了更为先进的编译器代码库，它更为严格地遵循 ECMAScript (ECMA 262) 标准，相对于早期的编译器版本，可执行更深入的优化。

- 一个扩展并改进的应用程序编程接口 (API),拥有对对象的低级控制和真正意义上的面向对象的模型。

- 一个基于 ECMAScript for XML (E4X) 规范的 XML API。E4X 是 ECMAScript 的一种语言扩展,它将 XML 添加为语言的本机数据类型。

- 一个基于文档对象模型 (DOM) 第 3 级事件规范的事件模型。

9.2.3 ActionScript 3.0 的"动作"面板

在 ActionScript 3.0 的"动作"面板中,包括"顶级"、"语言元素"、"Flash Player 包"和"索引"等内容。其中"顶级"中包括"核心 ActionScript 类"和"全局函数","语言元素"中包括运行时执行或指定动作的语言元素,在"Flash Player 包"中包括了所有的 Flash Player API 内容,如图 9-23 所示。

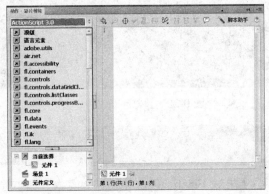

图 9-23 "动作"面板

9.2.4 常用动作命令语句

在 ActionScript 3.0 中,包含了大量的函数、变量、运算符和各种语句。通过对这些函数、变量、运算符和各种语句的运用,用户可以轻松地创建各种复杂漂亮的动画效果。

1. 运算符

在 ActionScript 3.0 的运算符中包括赋值运算符、算术运算符、算术赋值运算符、按位运算符、比较运算符、逻辑运算符和字符串运算符等。

（1）赋值运算符

赋值运算符"="可将符号右边的值指定给符号左边的变量。赋值运算符只有"="。

在"="右边的值可能是基元数据类型,也可以是一个表达式、函数返回值或对象的引用,在"="左边的对象必须为一个变量。

使用赋值运算符的正确表达方式如下。

```
var a:int=80; //声明变量,并赋值 var b:string;
b="boss";  //对已声明的变量赋值
A= 2+9-6;  //将表达式赋值给 A
var a:object=d;  //将 d 持有对象的引用赋值给 a,a、d 将会指向同一个对象。
```

（2）算术运算符

算术运算符是指可以对数值、变量进行计算的各种运算符号。在 ActionScript 3.0 中，算术运算符包括 "+(加法)"、"--（递减）"、"/（除法）"、"++（递增）"、"%（模）"、"*（乘法）"和 "-（减法）"。

（3）算术赋值运算符

算术赋值运算符有两个操作数，它根据一个操作数的值对另一个操作数进行赋值。在算术赋值运算符中包括 "+="、"-="、"*="、"/=" 和 "%="。

（4）按位运算符

在按位运算符中包括了 "&（按位 AND）"、"<<（按位向左移位）"、"~（按位 NOT）"、"|（按位 OR）"、">>（按位向右移位）"、">>>>（按位无符号向右移位）" 和 "^（按位 XOR）" 运算符。

（5）比较运算符

比较运算符用于进行变量与数值间、变量与变量间大小比较的运算符。在比较运算符中包括了 "= ="、">"、">="、"!="、"<"、"<="、"= = =" 和 "!= =" 运算符。

（6）逻辑运算符

使用逻辑运算符可以对数字、变量等进行比较，然后得出它们的交集或并集作为输出结果。逻辑运算符包括 "&&"、"||" 和 "!" 3 种。

（7）字符串运算符

使用字符串运算符，可以连接字符串以及对字符串赋值等。字符串运算符包括 "+"、"+=" 和 ""。

2. 语句、关键字和指令

语句是在运行时执行或指定动作的语言元素，例如，return 语句会为执行该语句的函数返回一个结果。if 语句对条件进行计算，以确定应采取的下一个动作；switch 语句创建 ActionScript 语句的分支结构。

属性关键字更改定义的含义，可以应用于类、变量、函数和命名空间定义。定义关键字用于定义实体，例如变量、函数、类和接口。

（1）语句

语句是在运行时执行或指定动作的语言元素，常用的语句包括 break、case、continue、default、do...while、else、for、for each...in、for...in、if、lable、return、super、switch、throw、try...catch...finally 等。

- break: 出现在循环（for、for...in、for each...in、do...while 或 while）内，或出现在与 switch 语句中的特定情况相关联的语句块内。
- case: 定义 switch 语句的跳转目标。
- continue: 跳过最内层循环中所有其余的语句并开始循环的下一次遍历，就像控制正常传递到了循环结尾一样。
- default: 定义 switch 语句的默认情况。
- do...while: 与 while 循环类似，不同之处是在对条件进行初始计算前执行一次语句。
- else: 指定当 if 语句中的条件返回 false 时运行的语句。
- for: 计算一次 init（初始化）表达式，然后开始一个循环序列。
- for each..in: 遍历集合的项目，并对每个项目执行 statement。
- for...in: 遍历对象的动态属性或数组中的元素，并对每个属性或元素执行 statement。
- if: 计算条件以确定下一条要执行的语句。

- **label:** 将语句与可由 break 或 continue 引用的标识符相关联。
- **return:** 导致立即返回执行调用函数。
- **super:** 调用方法或构造函数的超类或父版本。
- **switch:** 根据表达式的值，使控制转移到多条语句的其中一条。
- **throw:** 生成或引发 一个可由 catch 代码块处理或捕获的错误。
- **try...catch...finally:** 包含一个代码块，在其中可能会发生错误，然后对该错误进行响应。
- **while:** 计算一个条件，如果该条件的计算结果为 true，则会执行一条或多条语句，之后循环会返回并再次计算条件。
- **with:** 建立要用于执行一条或多条语句的默认对象，从而潜在地减少需要编写的代码量。

（2）定义关键字

定义关键字用于定义变量、函数、类和接口等实体对象，包括... (rest) parameter、class、const、extends、function、get、 implements、interface、namespace、package、set、var 等。

（3）属性关键字

属性关键字用于更改类、变量、函数和命名空间定义的含义，包括 dynamic、final、internal、native、override、private、protected、public 和 static。

（4）指令

指令是指在编译或运行时起作用的语句和定义，包括 default xml namespace、import、include 和 use namespace。

9.3 | 疑难解析

通过前面的学习，读者应该已经掌握了 ActionScript 的基本使用方法，下面就读者在学习过程中遇到的疑难问题进行解析。

1 如何创建随机下落的雨点

要实现随机下落的雨点很简单，其操作步骤如下。

1 新建一个影片剪辑，在编辑窗口创建一个雨点往下掉落的动画，如图 9-24 所示。

2 回到主场景，将开始创建的雨点掉落影片剪辑拖放到舞台，并将实例名称设置为"yu"，如图 9-25 所示。

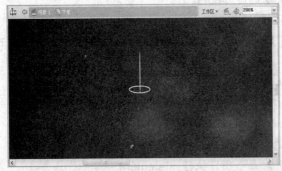

图 9-24　创建动画

图 9-25　设置实例名称

小提示

实例名称可以根据需要自行设置，只将代码中对应的名称修改成自定义的即可。

③ 选中"时间轴"面板的第 1 帧,添加以下代码。

```
n = 1;
function rain() {
    duplicateMovieClip("yu", n, n);
    setProperty(n, _x, random(550));
    setProperty(n, _y, random(400));
    setProperty(n, _xscale, random(60));
    setProperty(n, _yscale, random(60));
    yu._rotation(25);
    updateAfterEvent();
    n++;
    if (n>200) {
        clearInterval(xx);
    }
}
xx = setInterval(rain, 10);
setProperty("yu", _visible, "0");
```

④ 保存文档,按 **Ctrl +Enter** 组合键查看效果,如图 **9-26** 所示。

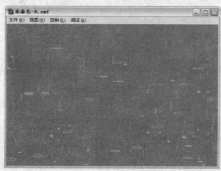

图 9-26 最终效果

② 如何在 Flash 中控制声音的音量

在 Flash 中控制声音音量的操作步骤如下。

① 新建几个按钮元件并将其拖放到舞台中,分别为其添加实例名称"play_btn"、"stop_btn"和"volume_mc",如图 **9-27** 所示。

② 导入声音文件到库,并为声音文件设置链接属性,如图 **9-28** 所示。

图 9-27 添加实例名称

图 9-28 设置链接属性

③ 新建一个图层，为其添加以下代码。

```
var song_sound:Sound = new Sound();
song_sound.attachSound("a_thousand_ways");
play_btn.onRelease = function() {
    song_sound.start();
};
stop_btn.onRelease = function() {
    song_sound.stop();
};
volume_mc.top = volume_mc._y;
volume_mc.bottom = volume_mc._y;
volume_mc.left = volume_mc._x;
volume_mc.right = volume_mc._x+60;
volume_mc._x += 60;
//设置滑块的可拖动范围
volume_mc.handle_btn.onPress = function() {
    startDrag(this._parent, false, this._parent.left,
                this._parent.top, this._parent.right,
    this._parent.bottom);
    //允许拖动影片剪辑
};
volume_mc.handle_btn.onRelease = function() {
    stopDrag();
    var level:Number = Math.ceil(this._parent._x-this._parent.left);
    this._parent._parent.song_sound.setVolume(level);
    this._parent._parent.volume_txt.text = level;
};
volume_mc.handle_btn.onReleaseOutside
  = slider_mc.handle_btn.onRelease;
```

④ 保存文档，按 **Ctrl + Enter** 组合键预览动画效果，开始播放声音后，拖动声音调节滑块，即可调节声音大小。

③ 如何在 Flash 中调用系统时间

要通过 **Flash** 调用系统时间很简单，其操作步骤如下。

① 新建一个影片剪辑，在编辑窗口中添加 3 个动态文本，将其变量依次设置为 "hora"、"min" 和 "seg"，如图 9-29 所示。

② 回到主场景，在舞台添加文本内容后，将影片剪辑拖放到舞台并调整好位置，如图 9-30 所示。

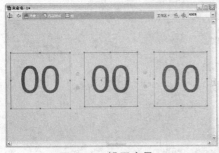

图 9-29 设置变量

图 9-30 拖放影片剪辑到舞台

③ 选中影片剪辑，在"动作"面板中添加以下代码：

```
onClipEvent (load) {
    timer = new Date();
}
onClipEvent (enterFrame) {
    horas = timer.getHours();
    minutos = timer.getMinutes();
    segundos = timer.getSeconds();
    hora = horas;
    min = minutos;
    seg = segundos;
    if (horas<10) {
        hora = "0"+horas;
    }
    if (minutos<10) {
        min = "0"+minutos;
    }
    if (segundos<10) {
        seg = "0"+segundos;
    }
    delete timer;
    timer = new Date();
}
```

④ 保存文档，按 Ctrl + Enter 组合键预览动画效果，如图 9-31 所示。

图 9-31 最终效果

9.4 上机实践

用以上所学知识制作如图 9-32 所示的下雪场景动画。

图 9-32 最终效果

9.5 | 巩固与提高

本章主要讲解了 ActionScript 的基础知识和用法。现在给大家准备了相关的习题进行练习，希望通过完成下面的习题可以对前面学习到的知识进行巩固。

1. 单选题

（1）打开"动作"面板可以按（　　　）键。

    A．F5 键　　　　　　　　　B．F8 键

    C．F6 键　　　　　　　　　D．F9 键

（2）在 ActionScript 2.0 中不可以将代码添加到（　　　）上面。

    A．按钮　　　　　　　　　B．时间轴

    C．文本　　　　　　　　　D．影片剪辑

（3）在 ActionScript 3.0 中可以将代码添加到（　　　）上面。

    A．按钮　　　　　　　　　B．时间轴

    C．文本　　　　　　　　　D．影片剪辑

2. 多选题

（1）在 ActionScript 中，函数包括（　　　）几个类型。

    A．时间轴控制　　　　　　B．浏览器/网络

    C．影片剪辑控制　　　　　D．逻辑运算符

（2）在 ActionScript 3.0 的"动作"面板中，包括（　　　）。

    A．顶级　　　　　　　　　B．语言元素

    C．Flash Player 包　　　　D．索引

3. 判断题

（1）通过"动作"面板，用户可以创建嵌入到 FLA 格式文件中的脚本。（　　　）

（2）运算符包括按位运算符、比较运算符、赋值、逻辑运算符、其他运算符和算术运算符 6 种类型。（　　　）

（3）在 ActionScript 3.0 中，指令是指在编译或运行时起作用的语句和定义，包括 default xml namespace、import、include 和 use namespace。（　　　）

第 **10** 章

行为的应用

　　Flash 中的行为，其实就是整合了一段具有特定互动控制功能的 ActionScript 动作脚本，以一个单独命令的形式，存放于"行为"面板中。

学习指南

- "行为"面板的使用
- 行为的具体应用

精彩实例效果展示 ▲

10.1 | 行为面板的使用

Flash 中的行为，其实就是整合了一段具有特定互动控制功能的 ActionScript 动作脚本，以一个单独命令的形式，存放于"行为"面板中。

执行"窗口→行为"命令，可以打开"行为"面板，如图 10-1 所示。在"行为"面板中使用行为命令，可以在不输入 ActionScript 动作脚本的情况下，使用几个简单的步骤就可以得到专业的编程代码和效果，如图 10-2 所示。

图 10-1 "行为"面板

图 10-2 添加行为

在行为面板中包含有"Web"、"声音"、"媒体"、"嵌入的视频"、"影片剪辑"、"屏幕"和"数据" 7 类行为，其中"屏幕"行为只有在打开幻灯片文档时才会出现。

10.2 | 行为的具体应用

Flash 中的行为提供的功能包括帧导航、加载外部 SWF 文件和 JPEG 文件、控制影片剪辑的堆叠顺序，以及影片剪辑拖动等。这些行为的具体应用分别对应"行为"面板上的 7 个分类项目。

10.2.1 "Web"行为的应用

"Web"行为可以让影片自动打开设定的 Web 页面，在"Web"行为中只包括"转到 Web 页"一个行为命令。

要应用"转到 Web 页"行为，只需要选中要添加行为命令的对象，在"行为"面板中单击"添加行为"按钮，在弹出的下拉菜单中选择"Web→转到 Web 页"命令，如图 10-3 所示。然后在打开的"转到 URL"对话框中输入 Web 页面地址即可，如图 10-4 所示。

图 10-3 添加行为

图 10-4 输入 Web 地址

"转到 URL" 对话框中各项参数的功能分别介绍如下。

● URL：要打开的 Web 页面的网址。

● 打开方式：指在浏览器中打开页面的方式，包含_self、_blank、_parent 和_top4 个选项，其功能分别为从目前窗口或目前框架中开启；开启一个新窗口；从目前框架的父级框架中开启；从目前窗口中的顶级框架中开启。

网页导航

下面使用行为制作一个简单的 Flash 网页，通过单击 Flash 上的链接，打开新的网页，如图 10-5 所示。

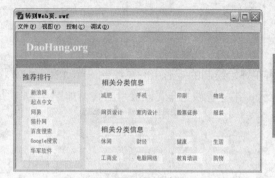

图 10-5 最终效果

具体操作步骤如下。

1️⃣ 新建一个 Flash ActionScript 2.0 文档，在 "文档属性" 对话框中将文档尺寸设置为 550×300 像素，背景颜色设置为 "#F7F7F7"，帧频设置为 12fps，如图 10-6 所示。

2️⃣ 在文档中绘制一个 550×58 像素的矩形，将填充颜色设置为 "#CEAA8C"，如图 10-7 所示。使用 "文本工具" 输入文本内容并调整好位置，如图 10-8 所示。

图 10-6 "文档属性" 对话框

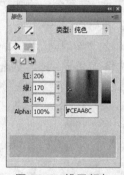

图 10-7 设置颜色

3️⃣ 在开始绘制的矩形下方再绘制一个 550×20 像素的矩形，如图 10-9 所示。调整好位置并将填充色设置为 "#A5866B"，如图 10-10 所示。

图 10-8 输入文本

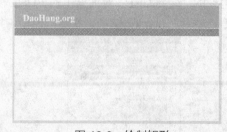

图 10-9 绘制矩形

4️⃣ 在舞台左下方绘制一个 155×221 像素，颜色为 "#E7E3E7" 的矩形，参数设置如图 10-11 所示，效果如图 10-12 所示。

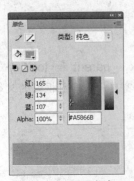
图 10-10　设置颜色

图 10-11　设置颜色

图 10-12　绘制矩形

5 在开始绘制的矩形中间再绘制一个 130×170 像素，颜色为 "#E7E7E7" 的矩形，如图 10-13 所示。并将笔触的样式设置为虚线，如图 10-14 所示。

图 10-13　设置颜色

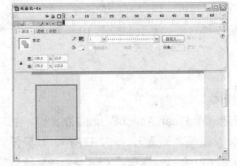
图 10-14　绘制矩形

6 使用 "文本工具" 在舞台中添加文本内容，并分别设置其字体样式、大小和颜色，如图 10-15 所示。

7 选中文档左侧的 "新浪网" 文本，如图 10-16 所示。在 "行为" 面板中单击 ＋ 按钮，在弹出的下拉菜单中选择 "Web→转到 Web 页" 命令，如图 10-17 所示。

图 10-15　添加文本内容

图 10-16　选中文本

8 在打开的 "转到 URL" 对话框中的 "URL" 文本框中输入新浪网的网址，在 "打开方式" 下拉列表中选择 "_blank" 选项，在新的窗口中打开网页，如图 10-18 所示。

图 10-17　"行为" 面板

图 10-18　"转到 URL" 对话框

⑨ 选中文档左侧的"起点中文"文本，如图 **10-19** 所示。在"行为"面板中单击 按钮，在弹出的下拉菜单中选择"Web→转到 Web 页"命令，如图 **10-20** 所示。

图 10-19　选中文本　　　　　　　　　　　　图 10-20　添加行为

⑩ 在打开的"转到 URL"对话框中的"URL"文本框中输入起点中文网的网址，在"打开方式"下拉列表中选择"_blank"选项，在新的窗口中打开网页，如图 **10-21** 所示。

⑪ 按照相同的方法为舞台上的其他文本内容添加"转到 Web 页"行为。

⑫ 保存文档，按 **Ctrl +Enter** 组合键预览影片。在影片中单击其中一个链接，将会自动启动浏览器打开指定的网站，如图 **10-22** 所示。

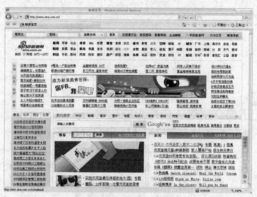

图 10-21　"转到 URL"对话框　　　　　　　图 10-22　预览影片

10.2.2 "声音"行为的应用

在"声音"行为中包括"从库加载声音"、"停止声音"、"停止所有声音"、"加载 MP3 流文件"和"播放声音"5 种行为，如图 **10-23** 所示。

图 10-23　"声音"行为

下面分别介绍这 5 种行为的功能。

● 从库加载声音：从库中加载声音文件到影片中，并为其设置行为触发事件。当在播放影片时，触发了行为事件后，即会从库中调用声音进行播放。

- 停止声音: 停止播放相应的声音文件。
- 停止所有声音: 针对的对象是全部的声音,当在影片中执行该命令时将起到静音的作用。
- 加载 Mp3 流文件: 将 Flash 外部的 MP3 声音文件以数据流的形式加载到 Flash 中。
- 播放声音: 用于播放相应声音文件的命令。

10.2.3 "媒体"行为的应用

"媒体"行为命令主要用于完成多媒体类组件中控制器与显示器之间的关联,将单个的媒体组件组合为一个功能完整的媒体播放器。在"媒体"行为中包括有"关联控制器"、"关联显示"、"幻灯片提示点导航"和"指定帧提示点导航"4 种行为,如图 10-24 所示。

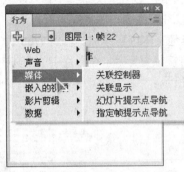

图 10-24 "媒体"行为

下面介绍这 4 种行为的功能。

- 关联控制器: 将 MediaController 组件与 MediaDisplay 组件关联起来,使其整合为一个可以控制影片播放的播放器。
- 关联显示: 将 MediaDisplay 组件与 MediaController 组件关联起来,使其整合为一个可以控制影片播放的播放器。
- 幻灯片提示点导航: 使基于幻灯片的 Flash 文档导航到与给定的提示点名称相同的幻灯片。
- 指定帧提示点导航: 将动作添加到 MediaDisplay 或 MediaPlayback 实例上,通知指定的影片剪辑导航到与给定的提示点名称相同的帧。

要在文档中应用"关联控制器"和"关联显示"行为,只需要将 MediaController 和 MediaDisplay 组件拖放到舞台,然后为其应用行为,再设置好组件参数和行为参数即可。

如果要应用幻灯片提示点导航行为,则需要建议一个幻灯片文档。执行"文件→新建"命令,在打开的对话框中选择"Flash 幻灯片演示文稿"类型后即可新建一个幻灯片,如图 10-25 所示。

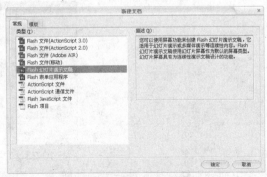

图 10-25 新建文档

现场练兵

媒体播放器

　　下面使用行为制作一个可以播放多媒体文件的播放器，如图 10-26 所示。

图 10-26　最终效果

　　具体操作步骤如下。

1 新建一个 Flash ActionScript 2.0 文档，执行"窗口→组件"命令，打开"组件"面板，将 MediaController 组件拖放到舞台中，如图 10-27 所示。

2 选中插入的组件，在"属性"面板中将实例名称设置为"my_mde"，如图 10-28 所示。

图 10-27　"组件"面板

图 10-28　设置实例名称

3 从"组件"面板中将 MediaDisplay 组件拖放到舞台中，排列好位置，如图 10-29 所示。

4 选中插入的组件，在"属性"面板中将实例名称设置为"my_pla"，如图 10-30 所示。

图 10-29　排列组件位置

图 10-30　设置实例名称

⑤ 在舞台中选中 MediaController 组件，打开"行为"面板，单击"添加行为"按钮，在弹出的下拉菜单中选择"媒体→关联显示"命令，如图 10-31 所示。

⑥ 在打开的"关联显示"对话框中选择"my_pla"组件实例，单击"确定"按钮，如图 10-32 所示。

图 10-31 "行为"面板

图 10-32 "关联显示"对话框

⑦ 在舞台中选中 MediaDisplay 组件，打开"行为"面板，单击"添加行为"按钮，在弹出的下拉菜单中选择"媒体→关联控制器"命令，如图 10-33 所示。

⑧ 在弹出的"关联控制器"对话框中选择"my_mde"组件实例，单击"确定"按钮，如图 10-34 所示。

图 10-33 "行为"面板

图 10-34 "关联控制器"对话框

⑨ 在舞台中选择 MediaController 组件，执行"窗口→组件检查器"命令，打开"组件检查器"面板，将 backgroundStyle 参数值设置为 default，controllerPolicy 参数值设置为"on"，如图 10-35 所示。

⑩ 在舞台中选择 MediaDisplay 组件，执行"窗口→组件检查器"命令，打开"组件检查器"面板，在面板中选择类型为"FLV"，在 URL 中输入.FLV 文件的地址，如图 10-36 所示。

图 10-35 "参数"面板

图 10-36 "组件检查器"面板

在输入 URL 地址时，如果地址为上图所示的相对地址，则需要将 FLV 文件和 Flash 播放文件保存在同一个文件夹中。如果地址为绝对地址则可以任意保存，但要注意不要移动 FLV 文件的保存位置，否则将无法播放。

"组件检查器" 面板中的各项参数功能分别介绍如下。

- "FLV" 或 "MP3"：指定要播放的媒体类型。
- Video Length：媒体提示点，只有选择了 "FLV" 媒体类型才会出现该选项。由提示点对象组成的数组，这些对象各自具有一个名称和时间位置，有效时间格式为 HH:MM:SS:FF（选择了 "毫秒" 选项时）或 HH:MM:SS:mmm 格式。
- Milliseconds：确定播放栏是使用帧还是毫秒，以及提示点是使用秒还是帧。当选择此选项时，播放栏以及提示点使用毫秒为单位，且 FPS 控件不可见，当取消选择该项时，FPS 控件出现在 "组件检查器" 面板中。
- URL：设置要播放的媒体的路径和文件名。在该项中输入媒体的路径和文件名后，即可播放该媒体文件。
- Automatically Play：自动播放媒体。
- Use Preferred Media Size：使用预设的媒体播放尺寸，该项仅在选择 "FLV" 时才可选择。
- Respect Aspect Ratio：保持原媒体播放尺寸，该项仅在选择 "FLV" 时才可选择。

11 在舞台中调整 MediaController 和 MediaDisplay 组件的位置后，打开 "文档属性" 对话框，如图 10-37 所示，选中 "匹配" 项目中的 "内容" 单选按钮，调整舞台尺寸和内容的尺寸相同，单击 "确定" 按钮，如图 10-38 所示。

12 执行 "文件→保存" 命令，将文件保存到 FLV 文件所在的文件夹。

13 按 Ctrl + Enter 组合键，预览动画效果，如图 10-39 所示。

图 10-37 "文档属性" 对话框　　　图 10-38 调整尺寸后的舞台　　　图 10-39 预览动画效果

10.2.4 "嵌入的视频" 行为的应用

Flash 强大的多媒体支持功能，使其可以轻松导入多种视频文件，并通过 "嵌入的视频" 行为命令对其进行播放、停止、快进、后退、显示、暂停和隐藏等功能控制。

打开 "行为" 面板，在 "嵌入的视频" 行为项目中包括 "停止"、"播放"、"快进"、"后退"、"显示"、"暂停" 和 "隐藏" 7 种行为，如图 10-40 所示。

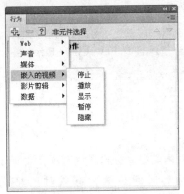

只有在选择了影片剪辑后，"嵌入的视频"行为才会出现"后退"和"快进"命令选项。在对按钮等其他元件使用"嵌入的视频"行为时，该行为只会出现"停止"、"播放"、"显示"、"暂停"和"隐藏"选项。

图 10-40 "行为"面板

下面分别介绍这 7 种行为的功能。

- 停止：停止播放嵌入的视频，并跳回最开始的帧。
- 后退：使目标视频的播放进度向后退，并且可以在"后退视频"对话框中设置每次视频后退的帧数。
- 快进：使目标视频的播放进度快速向前进，并且可以在"视频快进"对话框中设置每次视频快进的帧数。
- 播放：使停止播放的目标视频文件开始播放，其编辑方法与"停止"行为命令相同。
- 显示：使目标视频显示在舞台中。
- 暂停：暂时停止播放视频。与"停止"行为不同的是，使用该行为命令时，目标视频不会跳回第 1 帧并停止，而是就在当前帧处停止视频的播放。
- 隐藏：将目标视频在舞台中隐藏，变为不可见。可以通过"显示"行为命令，恢复其显示状态。

要应用嵌入的视频行为，只需要将一个视频文件以嵌入的方式导入到文档中，再通过为按钮或影片剪辑添加"嵌入的视频"中的行为，达到控制视频播放的效果，其操作步骤如下。

1 执行"文件→导入→导入视频"命令，导入一个嵌入视频文件，如图 10-41 所示。

2 将导入的视频文件放到舞台，调整好位置后，在"属性"面板中为该视频添加实例名称，如图 10-42 所示。

图 10-41 导入视频文件

图 10-42 添加实例名称

3 打开"公用库"面板中的按钮分类，将要用的按钮拖放到舞台中，并调整好位置，如图 10-43 所示。

图 10-43　拖放按钮到舞台中

④ 选中其中一个按钮,单击"行为"面板中的"添加行为"按钮,在弹出的下拉菜单中选择"嵌入的视频"命令,然后在其子菜单中选择要应用的行为,如图 10-44 所示。

⑤ 在打开的对话框中选择要控制的视频文件,单击"确定"按钮,完成行为的应用,如图 10-45 所示。

图 10-44　"行为"面板

图 10-45　"播放视频"对话框

⑥ 按照相同的方法为其按钮添加暂停、停止等行为。

　　当选中对象为按钮时,"嵌入的视频"中不会出现"后退"和"前进"行为,只有选择的对象为影片剪辑或组件时,才会出现"后退"和"前进"行为。

10.2.5　"影片剪辑"行为的应用

　　"影片剪辑"行为命令,可以在影片中完成对目标影片剪辑的控制,从而实现一些简单的互动效果。

　　"影片剪辑"行为命令中共包括"加载图像"、"加载外部影片剪辑"、"转到帧或标签并在该处停止"和"转到帧或标签并在该处播放"4 种行为,如图 10-46 所示。

图 10-46　"影片剪辑"行为

"影片剪辑"中的 4 种行为功能分别介绍如下。

- **加载图像**：将外部图形加载到指定的影片剪辑中。
- **加载外部影片剪辑**：将外部的影片剪辑加载到指定的影片剪辑中。
- **转到帧或标签并在该处停止**：设置影片跳转到指定的帧或标签，并在该处停止播放。
- **转到帧或标签并在该处播放**：设置影片跳转到指定的帧或标签，并从该处继续播放。

10.2.6 "屏幕"行为的应用

"屏幕"行为多用于控制幻灯片或表单应用程序，使其在多个幻灯片之间进行跳转，或为其添加转变效果。图 10-47 所示为"行为"面板中的"屏幕"行为，它包括"显示屏幕"、"转到下一幻灯片"、"转到前一幻灯片"、"转到幻灯片"、"转到最后一个幻灯片"、"转到第一个幻灯片"、"转变"和"隐藏屏幕"8 个子行为命令。

图 10-47 "屏幕"行为

下面分别介绍这几种屏幕行为的功能。

- **显示屏幕**：设置要显示的屏幕，被设置的屏幕会作为第 2 张幻灯片显示。在"行为"面板中单击"添加行为"按钮，在弹出的下拉菜单中选择"屏幕→显示屏幕"命令，如图 10-48 所示。在打开的"选择屏幕"对话框中选择要显示的幻灯片即可，如图 10-49 所示。

图 10-48 添加行为

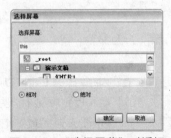

图 10-49 "选择屏幕"对话框

- **转到下一幻灯片**：当触发预先设定的事件后，即会跳转到下一个幻灯片中。选中一个幻灯片屏幕，在"行为"面板的"添加行为"下拉菜单中选择"屏幕→转到下一幻灯片"命令即可，如图 10-50 所示。
- **转到前一幻灯片**：触发预先设定的事件后，跳转到上一个幻灯片。选中一个幻灯片屏幕，在"行为"面板的"添加行为"下拉菜单中选择"屏幕→转到前一幻灯片"命令即可，如图 10-51 所示。

图 10-50 添加行为

图 10-51 添加行为

- 转到幻灯片：触发预先设定的事件后，跳转到预设的幻灯片屏幕。选中一个幻灯片屏幕，在"行为"面板的"添加行为"下拉菜单中选择"屏幕→转到幻灯片"命令，如图 10-52 所示，在打开的"选择屏幕"对话框中选择要跳转的幻灯片选项即可，如图 10-53 所示。

图 10-52 添加行为

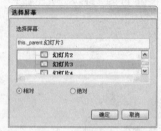

图 10-53 "选择屏幕"对话框

- 转到最后一个幻灯片：触发预先设定的事件后，跳转到最后一个幻灯片屏幕。选中一个幻灯片屏幕，在"行为"面板的"添加行为"下拉菜单中选择"屏幕→转到最后一个幻灯片"命令即可。
- 转变：设置屏幕的转变特效。选择该命令后，在打开的"转变"对话框中即可设置相应的转变特效，如图 10-54 所示。

图 10-54 "转变"对话框

- 隐藏屏幕：隐藏选中的屏幕。选中一个幻灯片屏幕，在"行为"面板的"添加行为"下拉菜单中选择"屏幕→隐藏屏幕"命令，如图 10-55 所示，在对话框中选择要隐藏的屏幕，即可使该屏幕在触发事件后隐藏，如图 10-56 所示。

图 10-55　添加行为

图 10-56　"选择屏幕"对话框

现场练兵

制作幻灯片

下面使用行为制作幻灯片，如图 10-57 所示。

图 10-57　最终效果

具体操作步骤如下。

1 执行"文件→新建"命令，打开"新建文档"对话框，在对话框中选择"常规"选项卡中的"Flash 幻灯片演示文稿"类型，然后单击"确定"按钮，如图 10-58 所示。

2 在新建的幻灯片演示文稿中可以看到左侧的是"屏幕"面板，用于添加、删除幻灯片等操作，如图 10-59 所示。

图 10-58　"新建文档"对话框

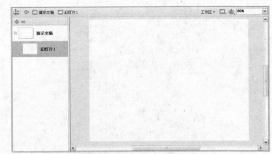

图 10-59　新建的幻灯片演示文稿

"屏幕"面板只会在"Flash 幻灯片演示文稿"和"Flash 表单应用程序"这两种文档类型中出现。要显示或隐藏"屏幕"面板，只需执行"窗口→其他面板→屏幕"命令即可。

在"屏幕"面板中包括"添加屏幕"和"删除屏幕"两个按钮，其功能分别介绍如下。

● "添加屏幕"按钮：在选中的屏幕下方添加一个新的空白屏幕，如图 10-60 所示。

● "删除屏幕"按钮：将选中的屏幕删除，如图 10-61 所示。

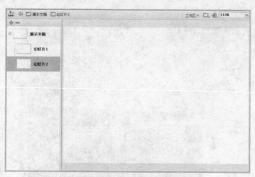

图 10-60　添加屏幕

图 10-61　删除屏幕

③ 打开"文档属性"对话框，在对话框中设置帧频为 12fps，完成后单击"确定"按钮，如图 10-62 所示。

④ 执行"文件→导入→导入到库"命令，打开"导入到库"对话框，在其中选择要导入的图像文件，单击"打开"按钮，如图 10-63 所示。

图 10-62　"文档属性"对话框

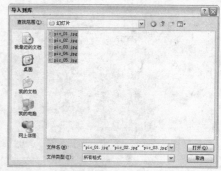

图 10-63　"导入到库"对话框

⑤ 新建一个名为"屏幕"的影片剪辑，将"pic_01.jpg"图像拖放到编辑窗口并调整位置 X、Y 为"0.0"，如图 10-64 所示。

⑥ 双击"屏幕"面板中的"演示文稿"屏幕，回到屏幕编辑窗口，将"屏幕"影片剪辑从"库"面板中拖放到舞台并调整好位置，将影片剪辑的"Alpha"值设置 74%，如图 10-65 所示。

图 10-64　"屏幕"影片剪辑

图 10-65　设置影片剪辑属性

⑦ 使用"文本工具"在舞台中输入文本内容后，为其添加"投影"和"发光"滤镜，并调整其参数值，如图 10-66 所示。

⑧ 在"屏幕"面板中选中"幻灯片 1"屏幕，从"库"面板中拖放一张图像到舞台并调整好位置，如图 10-67 所示。

Flash CS4 动画自学实战手册

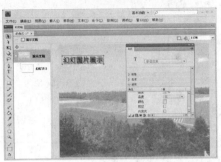

图 10-66 添加滤镜

图 10-67 拖放图像到舞台

9 单击"屏幕"面板中的"添加屏幕"按钮，增加一个幻灯片，并为其添加一张图像到舞台，如图 10-68 所示。

10 按照相同的方法添加多个幻灯片，并为其添加图像到舞台中，如图 10-69 所示。

图 10-68 添加幻灯片

图 10-69 添加多个幻灯片

11 选中"演示文稿"屏幕，单击"行为"面板中的"添加行为"按钮，在弹出的下拉菜单中选择"屏幕→转到幻灯片"命令，如图 10-70 所示，在打开的"选择屏幕"对话框中选择"幻灯片 1"屏幕后，单击"确定"按钮，如图 10-71 所示。

图 10-70 添加行为

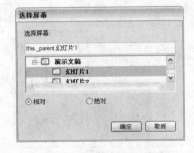

图 10-71 "选择屏幕"对话框

12 选中"幻灯片 1"屏幕，单击"行为"面板中的"添加行为"按钮，在弹出的下拉菜单中选择"屏幕→转到下一幻灯片"命令，为其添加"转到下一幻灯片"行为，如图 10-72 所示。

13 选中"幻灯片 2"屏幕，单击"行为"面板中的"添加行为"按钮，在弹出的下拉菜单中选择"屏幕→转到下一幻灯片"命令，为其添加"转到下一幻灯片"行为，如图 10-73 所示。

图 10-72 添加行为

图 10-73 添加行为

14 按照相同的方法，为"幻灯片 3"和"幻灯片 4"屏幕添加"转到下一幻灯片"行为。

15 选中"幻灯片 5"屏幕，单击"行为"面板中的"添加行为"按钮，在弹出的下拉菜单中选择"屏幕→显示屏幕"命令，如图 10-74 所示，在打开的"选择屏幕"对话框中选择"演示文稿"屏幕后，单击"确定"按钮，如图 10-75 所示。

图 10-74 添加行为

图 10-75 "选择屏幕"对话框

16 选中"幻灯片 1"屏幕，单击"行为"面板中的"添加行为"按钮，在弹出的下拉菜单中选择"屏幕→转变"命令，如图 10-76 所示，在打开的"转变"对话框中选择"淡入/淡出"类型后，单击"确定"按钮，如图 10-77 所示。

图 10-76 添加行为

图 10-77 "转变"对话框

"转变"对话框中可设置相应的转变特效，其中包括"光圈"、"划入/划出"、"像素溶解"、"遮帘"、"淡入/淡出"、"飞翔"、"缩放"、"挤压"、"旋转"和"照片"等特效。

下面分别介绍这几种转变特效的功能。

- 光圈：创建一个动画蒙版，图形在其中从某个位置进行缩放。
- 划入/划出：创建一个动画蒙版，图形在其中越过屏幕移动。在"划入/划出"特效界面，可以对特效参数进行设置。
- 像素溶解：创建逐渐消失或出现的矩形掩盖屏幕的效果。
- 遮帘：创建一个矩形动画蒙版，并以挤压的方式呈现下一个屏幕。
- 淡入/淡出：创建一个屏幕淡入淡出的效果。
- 飞翔：指定屏幕从特定的方向滑入。
- 缩放：创建一个矩形动画蒙版，控制屏幕放大或缩小。
- 挤压：对当前屏幕进行水平或垂直挤压。
- 旋转：设置当前屏幕按顺时针或逆时针方式旋转。
- 照片：使应用了该特效的屏幕像拍摄照片时那样闪烁。

⏴7️⃣ 按照相同的方法为"幻灯片 2"屏幕应用"像素溶解"转变特效，如图 10-78 所示。

⏴8️⃣ 按照相同的方法为"幻灯片 3"屏幕应用"光圈"转变特效，如图 10-79 所示。

图 10-78 "转变"对话框　　　　图 10-79 "转变"对话框

⏴9️⃣ 按照相同的方法为"幻灯片 4"屏幕应用"遮帘"转变特效，并设置"遮帘数量"为"20"，如图 10-80 所示。

2️⃣0️⃣ 按照相同的方法为"幻灯片 5"屏幕应用"缩放"转变特效，并设置"持续时间"为"1"，如图 10-81 所示。

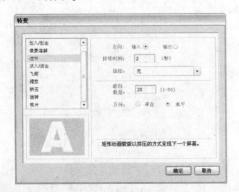 

图 10-80 "转变"对话框　　　　图 10-81 "转变"对话框

2️⃣1️⃣ 保存文档后，按 Ctrl + Enter 组合键，预览动画效果，如图 10-82 所示。

图 10-82 预览动画效果

10.3 | 疑难解析

通过前面的学习，读者应该已经掌握了行为的应用，下面就读者在学习的过程中遇到的疑难问题进行解析。

① 如何设置 Web 页的打开方式

在使用 Web 行为时，要设置 Web 页的打开方式，只需要在"打开方式"选项中选择即可，如图 10-83 所示。

图 10-83 选择打开方式

② 如何通过"行为"面板加载 MP3 声音流文件

要加载 Mp3 声音流文件，只需要添加"声音→加载 Mp3 流文件"行为，如图 10-84 所示，在打开的"加载 Mp3 流文件"对话框中输入声音文件的目标地址即可，如图 10-85 所示。

图 10-84 添加行为

图 10-85 "加载 Mp3 流文件"对话框

在输入目标地址时，如果填写的是相对地址，就需要将 FLA 文件与声音文件保存在同一文件夹中。

3 如何通过行为控制影片中的影片剪辑

通过行为命令，不但可以将外部图像加载到影片剪辑中，还可以直接复制影片中的影片剪辑，将影片拖放到影片的任何位置，其操作步骤如下。

1 新建一个名为"start"的影片剪辑，在编辑窗口中绘制如图 10-86 所示的图形。

2 新建一个影片剪辑，将"start"影片剪辑播放到编辑窗口，并为其创建一个渐显渐隐的补间动画，如图 10-87 所示。

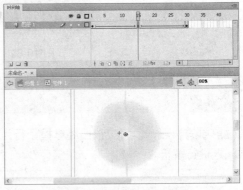

图 10-86　绘制图形　　　　　　　　　　　图 10-87　创建补间动画

3 新建一个按钮元件，在"点击"帧绘制一个矩形，如图 10-88 所示。

4 回到主场景，将按钮元件和有动画效果的影片剪辑拖放到舞台中，并调整好尺寸和位置，如图 10-89 所示。

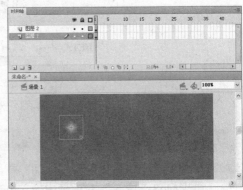

图 10-88　绘制矩形　　　　　　　　　　　图 10-89　拖放影片剪辑到舞台

5 选中"元件 1"影片剪辑，将实例名称设置为"sta"，如图 10-90 所示。

图 10-90　设置实例名称

6　在舞台选中按钮元件，为其添加"开始拖动影片剪辑"行为，如图 10-91 所示，在打开的"开始拖动影片剪辑"对话框中选择要拖动的影片剪辑，如图 10-92 所示。

图 10-91　添加行为　　　　　　　　图 10-92　"开始拖动影片剪辑"对话框

7　再为该按钮应用"停止拖动影片剪辑"行为，如图 10-93 所示。

8　为该按钮应用"直接复制影片剪辑"行为，在打开的"直接复制影片剪辑"对话框中选择要复制的影片剪辑，设置好偏移量后，单击"确定"按钮，如图 10-94 所示。

9　在"行为"面板中选中"开始拖动影片剪辑"行为，将其触发事件设置为"按下时"，如图 10-95 所示。

图 10-93　添加行为　　　图 10-94　"直接复制影片剪辑"对话框　　　图 10-95　触发设置事件

10　保存文档，按 Ctrl +Enter 组合键浏览动画效果。当按住鼠标不动就可以拖动画面中的星星，如果在画面中单击，就会不断地复制星星，如图 10-96 所示。

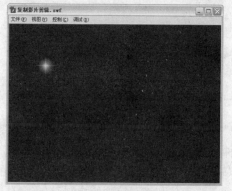 

（a）拖动鼠标前　　　　　　　　　　　（b）拖动鼠标后

图 10- 96　预览动画效果

10.4 上机实践

用以上所学知识制作如图 **10-97** 所示的幻灯片。

图 10-97 最终效果

10.5 巩固与提高

本章主要给大家讲解了行为的概念与使用方法。现在给大家准备了相关的习题进行练习，希望通过完成下面的习题可以对前面学习到的知识进行巩固。

1. 单选题

（1）要在 Flash 中应用行为，需要添加（　　　）。

    A．动作面板　　　　　　B．参数面板

    C．属性面板　　　　　　D．行为面板

（2）（　　　）行为通常不会出现在行为面板中。

    A．屏幕　　　　　　　　B．影片剪辑

    C．媒体　　　　　　　　D．声音

2. 多选题

（1）"影片剪辑"行为命令包括以下（　　　）行为。

    A．加载图像

    B．加载外部影片剪辑

    C．转到帧或标签并在该处停止

    D．转到帧或标签并在该处播放

（2）"屏幕"行为包括（　　　）。

    A．显示屏幕　　　　　　B．转到下一幻灯片

    C．转到前一幻灯片　　　D．转到幻灯片

3. 判断题

（1）"影片剪辑"行为命令仅包括"加载图像"、"加载外部影片剪辑"、"转到帧或标签并在该处停止"和"转到帧或标签并在该处播放"4 种行为。（　　　）

（2）Flash 强大的多媒体支持功能，使其可以轻松导入多种视频文件，并通过"嵌入的视频"行为命令对其进行播放、停止、快进、后退、显示、暂停和隐藏等功能控制。（　　　）

第**11**章

组件的应用

　　组件，就是集成了一些特定功能的，并且可以通过设置参数来决定工作方式的影片剪辑。设计这些组件的目的是为了让 **Flash** 用户轻松使用和共享代码、编辑复杂功能、简化工序，使用户无需重复新建元件、编写 **ActionScript** 动作脚本，就能够快速实现需要的效果。

学习指南

- 认识 Flash CS4 中的组件
- 组件的应用与设置

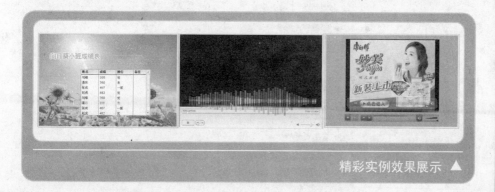

精彩实例效果展示 ▲

11.1 | 认识 Flash CS4 中的组件

组件是带参数的影片剪辑，可以修改其外观和行为。组件既可以是简单的用户界面控件（例如，单选按钮或复选框），也可以包含内容（例如，滚动窗格）或不可视的。

11.1.1 组件的用途

组件使用户可以将应用程序的设计过程和编码过程分开。通过组件，还可以重复利用代码，可以重复利用自己创建的组件中的代码，也可以通过下载并安装其他开发人员创建的组件来重复利用别人的代码。

通过使用组件，代码编写者可以创建设计人员在应用程序中能用到的功能。开发人员可以将常用功能封装在组件中，设计人员也可以自定义组件的外观和行为，如图 11-1 所示的是使用组件制作的一个动态日历。

图 11-1　使用组件制作的日历

11.1.2 组件的分类

用户可以通过执行"窗口→组件"命令来打开"组件"面板，Flash 默认状态下的组件，组件可以分为"Data"组件、"Media"组件、"User Interface"组件和"Video"组件 4 类，在"组件"面板中可以看到这 4 类组件，如图 11-2 所示。

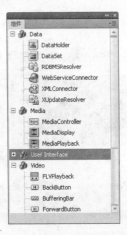

图 11-2　组件面板

下面分别介绍这 4 类组件的功能。

- Data 数据组件：可以加载和处理数据源中的数据。主要用于网站制作，以及网站的后期管理，包括 DataHolder、DataSet、RDBMSResolver、WebServiceConnector、XMLConnector 和 XupdateResolver 等组件。
- Media 组件：可以创建媒体播放器，播放指定的媒体文件。Media 组件栏中包括 MediaController、MediaDisplay 和 MediaPlayback 3 种组件，全都可以用于媒体播放。
- User Interface 组件：主要用于创建具有互动功能的用户界面程序。在 User Interface 组件中包括 Accordion、Alert、Button、ComboBox、DataGrid 和 List 等 22 个种类的组件。
- Video 组件：可以创建各种样式的视频播放器。Video 组件中包括多个单独的组件内容，包括 FLVPlayback、BackButton、BufferingBar、ForwardButton、PauseButton 和 PlayPauseButton 等组件。

11.2 ｜ 组件的应用与设置

在前面介绍了组件的分类和基本功能后，下面介绍组件的具体应用与设置的方法。组件的种类繁多，每种组件的使用方法都不一样，因此在使用时要注意区分。

11.2.1　使用 "Data" 组件

利用 "Data" 组件，可以加载和处理数据源中的数据。这类组件用于网站制作以及网站的后期管理，包括 DataHolder、DataSet、RDBMSResolver、WebServiceConnector、XMLConnector 和 XupdateResolver 等。

- DataHolder：是数据的储备库，并可用于在数据更改时生成事件。它的主要用途是容纳数据，并充当使用数据绑定的其他组件之间的连接器。
- DataSet：将数据处理为可进行索引、排序、搜索、过滤和修改的对象集合。DataSet 组件功能包括 DataSetIterator（一组用于遍历和处理数据集合的方法）和 DeltaPacket（一组用于处理数据集合更新的接口和类）。
- RDBMSResolver：该组件通常是和 DataSet 组件一起使用，用于保存对外部数据源的更改。
- WebServiceConnector：可以连接到 Web 服务，并使 Web 服务的属性可用于绑定到应用程序中的 UI 组件的属性。要连接到 Web 服务，必须输入表示该 Web 服务的 WSDL 文件的 URL，可以在 "组件检查器" 或 "Web 服务" 面板中输入此 URL。
- XMLConnector：允许使用 HTTP、GET 和 POST 的方法读写 XML 文档，它可以充当其他组件和外部 XML 数据源之间的连接器。
- XupdateResolver：该组件通常和 DataSet 组件（Flash 数据结构中的数据管理功能的一部分）一起使用，用于保存对外部数据源所做的更改。

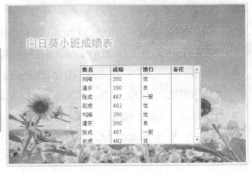

现场练兵

应用"Data"组件

本练习将使用 Data 中的组件制作一个成绩表，效果如图 11-3 所示。

图 11-3　最终效果

具体操作步骤如下。

1 新建一个空白文档，导入一个背景图片（向日葵.jpg），在组件面板中选择一个"DataHolder"组件，如图 11-4 所示，然后将其拖动到舞台上，将其实例名称命名为"DataHolder"，如图 11-5 所示。

图 11-4　选择一个"DataHolder"组件　　　　图 11-5　将组件拖动到舞台上并命名

2 在"组件"面板中选择一个"DataGrid"组件，如图 11-6 所示。然后将其拖到舞台上，将其命名为"namesGrid"，并调整其尺寸，如图 11-7 所示。

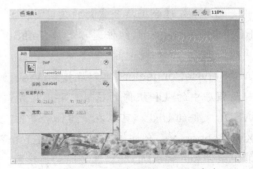

图 11-6　选择一个"DataGrid"组件　　　　图 11-7　将组件拖动到舞台上并命名

3 选择"DataHolder"组件并打开"组件检查器"面板，单击"架构"选项卡，如图 11-8 所示。

4 单击位于"架构"选项卡顶部窗格中的"添加组件属性"按钮➕，在"架构"选项卡底部窗格的"field name"字段中键入"namesArray"值，如图 11-9 所示。

5 在"架构"选项卡底部窗格中单击"data type（数据类型）"后面的"值"栏，然后在弹出的菜单中选择"Array（数组）"，如图 11-10 所示。

图 11-8　打开"组件检查器"面板　图 11-9　键入"namesArray"值　图 11-10　选择"Array（数组）"

⑥ 单击"绑定"选项卡，进入"绑定"界面，单击"添加绑定"按钮，打开"添加绑定"对话框，如图 11-11 所示。

⑦ 在"添加绑定"对话框中选择"namesArray Array"选项，然后单击"确定"按钮，返回上一窗口，如图 11-12 所示。

⑧ 在"绑定"选项卡下面的窗格中，选中"bound to（绑定到）"选项，如图 11-13 所示。然后单击出现的 🔍 按钮，打开"绑定到"对话框，如图 11-14 所示。

图 11-11　"添加绑定"对话框　　图 11-12　设置"namesArray"　　图 11-13　"bound to"项

⑨ 在"绑定到"对话框的"组件路径"列表框中选择"DataGrid<nameGrid>"选项，然后在"架构位置"列表框中选择"dataProvider:Array"项，单击"确定"按钮，完成"DataHolder"组件的"namesArray"属性和"DataGrid"组件的"dataProvider"属性之间的绑定，如图 11-15 所示。

⑩ 在"时间轴"中选择图层上的第一帧，然后打开"动作"面板，在其中输入以下代码。

```
DataHolder.namesArray = [{备注:"",操行:"优　",成绩:"350",姓名:"刘海"},
                         {备注:"",操行:"良　",成绩:"390",姓名:"潘东"},
                         {备注:"",操行:"一般",成绩:"467",姓名:"张成"},
                         {备注:"",操行:"优　",成绩:"482",姓名:"赵虎"},
                         {备注:"",操行:"优　",成绩:"350",姓名:"刘海"},
                         {备注:"",操行:"良　",成绩:"390",姓名:"潘东"},
                         {备注:"",操行:"一般",成绩:"467",姓名:"张成"},
```

{备注:"",操行:"优 ",成绩:"482",姓名:"赵虎"}];

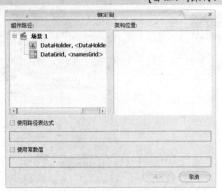

图 11-14 "绑定到"对话框　　　　　　　　图 11-15 设置选项

11 调整"DataGrid"组件实例的位置，新建一个图层，在舞台中输入文本内容，设置文本的颜色为"#F78E02"，为文本应用"发光"滤镜，设置发光颜色为"白色"，强度为"450%"，"品质"为"高"，如图 11-16 所示。

图 11-16 输入文本内容　　　　　　　　图 11-17 设置文本属性参数

12 执行"控制→测试影片"命令，在 Flash 中测试影片，如图 11-18 所示。

图 11-18 最终效果

11.2.2 "Media"组件

使用"Media"组件可以创建媒体播放器，播放 FLV 和 MP3 媒体文件。"Media"组件栏中包括 MediaController、MediaDisplay 和 MediaPlayback 3 种组件，全都可以用于媒体播放，如图 11-19 所示。

图 11-19 "Media"组件

下面分别介绍这 3 种组件的功能。

- MediaController 组件：控制媒体播放、暂停的标准用户界面控制器，但不能在该组件中显示出媒体内容。
- MediaDisplay 组件：处理视频和音频文件并播放，但在播放过程中用户无法对其进行控制。
- MediaPlayback 组件：MediaDisplay 组件和 MediaController 组件的结合，以流媒体的方式播放视频和音频数据，并可对其进行控制。

将"MediaController"组件从"组件"面板中拖放到舞台后，在"组件检查器"面板中可以查看该组件的参数，如图 11-20 所示。

图 11-20 查看"MediaController"组件的参数

- activePlayControl：确定播放栏在实例化时是处于播放模式还是暂停模式。该参数包括"pause"和"play"两项参数值，默认为"pause"。在"播放"/"暂停"按钮上显示的图像，与控制器实际所处的播放/暂停状态相反。
- backgroundStyle：确定是否为 MediaController 实例显示背景。该参数包括"none"和"default"两项参数值，默认为"default"。如图 11-21 所示为两种不同的效果对比。
- controllerPolicy：确定控制器是根据鼠标位置打开或关闭，还是锁定在打开或关闭状态。该参数包括"auto"、"on"和"off"，默认为"auto"。

（a）参数为"none"时的效果 　　（b）参数为包括"none"时的效果

图 11-21　两种参数不同效果

- horizontal：设置实例的控制器为垂直方向还是水平方向。包括"true"和"false"两项参数值，其中 true 值表示水平方向，false 值表示垂直方向。
- enabled：确定此控件是否可由用户修改。true 值表示可以修改此控件，false 值则表示不可以修改控件，默认值为"true"。
- visible：确定此控件是否对用户可见。true 值表示可查看此控件，false 值则表示不可查看，默认值为"true"。

将"MediaDisplay"组件从"组件"面板中拖放到舞台后，在"组件检查器"面板中可以查看该组件的参数，如图 11-22 所示。

图 11-22　"MediaDisplay"组件的参数

通过"组件检查器"面板设置要播放的媒体类型，为其设置其他参数后，可以通过行为命令；将"MediaDisplay"组件和"MediaController"组件绑定到一起，合成一个完整的媒体播放器。

"MediaPlayback"组件整合了"MediaDisplay"组件和"MediaController"组件的功能，将"MediaPlayback"组件从"组件"面板中拖放到舞台后，在"组件检查器"面板中可以查看该组件的参数，通过对参数的设置，可以播放媒体文件，如图 11-23 所示。

图 11-23　"MediaPlayback"组件的参数

"MediaPlayback"组件的参数面板中各项参数功能分别介绍如下。

- FLV 或 MP3：指定要播放的媒体类型。
- Video Length：媒体提示点，只有选择了"FLV"媒体类型才会出现该选项。由提示点对象组成的数组，这些对象各自具有一个名称和时间位置，有效时间格式为 HH:MM:SS:FF（选择了"毫秒"选项时）或 HH:MM:SS:mmm 格式。
- Milliseconds：确定播放栏是使用帧还是毫秒，以及提示点是使用秒还是帧。当选择此选项时，播放栏以及提示点使用毫秒为单位，且 FPS 控件不可见；当取消选择该项时，FPS 控件出现在"组件检查器"面板中。
- URL：设置要播放的媒体的路径和文件名。在该项中输入媒体的路径和文件名后，即可播放该媒体文件。
- Automatically Play：自动播放媒体。
- Use Preferred Media Size：使用预设的媒体播放尺寸，该项仅在选择"FLV"时才可选择。
- Respect Aspect Ratio：保持原媒体播放尺寸，该项仅在选择"FLV"时才可选择。
- Control Placement：设置控制器显示的位置，该参数包括"Bottom"、"Top"、"Left"和"Right"。
- Control Visibility：确定控制器是否根据鼠标的位置而打开或关闭。该参数包括"Auto"、"On"和"Off"。

现场练兵

音量动画

使用元件、"MediaPlayback"组件以及控制语句来制作播放 MP3 音乐时的音量动画效果。动画效果如图 11-24 所示。

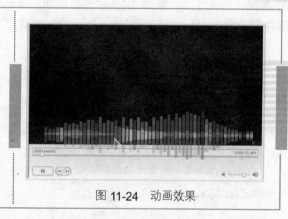

图 11-24　动画效果

具体操作步骤如下。

1 新建一个 Flash 文档，修改尺寸为 550 像素×350 像素，帧频为 30 帧，背景颜色为黑色，如图 11-25 所示。

图 11-25　设置文件属性

2 执行"插入→新建元件"命令，新建一个按钮元件"按钮 1"，在"点击"帧绘制一个 7×170 像素的矩形，如图 11-26 所示。

③ 按照步骤 2 的操作方法，创建一个 8×170 像素的矩形隐形按钮元件"按钮 2"，如图 11-27 所示。

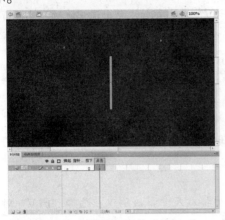

图 11-26　制作按钮元件"按钮 1"

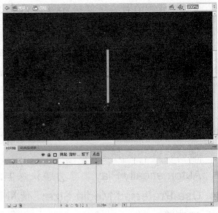

图 11-27　制作按钮元件"按钮 2"

④ 新建一个名为"闪烁 1"的影片剪辑按钮，绘制一个 7×170 像素的矩形，将第 1 帧到第 56 帧转换为关键帧，并修改每帧中矩形的颜色，如图 11-28 所示。

⑤ 在第 1 帧添加以下代码。

```
stop();
//停止播放
```

⑥ 新建一个名为"闪烁 2"的影片剪辑按钮，绘制一个 8×170 像素的矩形，并按照"闪烁 1"影片剪辑的方法添加关键帧并修改矩形的颜色，如图 11-29 所示。

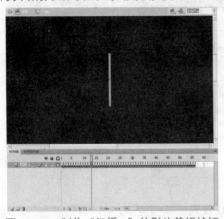

图 11-28　制作"闪烁 1"的影片剪辑按钮

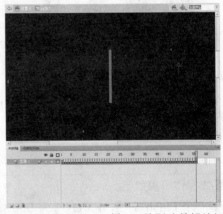

图 11-29　制作"闪烁 2"的影片剪辑按钮

⑦ 新建一个名为"长条上"的影片剪辑，将元件"闪烁 1"拖到其编辑窗口，修改透明度为 50%，设置实例名称为"va1"，并延长显示帧到第 3 帧，如图 11-30 所示。

⑧ 新建一个图层，将元件"闪烁 1"拖到编辑窗口，使其与图层 1 中的"闪烁 1"重合，并设置其实例名为"va2"，如图 11-31 所示。

⑨ 新建一个图层，修改图层名称为"按钮 1"，将元件"按钮 1"拖到舞台上，与下层的元件重合，如图 11-32 所示。

⑩ 为该按钮添加如下代码。

```
on (rollOver) {
//鼠标滑过
    this.desty=100;
```

```
// this.desty 初值等于 100
    va1._yscale+=4;
//影片剪辑 "va1" 的 y 轴长度递加 4
    gotoAndPlay(2);
//影片剪辑转到第 2 帧并播放
}
```

⑪ 新建一个图层,在第 1 帧、第 2 帧、第 3 帧插入空白关键帧,如图 11-33 所示。

图 11-30　制作"长条上"的影片剪辑

图 11-31　制作实例"va2"

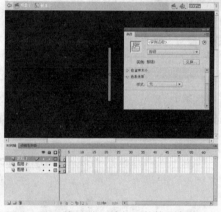

图 11-32　将元件"按钮 1"拖到舞台上

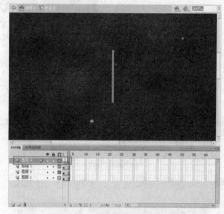

图 11-33　插入空白关键帧

⑫ 为第 1 帧添加如下代码。

```
va1.gotoAndStop(va2._currentframe);
//影片剪辑 "va1" 转到影片剪辑 "va2" 的当前帧数,即这两个影片剪辑保持同步
va1._yscale=0;
//影片剪辑 "va1" 的 y 轴长度为 0
为第 2 帧添加如下代码。
if (Math.abs(va2._yscale-this.desty)>1) {
//如果影片剪辑 "va2" 的 y 轴长度减去 this.desty 的绝对值大于 1
va2._yscale=(va2._yscale+this.desty)/2,
//影片剪辑 "va2" 的 y 轴长度等于其 y 轴长度加上 this.desty 的一半
} else if (desty<1){
//否则,如果 desty<1
    va2._yscale=this.desty;
//影片剪辑 "va2" 的 y 轴长度等于 this.desty
```

```
    stop();
    //停止播放
    }
    if (desty>=1) {
    //如果 desty>=1
        desty=desty*0.9;
    // desty 等于 0.9 倍 desty
    }
```

⑬ 为第 3 帧添加如下代码。

```
    gotoAndPlay(_currentframe-1);
    //转到当前帧的上一帧
```

⑭ 按照"长条 1"影片剪辑的编辑方法，编辑出影片剪辑元件"长条下"，如图 11-34 所示。

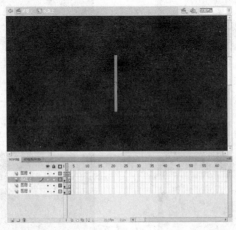

图 11-34　编辑剪辑元件"长条下"

⑮ 回到主场景，从"组件"面板中将"MediaPlayback"组件拖放到舞台，并延长显示帧到第 9 帧，如图 11-35 所示。

⑯ 选中舞台中的"MediaPlayback"组件，在"属性"面板中设置其实例名称为"myMedia"，并调整实例的大小和位置，如图 11-36 所示。

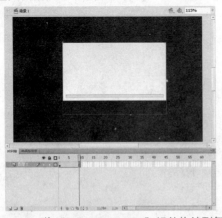

图 11-35　将"MediaPlayback"组件拖放到舞台　　　图 11-36　设置实例"myMedia"并调整

⑰ 执行"窗口→组件检查器"命令，打开"组件检查器"面板，将播放类型选择为"MP3"，将 Control Visibility 项设置为"on"，如图 11-37 所示，在舞台中显示组件的控制面板，如图 11-38 所示。

图 11-37　设置组件参数

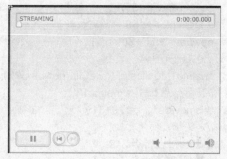

图 11-38　在舞台中显示组件的控制面板

⒅ 选中组件，通过"属性"面板，调整其位置和形状，如图 11-39 所示。

⒆ 新建一个图层，将元件"长条上"和"长条下"拖到舞台上画面左边。将"长条上"影片剪辑的实例名称设置为"finalmc1"，"长条下"影片剪辑的实例名称设置为"finalmc2"，如图 11-40 所示。

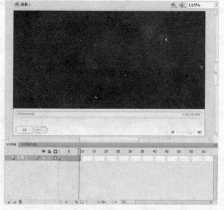

图 11-39　调整其位置和形状

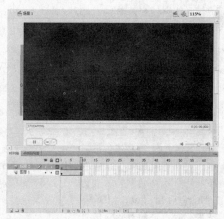

图 11-40　将元件拖到舞台上画面左边

⒇ 新建一个图层"动作"，在第 1 帧添加如下代码。

```
x=1;
//设置变量 x 的初始值为 1
//下面的代码内容用于控制组件播放 mp3 音乐
var list:Array = ["02.mp3", "03.mp3", "04.mp3"];
//mp3 列表
var i:Number = 0;
//指针
myMedia.contentPath = list[i];
var controlListen:Object = {};
controlListen.playheadChange = function(eventObj:Object) {
  var len = list.length;
  eventObj.detail ? (i=++i%len) : (i=int((--i+len)%len));
  eventObj.target.contentPath = "";//这里设置为空，不能去掉。
  eventObj.target.contentPath = list[i];
};
myMedia.addEventListener("playheadChange", controlListen);
//注册 back/next 的事件
```

//同目录下放置"02.mp3"、"03.mp3"、"04.mp3"等 mp3 文件

//音乐文件名称可以自己修改，只要能够对应就可以

21 在第 2 帧添加一个空白关键帧，添加如下代码。

```
color=random(55)+1;
//变量 color 为 55 内的随机数
newbar="va1"+String(x);
//定义新元件名
finalmc1.duplicateMovieClip(newbar,x*2);
//复制影片剪辑 "finalmc1"
this[newbar]._x=x*9+31;
//定义新元件的 x 轴位置
this[newbar]._y=249;
//定义新元件的 y 轴位置
this[newbar].bar._yscale=30+random(20);
//定义新元件的 y 轴长度为 30 至 49 的随机数
this[newbar].desty=10;
//定义新元件的 desty 值为 10
this[newbar].va2.gotoAndStop(color);
//新元件中的影片剪辑 "va2" 转到 55 内的随机帧
newbar="va2"+String(x);
//定义新元件名
finalmc2.duplicateMovieClip(newbar,x*2+1);
//复制影片剪辑 "finalmc2"
this[newbar]._x=x*9+31;
//定义新元件的 x 轴位置
this[newbar]._y=251;
//定义新元件的 y 轴位置
this[newbar].bar._yscale=30+random(20);
//定义新元件的 y 轴长度为 30 至 49 的随机数
this[newbar].desty=10;
//定义新元件的 desty 值为 10
this[newbar].va2.gotoAndStop(color);
//新元件中的影片剪辑 "va2" 转到 55 内的随机帧
```

22 在第 3 帧插入一个关键帧，添加如下代码。

```
x++;
//x 值递加
if (x<56) {
//如果 x 值小于 56
    gotoAndPlay(_currentframe-1);
//转到当前帧的上一帧
} else {
//否则
    finalmc1._visible=false;
    finalmc2._visible=false;
//影片剪辑 "finalmc1" 和 "finalmc2" 不显示
}
```

23 在第 9 帧插入一个关键帧，添加如下代码。

```
stop();
//停止播放
```

24 保存文档，按 **Ctrl + Enter** 组合键预览动画效果，如图 **11-41** 所示。

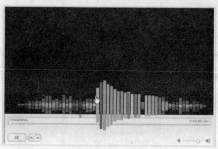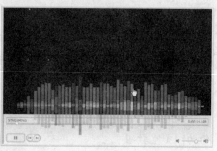

图 **11-41**　测试动画

11.2.3　使用"User Interface"组件

"User Interface"组件主要用于创建具有互动功能的用户界面程序。在"User Interface"组件中包括 Accordion、Alert、Button、ComboBox、DataGrid 和 List 等 22 个种类的组件。

1."Accordion"组件

"Accordion"组件可以看做是包含一系列子项（一次显示一个）的浏览器。每个项目中可以包含不同的显示内容。通过"属性"面板可以完成对其项目名、实例名、显示内容等的设置。

1 执行"文件→新建"命令，新建一个"Flash 表单应用程序"文档，如图 **11-42** 所示。

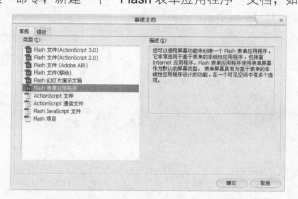

图 **11-42**　新建一个"Flash 表单应用程序"文档

2 从"组件"面板的"User Interface"栏中将 Accordion 组件拖放到"表单 1"屏幕中，并调整其大小和位置，如图 **11-43** 所示。

图 **11-43**　将"Accordion"组件拖放到"表单 1"屏幕中并调整其大小和位置

3 选中"Accordion"组件，执行"窗口→组件检查器"命令，打开"组件检查器"面板，进入"参数"选项卡，如图 11-44 所示。

- childIcons：是一个数组，它指定要用作 Accordion 标题中图标的库元件的链接标识符。默认值为 [ ]（空数组）。
- childLabels：是一个数组，它指定要在 Accordion 的标题中使用的文本标签，默认值为[ ]（空数组）。
- childNames：是一个数组，它指定 Accordion 子项的实例名称。您输入的值将成为在 childSymbols 参数中指定的子元件的实例名称，默认值为[ ]（空数组）。
- childSymbols：是一个数组，它指定要用于创建 Accordion 子项的库元件的链接标识符，默认值为[ ]（空数组）。

图 11-44 设置"组件检查器"面板参数

4 在"参数"面板中选中"childLabels"项，然后单击该项后面的 🔍 按钮，在打开的值对话框中添加 3 个值，如图 11-45 所示。

5 在"参数"面板中选中"childNames"项，然后单击该项后面的 🔍 按钮，打开"值"对话框，在其中添加 3 个值，如图 11-46 所示。

图 11-45 设置值

图 11-46 设置值

6 回到主场景中，新添加 3 个屏幕，并为新增的屏幕分别添加上图像，如图 11-47 所示。

7 将"表单 1"屏幕拖放到所有屏幕的最下方法，如图 11-48 所示。

图 11-47 添加内容

图 11-48 调整"表单 1"的位置

8 保存文档后，按 Ctrl +Enter 组合键预览动画效果，如图 11-49 所示。

图 11-49　预览动画效果

2."Alert"组件

"Alert"组件是一个信息对话框,向用户提供一条消息和响应按钮,可以通过使用 Alert.okLabel、Alert.yesLabel、Alert.noLabel 和 Alert.cancelLabel 动作脚本更改按钮的标签和对话框中的内容。

下面介绍"Alert"组件的用法,其操作步骤如下。

1 从"组件"面板中将"Alert"组件拖放到舞台中,然后将其删除,以确定将其只添加到"库"面板中,如图 11-50 所示。

 小提示

　　"Alert"组件没有参数选项,只有通过 ActionScript 脚本语言才能对其进行设置。在进行脚本设置时,需要将该组件添加到"库"面板中。

图 11-50　"库"面板中的"Alert"组件

2 导入一张图像到舞台,并调整好位置,如图 11-51 所示。

3 选中"时间轴"面板中的第 1 帧,然后在"动作"面板中添加控制 Alert 组件内容的代码,其代码如下。

```
import mx.controls.Alert;
// 定义按钮动作。
var myClickHandler:Function = function (evt_obj:Object) {
  if (evt_obj.detail == Alert.OK) {
    trace(Alert.okLabel);
  } else if (evt_obj.detail == Alert.CANCEL) {
    trace(Alert.cancelLabel);
  }
};
```

```
// 显示对话框
var dialog_obj:Object = Alert.show("请仔细观查图像中的内容", "提示",
                                   Alert.OK | Alert.CANCEL, null,
                                   myClickHandler, "testIcon", Alert.OK);
```

4 执行"文件→导出→导出影片"命令将影片导出后，使用 Flash Player 播放器进行播放，效果如图 11-52 所示。

图 11-51　导入一张图像到舞台

图 11-52　影片运行效果

3．"Button"组件

"Button"组件可以创建一个用户界面按钮。该组件可以调整大小，且用户可以通过"参数"选项卡修改其中的文字内容。

从"组件"面板中将"Button"组件拖放到舞台中，打开"组件检查器"面板，在面板中的"参数"选项卡中可以看到该组件的设置内容，如图 11-53 所示。

图 11-53　"Button"组件参数面板

"参数"选项卡中各项参数的功能分别介绍如下。

● icon：为按钮添加自定义图标，该值是库中影片剪辑或图形元件的链接标识符。

● label：设置按钮上显示的文本内容，默认值为"Button"。

● labelPlacement：确定按钮上的标签文本相对于图标的方向。该参数包括 left、right、top 和 bottom 4 个选项。默认值为 right。

● selected：如果 toggle 参数的值是 true，则该参数指定按钮是处于按下状态（true）还是释放状态（false），默认值为 false。

● toggle：将按钮转变为切换开关。如果值为 true，则按钮在单击后保持按下状态，并在再次单击时返回到弹起状态；如果值为 false，则按钮行为与一般按钮相同，默认值为 false。

4．"CheckBox"组件

"CheckBox"组件用以在 Flash 影片中添加复选框，只需为其设置简单的组件参数，就可以在影片中应用。

从"组件"面板中将"CheckBox"组件拖放到舞台中，打开"组件检查器"面板，在面板中的"参数"选项卡中可以看到该组件的设置内容，如图 11-54 所示。

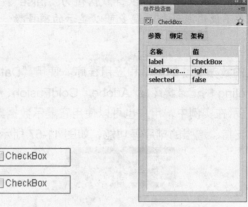

图 11-54　"CheckBox"组件参数面板

"参数"选项卡中各项参数的功能分别介绍如下。

- Label：单击"值"对应的文字栏，为 CheckBox 输入将要显示的文字内容。
- Label Placement：为 CheckBox 设置勾选框的位置。包括 left、right、top 和 bottom，left 表示在文本左边显示，right 表示在文本右边显示，top 表示在文本上方显示，bottom 表示在文本正方显示，如图 11-55 所示。

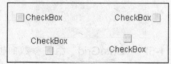

图 11-55　为 CheckBox 设置勾选框的位置

- Selected：该 CheckBox 的初始状态。false 表示未选取，true 表示已经选取。

5. "ComboBox"组件

"ComboBox"组件是一个下拉菜单，通过"参数"选项卡可以设置它的菜单项目数及各项的内容，在影片中进行选择时既可以使用鼠标也可以使用键盘。

从"组件"面板中将"ComboBox"组件拖放到舞台中，打开"组件检查器"面板，在面板中的"参数"选项卡中可以看到该组件的设置内容，如图 11-56 所示。

图 11-56　"ComboBox"组件参数面板

"参数"选项卡中各项参数的功能分别介绍如下。

- dataProvider: 将一个数据值与 ComboBox 组件中的每个项目相关联。
- editable: 决定用户是否可以在下拉列表框中输入文本。如果可以输入则选择"true"，如果只能选择不能输入则选择"false"，默认值为"false"。
- rowCount: 确定在不使用滚动条时最多可以显示的项目数。默认值为 5。

6. "DataGrid"组件

可以使用户创建强大的数据驱动的显示和应用程序。使用"DataGrid"组件，可以实例化使用 Adobe Flash Remoting 的记录集（从 Adobe ColdFusion、Java 或 .Net 中的数据库查询中检索），然后将其显示在实例中，用户也可以使用它显示数据集或数组中的数据。该组件有水平滚动、更新的事件支持、增强的排序等功能，如图 11-57 所示。

图 11-57 "DataGrid"组件参数面板

- editable: 是一个布尔值，它指定组件内的数据是否可编辑。该参数包括 true 和 false 两个参数值，分别表示可编辑和不可编辑，默认值为 false。
- multipleSelection: 是一个布尔值，它指示是（true）否（false）可以选择多项，默认值为 false。
- rowHeight: 指示每行的高度（以像素为单位）。更改字体大小不会更改行高度，默认值为 20。

7. "DateChooser"组件

"DateChooser"组件是一个允许用户选择、查看日期的日历，并可以通过"属性"面板对其显示的风格进行修改，如图 11-58 所示。

图 11-58 查看日期的日历

将"DateChooser"组件拖放到舞台，在"组件检查器"面板中的"参数"选项卡中可以进行相关设置，如图 11-59 所示。

图 11-59 "DateChooser" 组件参数面板

该组件"参数"面板中各项参数的功能分别介绍如下。

- dayNames: 设置一星期中各天的名称。该值是一个数组，其默认值为[S,M,T,W,T,F,S]。
- disabledDays: 指示一星期中禁用的各天。该参数是一个数组，并且最多具有七个值。默认值为[ ]（空数组）。
- firstDayOfWeek: 指示一星期中的哪一天（其值为 0-6，0 是 dayNames 数组的第一个元素）显示在日期选择器的第一列中。此属性更改"日"列的显示顺序。
- monthNames: 设置在日历的标题行中显示的月份名称。该值是一个数组，其默认值为 [January, February, March, April, May, June, July, August, September, October, November, December]。
- showToday: 指示是否要加亮显示今天的日期。默认值为 true。

8．"DateField" 组件

"DateField" 组件是一个带日历的文本字段，它将显示右边所带日历的日期。如果未选定日期，则该文本字段为空白；当用户用鼠标在日期字段边框内的任意位置单击时，会弹出一个日期选择器，供用户选择，如图 11-60 所示。

图 11-60 会弹出一个日期选择器

9．"Label" 组件

"Label" 组件就是一行文本，它的作用与文本的作用相似。从"组件"面板的 User Interface 项中将 "Label" 组件拖到舞台中，然后在"组件检查器"面板中选中 text 项，使其成为可编辑

状态，并在其中输入新的文本内容，即可完成对该组件内容的编辑，如图 **11-61** 所示。

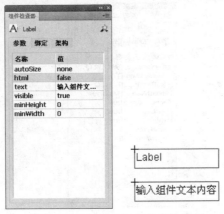

图 11- 61 "Label"组件参数面板

10. "List"组件

是一个可滚动的单选或多选列表框，该列表还可显示图形内容及其他组件。用户可以通过"参数"选项卡，完成对该组件中各项内容的设置，如图 **11-62** 所示。

图 11-62 "List"组件应用

"List"组件在"组件检查器"面板中的"参数"选项卡中各项参数的功能分别介绍如下。

- data：由填充列表数据的值组成的数组。默认值为[]（空数组）。没有相应的运行时属性。
- labels：由填充列表的标签值的文本值组成的数组。默认值为[]（空数组）。没有相应的运行时属性。
- multipleSelection：一个布尔值，它指示是（true）否（false）可以选择多个值。默认值为 false。
- rowHeight：指示每行的高度，以像素为单位。默认值是 20。设置字体不会更改行的高度。

11. "Loader"组件

"Loader"组件好比一个显示器，可以显示 **SWF** 或 **JPEG** 文件。用户可以缩放组件中内容的大小，或者调整该组件的大小来匹配内容的大小。在默认情况下，调整内容的大小以适应组件，如图 **11-63** 所示。

图 11-63 "Loader"组件应用

"Loader"组件在"组件检查器"面板中的"参数"选项卡中各项参数的功能分别介绍如下。

● autoload：指示内容是应该自动加载 (true)，还是应该等到调用 Loader.load() 方法时再进行加载 (false)。默认值为 true。

● contentPath：是一个绝对或相对的 URL，它指示要加载到加载器的文件。相对路径必须是相对于加载内容的 SWF 文件的路径。该 URL 必须与 Flash 内容当前驻留的 URL 在同一子域中。为了在 Flash Player 中或者在测试模式下使用 SWF 文件，必须将所有 SWF 文件存储在同一个文件夹中，并且其文件名不能包含文件夹或磁盘驱动器说明。默认值在开始加载之前为 undefined。

● scaleContent：指示是内容进行缩放以适合加载器 (true)，还是加载器进行缩放以适合内容 (false)。默认值为 true。

12．"Menu"组件

"Menu"组件使用户可以从弹出菜单中选择一个项目，这与大多数软件应用程序的"文件"或"编辑"命令相似。当用户滑过或单击一个按钮时，会在应用程序中打开"Menu"组件，如图 11-64 所示。

图 11-64 "Menu"组件应用

下面介绍使用"Menu"组件的方法，其操作步骤如下。

1 新建一个文档，在文档中导入一张图像将其拖曳到舞台，并调整其位置。

2 新建一个图层，从"组件"面板的 User Interface 栏中将"Menu"组件和"Button"组件拖放到舞台，然后将其删除，仅仅在"库"面板中保留这两个组件，如图 11-65 所示。

图 11-65 库面板中的"Menu"组件和"Button"组件

3 在"时间轴"面板中选中第 1 帧,在"动作"面板中输入一段代码,其代码如下。

```
import mx.controls.Button;
import mx.controls.Menu;
this.createClassObject(Button, "menu_button", 10, {label:"菜单"});
// 创建菜单
var my_menu:Menu=Menu.createMenu();
// 添加某些菜单项。
my_menu.addMenuItem("菜单 1");
my_menu.addMenuItem("菜单 2");
my_menu.addMenuItem("菜单 3");
my_menu.addMenuItem("菜单 4");
// 将更改侦听器添加到 Menu 以检测选中的是哪个菜单项
var menuListener:Object=
new Object();
menuListener.change= function(evt_obj:Object) {
 var item_obj:Object=evt_obj.menuItem;
 trace("Item selected: "+item_obj.attributes.label);
};
my_menu.addEventListener("change", menuListener);

// 添加一个按钮侦听器,在单击按钮时该侦听器显示菜单
var buttonListener:Object = new Object();
buttonListener.click= function(evt_obj:Object) {
 var my_button:Button=evt_obj.target;
 // 在按钮底部显示菜单
 my_menu.show(my_button.x, my_button.y + my_button.height);
};
menu_button.addEventListener("click", buttonListener);
```

4 保存文档,按 **Ctrl +Enter** 组合键浏览组件效果,如图 **11-64** 所示。

13."MenuBar"组件

"MenuBar"组件可以创建带有弹出菜单和命令的水平菜单栏,就像常见的软件应用程序中包含"文件"菜单和"编辑"菜单的菜单栏一样。

下面介绍"MenuBar"组件的用法,其操作步骤如下。

1 从"组件"面板的 User Interface 栏中将"MenuBar"组件拖放到舞台的适当位置，如图 11-66 所示。

2 选中"时间轴"面板中的第 1 帧，打开"动作"面板，在其中输入下列代码。

```
import mx.controls.Menu;
import mx.controls.MenuBar;
var my_mb:MenuBar;
var my_menu:Menu=my_mb.addMenu("文件");
my_menu.addMenuItem({label:"新建", instanceName:"newInstance"});
my_menu.addMenuItem({label:"打开...",instanceName:"openInstance"});
my_menu.addMenuItem({label:"关闭", instanceName:"closeInstance"});
/*这段代码向 MenuBar 实例添加"文件"菜单。可以使用 Menu 方法添加 3 个菜单项，分别为"新
建"、"打开"和"关闭"。*/
var my_menu:Menu=my_mb.addMenu("编辑");
my_menu.addMenuItem({label:"剪切", instanceName:"newInstance"});
my_menu.addMenuItem({label:"复制",instanceName:"openInstance"});
my_menu.addMenuItem({label:"粘贴", instanceName:"closeInstance"});
var my_menu:Menu=my_mb.addMenu("修改");
my_menu.addMenuItem({label:"变形", instanceName:"newInstance"});
my_menu.addMenuItem({label:"排列",instanceName:"openInstance"});
my_menu.addMenuItem({label:"对齐", instanceName:"closeInstance"});
var my_menu:Menu=my_mb.addMenu("文本");
var my_menu:Menu=my_mb.addMenu("插入");
var my_menu:Menu=my_mb.addMenu("视图");
var my_menu:Menu=my_mb.addMenu("命令");
var my_menu:Menu=my_mb.addMenu("帮助");
```

3 继续在这段代码后面添加新的代码段，其代码如下。

```
// 创建侦听器对象
var mbListener:Object = new Object();
mbListener.change= function(evt_obj:Object) {
 var menuItem_obj:Object = evt_obj.menuItem;
 switch (menuItem_obj.attributes.instanceName) {
 case "newInstance":
  trace("New menu item");
  break;
 case "openInstance":
  trace("Open menu item");
  break;
 case "closeInstance":
  trace("Close menu item");
  break;
 }
 trace(menuItem_obj);
};
// 添加侦听器
my_menu.addEventListener("change", mbListener);
```

4 保存文档，按 Ctrl +Enter 组合键查看组件效果，如图 11-67 所示。

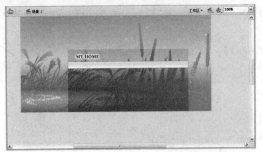

| 图 11-66 | 将 "MenuBar" 组件拖放到舞台 | 图 11-67 | "MenuBar" 组件效果 |

14. "NumericStepper" 组件

"NumericStepper" 组件允许用户逐个通过一组排序数字。分别单击向上、向下箭头按钮，文本框中的数字产生递增或递减的效果，该组件只能处理数值数据，如图 11-68 所示。

图 11-68　"NumericStepper" 组件应用

下面介绍使用 "NumericStepper" 组件的方法，其操作步骤如下。

1 从 "组件" 面板的 User Interface 栏中将 "NumericStepper" 组件拖放到舞台的适当位置，在 "属性" 面板中设置好实例名称、在 "组件检查器" 面板中的 "参数" 选项卡中设置参数，如图 11-69 所示。

图 11-69　在 "组件检查器" 面板中设置 "参数"

"NumericStepper" 组件在 "组件检查器" 面板中的 "参数" 选项卡中各项参数的功能分别介绍如下。

● maximum: 设置可在步进器中显示的最大值，默认值为 10。

● minimum: 设置可在步进器中显示的最小值，默认值为 0。

- stepSize: 设置每次单击时步进器增大或减小的单位，默认值为 1。
- value: 设置在步进器的文本区域中显示的值，默认值为 0。

2 从"组件"面板中拖放 Lable 组件到舞台中，并将其实例名称设置为"my_label"，如图 11-70
所示。

图 11- 70　从"组件"面板中拖放 Lable 组件到舞台中

3 在"时间轴"面板中选中第 1 帧，在"动作"面板中输入一段代码，其代码如下。

```
var my_nstep:mx.controls.
NumericStepper;
var my_label:mx.controls.Label;
my_label.text = "18×3 = " + my_nstep.value;
// 创建侦听器对象
var nstepListener:Object=new
Object();
nstepListener.change=function(evt_obj:Object) {
  my_label.text = "18×3 =   " + evt_obj.target.value;
};
// 添加侦听器
my_nstep.addEventListener("change", nstepListener);
```

4 保存文档后，按 Ctrl +Enter 组合键，预览组件效果，如图 11-68 所示。

15."Progress Bar"组件

"Progress Bar"组件是一个显示加载情况的进度条。通过"组件检查器"面板中的"参数"
选项卡，可以设置该组件中文字的内容及相对位置。

下面介绍该组件的应用方法，其操作步骤如下。

1 从"组件"面板的 User Interface 栏中将"Progress Bar"组件拖放到舞台的适当位置，如
图 11-71 所示。

图 11-71　将"Progress Bar"组件拖放到舞台

2 选中"Progress Bar"组件，在"属性"面板中将实例名称设置为"my_pb"；执行"窗口→组件检查器"命令，打开"组件检查器"面板，在"参数"选项卡中将"label"的参数设置为"正在下载 下载进度：%3%%"，如图 11-72 所示。

图 11-72　"Progress Bar"组件参数面板

- conversion：是一个数字，在显示标签字符串中的%1 和%2 的值之前，用这些值除以该数字，默认值为 1。
- direction：指示进度栏填充的方向。该值可以是 right 或 left，默认值为 right。
- label：是指示加载进度的文本。此参数是一个字符串，其格式为"已加载%1，共 %2 (%3%%)"。在此字符串中，%1 是当前已加载字节数的占位符，%2 是总共要加载的字节数的占位符，%3 是已加载内容的百分比的占位符。字符"%%"是字符"%"的占位符。如果 %2 的值为未知，它将被替换为两个问号 (??)。如果值为 undefined，则标签不显示。
- labelPlacement：指示与进度栏相关的标签的位置。此参数可以是 top、bottom、left、right 或 center。默认值为 bottom。
- mode：是进度栏运行的模式。此值可以是 event、polled 或 tools。默认值为 event。
- source：是一个要转换为对象的字符串，它表示源的实例名称。

3 选中"时间轴"面板上的第 1 帧，并在"动作"面板中输入以下代码。

```
System.security.allowDomain("http://www.helpexamples.com");
var my_pb:mx.controls.ProgressBar;
my_pb.mode = "polled";
my_pb.source = "mysound";
var pbListener:Object = new Object();
pbListener.complete= function(evt_obj:Object) {
  trace("Sound loaded");
}
my_pb.addEventListener("complete", pbListener);
var mysound:Sound = new Sound();
mysound.loadSound("http://www.helpexamples.com/flash/sound/disco.mp3", true);
//创建一个名为 mysound 的 Sound 对象，并调用 loadSound()，可将一个声音加载到 Sound 对象中
```

4 保存文档，按 Ctrl +Enter 组合键，预览组件效果，如图 11-73 所示。

图 11-73　应用结果

16."RadioButton"组件

是一个单选按钮,用户只能选择同一组选项中的一项。每组中必须有两个或两个以上的"RadioButton"组件,当一个被选中,该组中的其他按钮将取消选择。

要使用该组件,只需要从组件面板中拖放多个到舞台中,然后在"组件检查器"面板的"参数"选项卡中进行设置即可。如图 11-74 所示为"RadioButton"组件的"参数"选项卡。

图 11-74　"RadioButton"组件的参数面板

- data: 与单选按钮相关的值。
- groupName: 单选按钮的组名称,默认值为 radioGroup,可以通过修改组名称来划分单选按钮的组。
- label: 设置按钮上的文本值,默认值为 RadioButton(单选按钮)。
- labelPlacement: 确定按钮上标签文本的方向。该参数包括"left"、"right"、"top"和"bottom" 4 个值,默认值为"right"。
- selected: 将单选按钮的初始值设置为被选中(true)或取消选中(false),被选中的单选按钮中会显示一个圆点。

　　一个组内只有一个单选按钮可以有表示被选中的值 true。如果组内有多个单选按钮被设置为 true,则会选中最后实例化的单选按钮。

17."ScrollPane"组件

"ScrollPane"组件可以在一个可滚动区域中显示影片剪辑、JPEG 文件和 SWF 文件。通过使用滚动窗格,可以限制这些媒体类型所占用的屏幕区域的大小,滚动窗格可以显示从本地磁盘或 Internet 加载的内容。如图 11-75 所示为"ScrollPane"组件的应用效果。

将"ScrollPane"组件拖放到舞台的合适位置后，打开"组件检查器"面板，在"参数"选项卡中设置好"contentPath"等参数值后，即可在组件中显示设置好的内容。如图 11-76 所示为该组件的"参数"选项卡。

图 11-75　"ScrollPane"组件的应用效果　　图 11-76　"ScrollPane"组件参数面板

"ScrollPane"组件的参数分别介绍如下。

- contentPath: 指示要加载到滚动窗格中的内容。该值可以是本地 SWF 或 JPEG 文件的相对路径，或 Internet 上的文件的相对或绝对路径，也可以是设置为"为 ActionScript 导出"的库中的影片剪辑元件的链接标识符。
- hLineScrollSize: 指示每次单击箭头按钮时水平滚动条移动多少个单位，默认值为 5。
- hPageScrollSize: 指示每次单击轨道时水平滚动条移动多少个单位，默认值为 20。
- hScrollPolicy: 显示水平滚动条。该值可以是 on、off 或 auto，默认值为 auto。
- scrollDrag: 是一个布尔值，确定用户在滚动窗格中拖动内容时是 (true) 否 (false) 发生滚动，默认值为 false。
- vLineScrollSize: 指示每次单击滚动箭头时垂直滚动条移动多少个单位，默认值为 5。
- vPageScrollSize: 指示每次单击滚动条轨道时垂直滚动条移动多少个单位，默认值为 20。
- vScrollPolicy: 显示垂直滚动条。该值可以是 on、off 或 auto，默认值为 auto。

18."TextArea"组件

"TextArea"组件可以创建一个进行文本输入的文本框。用户可以在这个文本框中输入文本内容，并可以在其中进行换行操作。通过组件的"组件检查器"面板的"参数"选项卡，可以设置组件的初始内容，是否可编辑，是否自动换行等参数，如图 11-77 所示。

图 11-77　"TextArea"组件参数面板

- editable: 指 TextArea 组件是否可编辑，该参数包括 "false" 和 "true" 两个参数值，默认值为 true。
- html: 指文本是否采用 HTML 格式，该参数包括 "false" 和 "true" 两个参数值。如果 HTML 设置为 true，则可以使用字体标签来设置文本格式，默认值为 false。
- text: 在 TextArea 组件中显示的初始内容。在 "参数" 选项卡的 "text" 参数项目中输入文本内容，即会在组件中显示出来，默认值为空。
- wordWrap: 指文本是否自动换行。该参数包括 "false" 和 "true" 两个参数值，默认值为 true。

在 "参数" 选项卡中设置好各项参数后，按 **Ctrl +Enter** 组合键即可看到组件的效果，如图 **11-78** 所示。

图 11-78 "TextArea" 组件的效果

19. "TextInput" 组件

"TextInput" 组件可以输入单行文本内容或密码。通过该组件的 "组件检查器"，可以设置该组件是否可以编辑、组件输入的内容形式及组件的初始内容等，如图 **11-79** 所示。

图 11-79 "TextInput" 组件参数面板

"TextInput" 组件的参数分别介绍如下。

- editable: 指示 TextInput 组件是 (true) 否 (false) 可编辑，默认值为 true。
- password: 指示字段是 (true) 否 (false) 为密码字段，默认值为 false。
- text: 指定 TextInput 组件的内容。用户无法在 "组件检查器" 面板中输入回车。默认值为 " "（空字符串）。
- maxChars: 是文本输入字段最多可以容纳的字符数，默认值为 null（表示无限制）。
- restrict: 指示用户可输入到文本输入字段中的字符集。
- enabled: 是一个布尔值，它指示组件是否可以接收焦点和输入，默认值为 true。
- visible: 是一个布尔值，它指示对象是 (true) 否 (false) 可见，默认值为 true。

在 "组件检查器" 面板中设置好参数后，在 **Flash Player** 播放器中可以查看该组件的效果，如图 11-80 所示。

图 11-80 "TextInput" 组件应用效果

20. "Tree" 组件

"Tree" 组件可以分层查看数据。在该组件中，项目将以树的形式展开，就如同 Windows 的资源管理器展开效果，如图 11-81 所示。

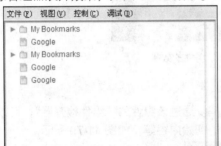 

图 11-81 "Tree" 组件应用效果

下面介绍 "Tree" 组件的应用方法，其操作步骤如下。

1 新建一个 Flash ActionScript 2.0 文档，将文档属性设置为 340×200 像素后，保存为 "将文档另存为 treeMenu.fla" 文件。

2 从 "组件" 面板中将 "Tree" 组件拖放到舞台，调整其尺寸为 340×200 像素。在 "属性" 面板中设置实例名称为 "menuTree"，如图 11-82 所示。

3 选择该 "Tree" 实例并按 F8 键，将组件转换为一个名为 "TreeNavMenu" 的影片剪辑，在 "影片剪辑" 的高级视图中选中 "为 ActionScript 导出"，在 "类" 文本框中输入 "TreeNavMenu"，如图 11-83 所示。

图 11-82 设置 "Tree" 组件属性　　　　图 11-83 设置参数

4 执行"文件→新建"命令，在打开的"新建文档"对话框中选择"ActionScript 文档"类型，新建一个 ActionScript 文档，如图 11-84 所示。

图 11-84 新建一个 ActionScript 文档

5 将文件另存为 TreeNavMenu.as，与 treeMenu.fla 文件放在同一目录下。

6 在新建的 TreeNavMenu.as 文档窗口中输入以下代码。

```actionscript
import mx.controls.Tree;

class TreeNavMenu extends MovieClip {
    var menuXML:XML;
    var menuTree:Tree;
    function TreeNavMenu() {
        // 设置树的外观和事件处理函数
        menuTree.setStyle("fontFamily", "_sans");
        menuTree.setStyle("fontSize", 12);
        // 加载 XML 菜单
        var treeNavMenu = this;
        menuXML = new XML();
        menuXML.ignoreWhite = true;
        menuXML.load("TreeNavMenu.xml");
        menuXML.onLoad = function() {
            treeNavMenu.onMenuLoaded();
        };
    }
    function change(event:Object) {
        if (menuTree == event.target) {
            var node = menuTree.selectedItem;
            // 如果遇到分支，则展开/折叠该分支
            if (menuTree.getIsBranch(node)) {
                menuTree.setIsOpen(node, !menuTree.getIsOpen(node), true);
            }
            // 如果是超链接，则跳过
            var url = node.attributes.url;
            if (url) {
                getURL(url, "_top");
            }
            // 清除所有选择
            menuTree.selectedNode = null;
        }
```

```
    }
    function onMenuLoaded() {
        menuTree.dataProvider = menuXML.firstChild;
        menuTree.addEventListener("change", this);
    }
}
```

> 这段 ActionScript 代码设置树的样式。它创建了一个 XML 对象，用于加载创建树节点的 XML 文件。然后定义 onLoad 事件处理函数，以将数据提供程序设置为 XML 文件的内容。

7 使用文本编辑器新建一个名为 TreeNavMenu.xml 的文件，并将其保存到 TreeMenu.fla 文件同一目录下。

8 在新建的 XML 文件中输入以下代码。

```
node>
    <node label="My Bookmarks">
        <node label="Adobe Web site" url="http://www.adobe.com" />
        <node label="MXNA blog aggregator" url="http://www.markme.com/mxna" />
    </node>
    <node label="Google" url="http://www.google.com" />
    <node label="My Bookmarks">
        <node label="Adobe Web site" url="http://www.adobe.com" />
        <node label="MXNA blog aggregator" url="http://www.markme.com/mxna" />
    </node>
    <node label="Google" url="http://www.google.com" />
    <node label="Google" url="http://www.google.com" />
</node>
```

9 保存文档后，按 Ctrl +Enter 组合键浏览组件效果，如图 11-81 所示。

21. "UIScrollBar" 组件

"UIScrollBar" 组件允许将滚动条添加至文本字段。该组件的功能与其他所有滚动条类似，它两端各有一个箭头按钮，按钮之间有一个滚动轨道和滚动滑块。它可以附加至文本字段的任何一边，既可以垂直使用也可以水平使用，如图 11-85 所示。

图 11-85 UIScrollBar 组件应用效果

1 在文档中新建一个动态文本，并为其添加文本内容。执行"文本→可滚动文本"命令，使该动态文本可以上下滚动，如图 11-86 所示。

2 选中舞台上的动态文本，在"属性"面板中设置其实例名称为"text"，然后设置好其他参数，如图 11-87 所示。

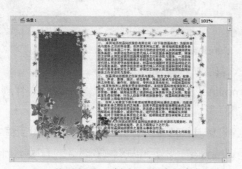

图 11-86　创建可滚动文本　　　　图 11-87　设置其他参数

3 从"组件"面板中将"UIScrollBar"组件拖放到舞台中文本内容的右侧，调整好尺寸和位置，如图 11-88 所示。

4 打开"组件检查器"面板，在"参数"选项卡中将"_targetInstanceName"参数的值设置为"text"，如图 11-89 所示。

图 11-88　将"UIScrollBar"组件拖放到舞台中　　　　图 11-89　设置参数

小提示

　　_targetInstanceName：指示"UIScrollBar"组件所附加到的文本字段实例的名称。
　　Horizontal：指示滚动条是水平方向（true）还是垂直方向（false）。默认值为 false。

5 保存文档，按 Ctrl +Enter 组合键浏览组件效果，如图 11-85 所示。

　　22．"Window"组件

　　"Window"组件是一个可以在具有标题栏、边框和关闭按钮（可选）的窗口内显示影片剪辑内容的组件，如图 11-90 所示。

图 11-90 "Window"组件应用

下面介绍使用"Window"组件的方法，其操作步骤如下。

1 新建一个 Flash 文档，新建一个名为"movie"的影片剪辑，导入一个视频文件到影片剪辑，并调整好位置，如图 11-91 所示。

2 在"库"面板中选择"movie"影片剪辑，设置其链接属性，在"元件属性"对话框中勾选"为 ActionScript 导出"复选框，将标识符设置为"movie"，然后单击"确定"按钮，如图 11-92 所示。

图 11-91 导入视频文件并调整好位置　　　　图 11-92 设置参数

3 回到主场景，将"Window"组件拖放到舞台，调整其尺寸和位置，如图 11-93 所示。

4 选中舞台中的"Window"组件，在"组件检查器"面板的"参数"选项卡中将 CloseButton 设置为"false"，"contentPath"设置为"movie"，"title"设置为"movie"，如图 11-94 所示。

图 11-93 将"Window"组件拖放到舞台并调整　　　　图 11-94 设置参数

"Window"组件中各参数分别介绍如下。

- closeButton: 指示是(true)否 (false)显示关闭按钮。单击关闭按钮会关闭一个 click 事件，但不关闭窗口，用户必须编写调用的处理函数，以显式关闭窗口。
- contentPath: 指定窗口的内容。这可以是电影剪辑的链接标识符、屏幕、表单或包含窗口内容的幻灯片的元件的名称。也可以是要加载到窗口的 SWF 或 JPEG 文件的绝对或相对 URL，默认值为空白。加载的内容会被裁剪，以适合窗口大小。
- title: 设置窗口的标题。

⑤ 保存文档，按 Ctrl +Enter 组合键预览组件效果，如图 11-90 所示。

现场练兵

应用 "User Interface" 组件

下面使用 "User Interface" 组件制作一个信息反馈表，如图 11-95 所示。

图 11-95　最终效果

具体操作步骤如下。

① 新建一个 Flash 文档，设置文档尺寸为 600×320 像素。

② 执行"文件→导入→导入到库"命令，导入"图框.jpg"图像，在"库"面板中即可查看，如图 11-96 所示。

图 11-96　导自主图片到库

③ 新建一个名为"ttt"的影片剪辑，创建"反馈调查"静态文本，并在其下方添加一个动态文本，在"属性"面板中将实例名称设置为"resulttext"，如图 11-97 所示。

④ 新建一个名为"表单"的影片剪辑，使用"文本工具"在编辑窗口中添加文本内容，如图 11-98 所示。

⑤ 从"组件"面板中将"TextInput"组件拖放到编辑窗口中，将实例名称设置为"uname"，如图 11-99 所示。

⑥ 从"组件"面板中将"ComboBox"组件拖放到编辑窗口中，调整好其位置和大小，如图 11-100 所示。

图 11-97　添加一个动态文本

图 11-98　添加文本内容

图 11-99　将"TextInput"组件拖放到编辑窗口中　图 11-100　将"ComboBox"组件拖放到编辑窗口中

7 在"属性"面板中将实例名称设置为"choice",在"组件检查器"面板的"参数"选项卡中设置"data"和"labels"参数值,如图 11-101 所示,此时"值"对话框如图 11-102 所示。

图 11-101　设置"data"和"labels"参数值

图 11-102　"值"对话框

8 将"List"组件拖放到舞台上,调整好位置,设置实例名称为"interest_mc",如图 11-103 所示。

9 在"组件检查器"面板的"参数"选项卡中为"labels"设置参数,如图 11-104 所示。

图 11-103　将"List"组件拖放到舞台上

图 11-104　为"labels"设置参数

⑩ 从"组件"面板中将"RadioButton"组件拖放两次到编辑窗口中，调整好其位置和大小，如图 11-105 所示。在"组件检查器"面板的"参数"选项卡中设置"data"和"label"的参数值，如图 11-106 所示。

图 11-105　将 RadioButton 拖放两次到编辑窗口　　　图 11-106　设置"data"和"label"的参数值

⑪ 从"组件"面板中将"TextArea"组件拖放到编辑窗口中，调整好位置和大小，设置其实例名称为"words"，如图 11-107 所示。

⑫ 从"组件"面板中将"CheckBox"组件拖放到编辑窗口中，在"属性"面板中设置其实例名称为"mail"，在"组件检查器"面板的"参数"选项卡中设置"label"的值为"同意接收我们的邮件"，如图 11-108 所示。

图 11-107　将"TextArea"组件拖放到编辑窗口　　　　图 11-108　设置"label"的值

⑬ 从"组件"面板中将"Button"组件拖放两次到编辑窗口中，将实例名称分别设置为"yan"和"ti"，在"组件检查器"面板的"参数"选项卡中设置"label"值分别为"验证信息"和"提交信息"，如图 11-109 所示。

图 11-109　设置"label"值

⑭ 选择"验证信息"组件，在"动作"面板中输入以下代码。

```
on(click){
    if(_parent.mail.selected==true){
        _root.tt.resulttext.text = "提交信息如下:"+
        "\r 姓名: " + _root.aa.uname.text +
        "\r 爱好: " +     _root.aa.interest_mc.selectedItem.label +
```

```
            "\r 评价: " +     _root.aa.choice.getValue() +
            "\r 性别: " + _root.aa.sex0.getValue() +
            "\r 留言: " + _root.aa.words.text +
            "\r 邮件: " + "愿意接收我们的邮件";
        }
    else{
        _root.tt.resulttext.text = "提交信息如下:"+
            "\r 姓名: " + _root.aa.uname.text +
            "\r 爱好: " + _root.aa.interest_mc.selectedItem.label +
            "\r 评价: " +     _root.aa.choice.getValue()       +
            "\r 性别: " + _root.aa.sex0.getValue() +
            "\r 留言: " + _root.aa.words.text +
            "\r 邮件: " + "不愿意接收我们的邮件";
            }
    }
```

15 选择 "提交信息" 组件，在 "动作" 面板中输入以下代码。

```
on(click)
{
    _root.tt.resulttext.text ="感谢您的支持，信息已经提交！"
}
```

16 回到主场景，导入 "图框.jpg" 位图至舞台，并调整好其位置和大小，如图 **11-110** 所示。

17 新建一个图层，将 "表单" 和 "ttt" 影片剪辑拖放到舞台上，调整好其位置和大小，如图 **11-111** 所示。

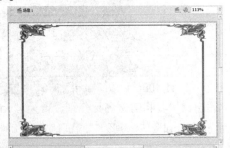
图 11-110　导入图片

图 11-111　将 "表单" 和 "ttt" 影片剪辑拖放到舞台上

18 选中两个影片剪辑，分别为其应用 "发光" 滤镜，并设置滤镜的参数，如图 **11-112** 所示。

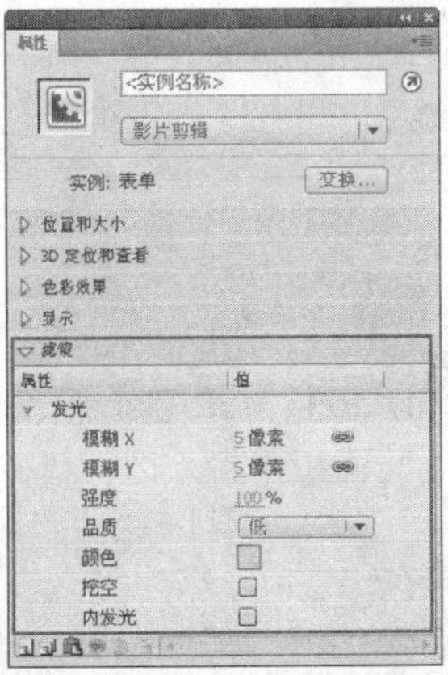

图 11-112　设置滤镜的参数

19 保存文档，按 **Ctrl + Enter** 组合键预览动画效果，如图 **11-95** 所示。

11.2.4　使用 "Video" 组件

使用 "Video" 组件可以创建各种样式的视频播放器。"Video" 组件中包括多个单独的组件内容，包括有 FLVPlayback、BackButton、BufferingBar、ForwardButton、PauseButton 和 PlayPauseButton 等组件，如图 **11-113** 所示。

图 11-113　"Video" 组件

下面分别介绍这些组件的功能与用法。

- FLVPlayback: 可以将视频播放器包括在 Adobe Flash CS4 Professional 应用程序中，以便播放通过 HTTP 渐进式下载的 Adobe Flash 视频 (FLV) 文件，或者播放来自 Adobe 的 Macromedia Flash Media Server 或 Flash Video Streaming Service (FVSS) 的 FLV 流文件。
- BackButton: 可以在舞台上添加一个 "后退" 控制按钮。从 "组件" 面板中将 BackButton 组件拖放到舞台中，即可应用该组件。如果要对其外观进行编辑，可以在舞台中双击该组件，然后进行编辑即可。
- BufferingBar: 可以在舞台上创建一个缓冲栏对象。该组件在默认情况下，是一个从左向右移动的有斑纹的条，在该条上有一个矩形遮罩，使其呈现斑纹滚动效果。
- ForwardButton: 可以在舞台中添加一个 "前进" 控制按钮。如果要对其外观进行编辑，可以在舞台中双击该组件，然后进行编辑即可。
- MuteButton: 可以在舞台中创建一个声音控制按钮。MuteButton 按钮是带两个图层且没有脚本的一个帧。在该帧上，有 和 两个按钮，彼此叠放。
- PauseButton: 可以在舞台中创建一个暂停控制按钮。其功能和 Flash 中一般的按钮相似，按钮组件需要被设置特定的控制事件后，才可以在影片中正常工作。
- PlayButton: 可以在舞台中创建一个播放控制按钮。
- PlayPauseButton: 可以在舞台中创建一个播放/暂停控制按钮。PlayPauseButton 按钮在设置上与其他按钮不同，它们是带两个图层且没有脚本的一个帧。在该帧上，有 Play 和 Pause 两个按钮，彼此叠放。
- SeekBar: 可以在舞台中创建一个播放进度条，用户可以通过播放进度条来控制影片的播放位置。
- StopButton: 可以在舞台中创建一个停止播放控制按钮。
- VolumeBar: 可以在舞台中创建一个音量控制器。

应用"Video"组件
创建播放器

下面我们将通过"颜色"面板，给一个矩形图形填充一个位图图形，效果如图 11-114 所示。

图 11-114　最终效果

具体操作步骤如下。

1 从"组件"面板中将"FLVPlayback"组件拖动到舞台，在"属性"面板中设置组件的实例名称为"my_FLVPlay"，在"组件检查器"的"参数"选项卡中设置 contentPath 的参数为"movie.flv"，如图 11-115 所示。

图 11-115　设置组件的路径

2 从"组件"面板中将"StopButton"组件拖到舞台中，将其实例名称设置为"my_stop"，如图 11-116 所示。

3 从"组件"面板中将"PlayPauseButton"组件拖到舞台中，将其实例名称设置为"my_play"，如图 11-117 所示。

图 11-116　将"StopButton"组件拖到舞台　　图 11-117　将"PlayPauseButton"组件拖到舞台

4 从"组件"面板中将"BackButton"组件拖到舞台中，并放置到"PlayPauseButton"组件后面的水平位置上，然后将其实例名称设置为"my_back"，如图 11-118 所示。

5 从"组件"面板中将"ForwardButton"组件拖到舞台中，并放置到"BackButton"组件后面的水平位置上，然后将其实例名称设置为"my_forward"，如图 11-119 所示。

图 11-118 将"BackButton"组件拖到舞台　　　图 11-119 将"ForwardButton"组件拖到舞台

6 从"组件"面板中将"BufferingBar"组件拖到舞台中，将其实例名称设置为"my_buffer"，在"变形"面板中调整该组件的尺寸，然后将其拖放到"FLVPlayback"组件的上面，如图 11-120 所示。

7 从"组件"面板中将"seekBar"组件拖到舞台中，将其实例名称设置为"my_seek"，在"变形"面板中调整该组件的尺寸后，将其放置到"ForwardButton"组件后面的水平位置上，如图 11-121 所示。

图 11-120 将"BufferingBar"组件拖到舞台　　　图 11-121 将"seekBar"组件拖到舞台

8 从"组件"面板中将"VolumeBar"组件拖到舞台中，将其实例名称设置为"my_volume"，然后将其放置到"SeekBar"组件后面的水平位置上，如图 11-122 所示。

9 从"组件"面板中将"MuteButton"组件拖到舞台中，将其实例名称设置为"my_mute"，然后将其放置到"VolumeBar"组件后面的水平位置上，如图 11-123 所示。

图 11-122 将"VolumeBar"组件拖到舞台　　　图 11-123 将"MuteButton"组件拖到舞台

10 在"时间轴"面板中新建一层，并重命名为"Action"，选中新建层的第 1 帧，然后在"动作"面板中输入以下代码：

```
import fl.video.*;
my_FLVPlay.stopButton = my_stop;
my_FLVPlay.playPauseButton=my_play;
```

```
my_FLVPlay.muteButton = my_mute;
my_FLVPlay.seekBar = my_seek;
my_FLVPlay.bufferingBar=my_buffer;
my_FLVPlay.forwardButton=my_forward;
my_FLVPlay.backButton = my_back;
my_FLVPlay.volumeBar= my_volume;
```

11 在"文档属性"对话框中设置影片尺寸为 450×300 像素，"背景颜色"为"#9E9E9E"，如图 11-124 所示。

图 11-124　设置影片尺寸

12 在各播放组件中绘制一个矩形条图形，如图 11-125 所示。设置图形颜色为渐变色，并调整舞台中组件的位置，如图 11-126 所示。

图 11-125　在各播放组件中绘制一个矩形条图形

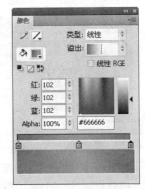

图 11-126　设置图形颜色为渐变色

13 执行"文件→导出→导出影片"命令导出影片，使用 Flash Player 播放器进行播放。

11.3 上机实践

用以上所学知识制作如图 11-127 所示的播放器。

图 11-127　动画效果

11.4　巩固与提高

本章主要给大家讲解了组件的创建与编辑。现在给大家准备了相关的习题进行练习，希望通过完成下面的习题可以对前面学习到的知识进行巩固。

1．单选题

（1）打开组件面板是按（　　　）。

　　A．Ctrl +F7 组合键　　　　　　　　　　B．Ctrl +F8 组合键

　　C．Ctrl +F9 组合键　　　　　　　　　　D．Ctrl +F10 组合键

（2）打开"组件检查器"面板是按（　　　）。

　　A．Ctrl +F7 组合键　　　　　　　　　　B．Shift +F7 组合键

　　C．Ctrl +F8 组合键　　　　　　　　　　D．Shift +F8 组合键

（3）（　　　）组件主要用于创建具有互动功能的用户界面程序。

　　A．Data　　　　　　　　　　　　　　　B．Media

　　C．Video　　　　　　　　　　　　　　　D．User Interface

2．多选题

（1）编辑组件的参数可以在（　　　）面板中进行。

　　A．"参数"面板　　　　　　　　　　　　B．"组件检查器"面板

　　C．"组件"面板　　　　　　　　　　　　D．"属性"面板

（2）以下（　　　）组件属于 User Interface 类组件。

　　A．Alert　　　　　　　　　　　　　　　B．Button

　　C．MediaController　　　　　　　　　　D．Window

3．判断题

（1）Flash 默认状态下的组件，根据其用途的不同可分为"Data"组件、"Media"组件、"User Interface"组件和"Video"组件 4 类。（　　　）

（2）"DateField"组件是一个带日历的文本字段，它将显示右边所带日历的日期。（　　　）

（3）"TextArea"组件可以创建一个进行文本输入的文本框。（　　　）

读书笔记

Study

第 **12** 章

动画的测试与发布

在完成了一个 **Flash** 影片的制作以后，可以优化与测试 **Flash** 作品，并且可以使用播放器预览影片效果。如果测试没有问题，则可以按要求发布影片，或者将影片导出为可供其他应用程序处理的数据。

学习指南

● 动画的优化　　　　　　　　● Flash 动画的发布
● Flash 动画作品的测试
● 导出 Flash 作品

精彩实例效果展示 ▲

12.1 动画的优化

使用 Flash 制作的影片多用于网页，这就牵涉到浏览速度的问题，要让速度快起来必须对作品进行优化，也就是在不影响观赏效果的前提下，减小影片的大小。作为发布过程的一部分，Flash 会自动对影片执行一些优化。例如，它可以在影片输出时检查重复使用的形状，并在文件中把它们放置到一起，与此同时把嵌套组合转换成单个组合。

12.1.1 减小动画的大小

通过大量的经验累积，我们总结出多种在制作影片时优化影片的方法，下面对这些方法逐一介绍。

- 尽量多使用补间动画，少用逐帧动画，因为补间动画与逐帧动画相比，占用的空间较少。
- 在影片中多次使用的元素，转换为元件。
- 对于动画序列，要使用影片剪辑而不是图形元件。
- 尽量少地使用位图制作动画，位图多用于制作背景和静态元素。
- 在尽可能小的区域中编辑动画。
- 尽可能地使用数据量小的声音格式，如 MP3。

12.1.2 文本的优化

对于文本的优化，可以使用以下操作：
- 在同一个影片中，使用的字体尽量少，字号尽量小。
- 嵌入字体最好少用，因为它们会增加影片的大小。
- 对于"嵌入字体"选项，只选中需要的字符，不要包括所有字体。

12.1.3 颜色的优化

对于颜色的优化，可以使用以下的操作：
- 使用"属性"面板，将由一个元件创建出的多个实例的颜色进行不同的设置。
- 选择色彩时，尽量使用颜色样本中给出的颜色，因为这些颜色属于网络安全色。
- 尽量减少 Alpha 的使用，因为它会增加影片的大小。
- 尽量少使用渐变效果，在单位区域中使用渐变色比使用纯色多需要 50 个字节。

12.2 Flash 动画作品的测试

在 Flash 中，通过测试影片，可以将影片完整地播放一次，通过直观地观看影片的效果，来检测动画是否达到了设计的要求。

测试动画文件的具体操作步骤如下。

1 执行"文件→打开"命令，打开一个动画文件，如图 **12-1** 所示。

2 按 Ctrl＋Enter 组合键，或执行"控制→测试影片"命令，如图 **12-2** 所示。

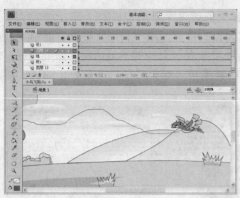

图 12-1　打开的动画

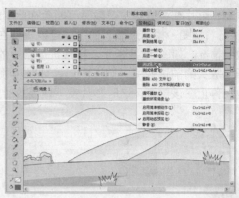

图 12-2　选择命令

③ 进入测试界面，如图 12-3 所示。

④ 在测试界面中执行"视图→下载设置"子菜单中的命令，如图 12-4 所示，对下载的速度等进行设置。

图 12-3　测试界面

图 12-4　选择命令

⑤ 如果需要自行设置测试速度，可执行"视图→下载设置→自定义"命令，在弹出的"自定义下载设置"对话框中，可进行自定义的下载设置，如图 12-5 所示。

⑥ 执行"视图→带宽设置"命令，可打开如图 12-6 所示的带宽显示图，以此来查看动画的下载性能。

图 12-5　"自定义下载设置"对话框

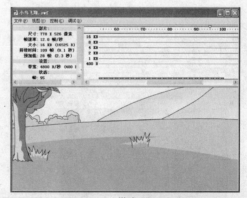

图 12-6　带宽显示图

⑦ 执行"视图→数据流图表"命令，这时在图表中显示一些交错的块状图形，每个块状图形代表一个帧中所含数据量的大小。选择一个块状图形，该块状图形即变为暗红色，如图 12-7 所示。并且可以从左边的列表中看见该帧的数据大小情况。块状图形所占的面积越大，该帧中的数据量越大。如果块状图形高于图表中的红色水平线，表示该帧的数据量超过了目前设置的带宽流

量限制，影片在浏览器中下载时可能会在此出现停顿现象或者需要用较长的时间。

⑧ 执行 "视图→模拟下载" 命令，可以模拟在目前设置的带宽速度下，影片在浏览器中下载并播放的情况。如图 12-8 所示。播放进度条中的绿色进度条表示影片的下载情况，如果它一直领先于播放头的前进速度，则表明影片可以被顺利下载并播放。如果绿色进度条停止前进，播放头也将停止在该位置，这时影片在下载播放时便会出现停顿。

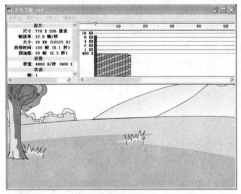

图 12-7　数据流图表　　　　　　　　　　图 12-8　模拟下载

⑨ 经过测试后，单击测试界面右上角的关闭按钮，即可返回编辑窗口。

12.3 | 导出 Flash 作品

对动画进行测试后，即可导出动画。在 **Flash** 中既可以导出整个影片的内容，也可以导出图像、声音、视频等文件。下面将分别对其进行讲解。

12.3.1　导出图像

导出图像的具体操作步骤如下。

① 执行 "文件→打开" 命令，打开一个动画文件，如图 12-9 所示。

② 选取时间轴上的某帧或场景中要导出的图形，这里选择主场景中第 51 帧的图像，如图 12-10 所示。

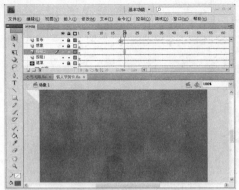

图 12-9　打开的素材文件　　　　　　　　图 12-10　第 51 帧所对应的图像

③ 执行 "文件→导出→导出图像" 命令，如图 12-11 所示。

④ 弹出 "导出图像" 对话框，设置保存路径和保存类型以及文件名，如图 12-12 所示。

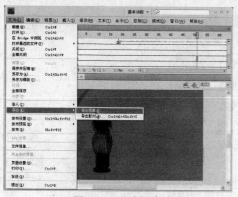

图 12-11　选择命令

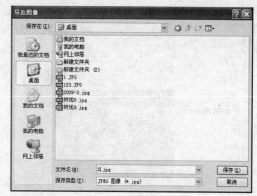

图 12-12　"导出图像"对话框

5 单击"保存"按钮，弹出"导出 JPEG"对话框，如图 12-13 所示，用户可以自行设置导出位图的尺寸、分辨率等参数。

6 在"包含"下拉列表中选择"完整文档大小"选项，如图 12-14 所示。

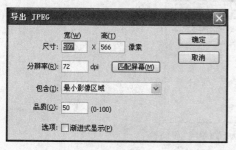

图 12-13　"导出 JPEG"对话框

图 12-14　设置参数

7 设置完成后，单击"确定"按钮即可完成导出图像操作。导出的图像如图 12-15 所示。值得注意的是通过此方法导出的图片格式为 JPEG 格式。

图 12-15　打开图像

12.3.2　导出声音

导出声音文件的操作步骤如下。

1 选取某帧或场景中要导出的声音。执行"文件→导出→导出影片"命令，如图 12-16 所示。

2 弹出"导出影片"对话框，在该对话框的"保存在"下拉列表中指定文件要导出的路径，在"文件名"文本框中输入文件名称，在"保存类型"下拉列表中选择声音保存的类型，在此选择"WAV 音频（*.wav）"，如图 12-17 所示。

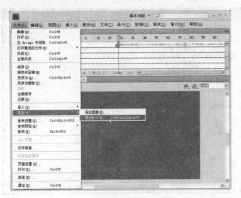

图 12-16　选择命令　　　　　　　图 12-17　"导出影片"对话框

③ 单击"保存"按钮，弹出"导出 Windows WAV"对话框，在"声音格式"下拉列表中选择要导出的声音格式类型，如图 12-18 所示。

图 12-18　"导出 Windows WAV"对话框

④ 单击"确定"按钮，声音导出操作完成。

12.3.3　导出影片

导出影片文件的具体操作步骤如下。

① 打开一个 Flash 动画文件，选取某帧或场景中要导出的影片及其片断。

② 执行"文件→导出→导出影片"命令，弹出"导出影片"对话框。

③ 在"导出影片"对话框的"保存在"下拉列表中选择导出影片的路径，在"文件名"文本框中输入文件名称，在"保存类型"下拉列表中选择影片保存的类型，这里选择"SWF 影片（*.swf）"，如图 12-19 所示。

图 12-19　选择保存类型

④ 单击"保存"按钮即可完成 SWF 影片的导出。

12.3.4　导出视频

导出视频文件的具体操作步骤如下。

1️⃣ 执行"文件→打开"命令，打开一个动画文件，如图 12-20 所示。

2️⃣ 执行"文件→导出→导出影片"命令，弹出"导出影片"对话框，在"文件名"文本框中输入"视频文件"，在"保存类型"下拉列表中选择要导出的文件格式，这里选择"Windows AVI（*.avi）"选项，如图 12-21 所示。

图 12-20　选择命令

图 12-21　"导出影片"对话框

3️⃣ 完成各项设置，单击"保存"按钮，弹出"导出 Windows AVI"对话框，如图 12-22 所示。

4️⃣ 勾选"压缩视频"复选框，在"声音格式"下拉列表中选择"11kHz 8 位立体声"选项，如图 12-23 所示，其他设置保持默认。

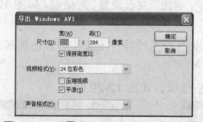

图 12-22　"导出 Windows AVI"对话框

图 12-23　设置声音格式

5️⃣ 单击"确定"按钮，弹出"视频压缩"对话框，如图 12-24 所示。

6️⃣ 保持各选项的参数为默认，单击"确定"按钮，弹出导出文件进度条，显示导出影片的进度，如图 12-25 所示。

图 12-24　"视频压缩"对话框

图 12-25　导出影片进度条

7 如果文件较大，需要耐心的等待。完成文件的导出，即打开 AVI 格式的视频文件，效果如图 12-26 所示。

图 12-26　预览视频文件

小提示 Fl

AVI 格式是微软定义的标准 Windows 视频文件格式。这种格式是基于位图格式的，所以体积极为庞大，但分辨率很高，图像清晰。导出其他格式的操作步骤与导出 AVI 格式基本相同，用户可以将动画导出为其他格式。

12.4 │ Flash 动画的发布

为了便于 Flash 作品的推广和传播，还需要将制作的 Flash 动画文件进行发布。发布是 Flash 影片的一个独特功能。Flash 动画文件完成后必须发布后才能应用于网络。

12.4.1　设置发布格式

根据用户使用的不同需要，可以将 Flash 动画发布成来同的格式，因此，在 Flash 动画发布前必须设置发布格式。

设置发布格式的具体操作如下。

1 打开要发布的动画文件，执行"文件→发布设置"命令，弹出"发布设置"对话框，如图 12-27 所示。

2 进入 Flash 选项卡，在此选项卡中设置 Flash 文件发布的播放器、图像和音频品质等，如图 12-28 所示。

3 进入 HTML 选项卡，在此选项卡中设置 HTML 的相应选项，如图 12-29 所示。

图 12-27　"发布设置"对话框　　　　图 12-28　Flash 选项卡　　　　图 12-29　HTML 选项卡

4 完成各个选项卡中的参数设置后，单击"确定"按钮，即可对当前的 Flash 文件进行发布。

在 Flash 选项卡中，各主要选项的具体含义如下。

- "播放器"下拉列表：用于选择发布的 Flash 动画的版本。可以照顾那些使用较老版本 Flash 软件的用户。
- "生成大小报告"复选框：创建一个文本文件，记录下最终导出动画文件的大小。
- "防止导入"复选框：用于防止发布的动画文件被他人下载到 Flash 程序中进行编辑。
- "省略跟踪动作"复选框：用于设定忽略当前动画中的跟踪命令。
- "允许调试"复选框：允许对动画进行调试。
- "密码"输入框：当选中"防止导入"或"允许调试"复选框后，可在密码框中输入密码。
- "JPEG 品质"：用于将动画中的位图保存为一定压缩率的 JPEG 文件，拖动滑块可改变图像的压缩率，如果所导出的动画中不含位图，则该项设置无效。
- "音频流"：单击右侧的"设置"按钮，弹出"声音设置"对话框，在其中可设定导出的流式音频的压缩格式、位比率和品质等，如图 12-30 所示。

图 12-30　"声音设置"对话框

- "音频事件"：用于设定导出的事件音频的压缩格式、位比率和品质等。

在 HTML 选项卡中各主要选项的具体含义如下。

- "模板"下拉列表：用于选择所使用的模板，单击右边的"信息"按钮，弹出"HTML 模板信息"对话框，显示出该模板的有关信息，如图 12-31 所示。

图 12-31　"HTML 模板信息"对话框

- "尺寸"下拉列表框：用于设置动画的宽度和高度值。主要包括"匹配影片"、"像素"、"百分比"3 种选项。"匹配影片"表示将发布的尺寸设置为动画的实际尺寸大小；"像素"表示用于设置影片的实际宽度和高度，选择该项后可在"宽度"和"高度"文本框中输入具体的像素值；"百分比"表示设置动画相对于浏览器窗口的尺寸大小。
- "开始时暂停"复选框：用于使动画一开始处于暂停状态，只有当用户单击动画中的"播放"按钮或从快捷菜单中选择"Play"菜单命令后，动画才开始播放。
- "显示菜单"复选框：用于使用户右击时弹出的快捷菜单中的命令有效。
- "循环"复选框：用于使动画反复进行播放。
- "设备字体"复选框：用反锯齿系统字体取代用户系统中未安装的字体。
- "品质"下拉列表：用于设置动画的品质，其中包括"低"、"自动减低"、"自动升高"、"中"、"高"和"最好"6 个选项。
- "窗口模式"下拉列表：用于设置安装有 Flash ActiveX 的 IE 浏览器，可利用 IE 的透明显示、绝对定位及分层功能。包含"窗口"、"不透明无窗口"和"透明无窗口"3 个选项。

- "HTML 对齐"下拉列表：用于设置动画窗口在浏览器窗口中的位置，主要有"左"、"右"、"顶"、"底部"及"默认"几个选项。
- "Flash 对齐"下拉列表：用于定义动画在窗口中的位置及将动画裁剪到窗口尺寸。可在"水平"和"垂直"列表中选择需要的对齐方式。其中"水平"列表中主要有"左"、"居中"、"右"3 个选项；"垂直"列表中主要有"顶"、"居中"、"底部"3 个选项。
- "显示警告消息"：用于设置 Flash 是否要警示 HTML 标签代码中所出现的错误。

"窗口模式"下拉列表中 3 个选项的含义如下。

- 窗口：在网页窗口中播放 Flash 动画。
- 不透明无窗口：可使 Flash 动画后面的元素移动，但不会在穿过动画时显示出来。
- 透明无窗口：使嵌有 Flash 动画的 HTML 页面背景从动画中所有透明的地方显示出来。

12.4.2　预览发布效果

当用户发布完成后，可以对动画发布进行预览。其具体操作步骤如下。

1 当设置发布完成后，执行"文件→发布预览"命令，弹出其子菜单，如图 12-32 所示。

2 在该子菜单中选择一种要预览的文件格式即可在动画预览界面中预览到该动画发布后的效果。

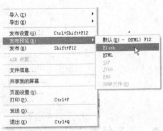

图 12-32　"发布预览"子菜单

12.4.3　发布 Flash 作品

在 Flash CS4 中，发布动画的方法有以下几种。

- 按 Shift + F12 组合键。
- 执行"文件→发布"命令。
- 执行"发布"命令，在发布设置完毕后，单击"发布"按钮即可完成动画的发布。

现场练兵

将 Flash 动画发布为

网页文件

在制作 Flash 动画时，大部分情况就是将完成的动画应用到网页中。在 Flash CS4 中可以将动画直接发布输出为 HTML 网页文件，而不需要先将动画导出，再插入到网页中去。

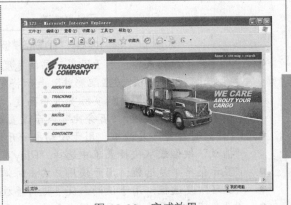

图 12-33　完成效果

具体操作步骤如下。

1 执行"文件→打开"命令，打开一个动画文件，如图 12-34 所示。

图 12-34　打开的动画文件

② 执行"文件→发布设置"命令，弹出"发布设置"对话框，如图 12-35 所示。

③ 进入"格式"选项卡，在"类型"选项区中只保留选中前面两个复选框，如图 12-36 所示。

④ 进入"HTML"选项卡，设置各参数，在完成各项设置后，单击"发布"按钮，即可按照所设置的属性将影片发布出去。也可先单击"确定"按钮，如图 12-37 所示，关闭对话框，先不进行发布。

图 12-35　"发布设置"对话框　　　图 12-36　设置格式类型　　　图 12-37　HTML 选项卡

⑤ 执行"另存为"命令，将文件保存。执行"文件→发布"命令，将文件按设置好的属性发布。

⑥ 在发布后的源文件文件夹中，选择 HTML 文件，双击将文件打开，预览文件，效果如图 12-38所示。

图 12-38　预览网页文件

7 也可以选择同时导出的 SWF 文件，右击，在弹出的快捷菜单中选择"打开"选项，预览 SWF 文件，效果如图 12-39 所示。

图 12-39　预览影片文件

创建影片播放器程序

　　如果要在没有安装 Flash 播放器的电脑上也能正常地播放影片动画，就需要将影片发布成一个可以独立运行的应用程序（.exe），仔细观察一下它们各自的属性内容便可以明白，".exe"之所以具有独立运行的功能，是因为它是一个捆绑了 **Flash Player** 播放程序的影片文件。这样的影片形式，通常在将制作的 Flash 影片动画应用到专案项目时（如多媒体光盘，

教学课件）使用，以确保 Flash 影片能在没有安装 Flash Player 播放器的电脑上也可以顺利地进行播放。

图 12-40　完成效果

　　具体操作步骤如下。

1 打开一个发布生成的 SWF 动画文件，如图 12-41 所示。

2 在影片播放界面中执行"文件→创建播放器"命令，如图 12-42 所示。

图 12-41　打开影片

图 12-42　选择命令

3 打开"另存为"对话框，为创建的播放器程序设置文件名称和保存目录，如图 12-43 所示。完成后单击"确定"按钮。

4 打开文件的保存目录，便可以看见由影片播放文件创建的播放器程序，如图 **12-44** 所示。

图 12-43　另存文件

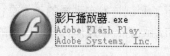

图 12-44　播放器程序

12.5 │ 疑难解析

通过前面的学习，读者应该已经掌握了动画测试与发布的基础知识，下面就读者在学习过程中遇到的疑难问题进行解析。

（1）可以对动画中的线条进行优化吗

可以，执行"修改→形状→优化"命令，打开"最优化曲线"对话框，拖动"平滑"滑块，越往右表示优化的程度越大。

（2）什么是 HTML 文件格式

严格地说，HTML 文件并非是 Flash 文件格式，因为它本身只是网页文档。但是 Macromedia Flash 可以根据发布动画的需要自动生成 HTML 文件，方便用户在浏览器中查看动画。因此，在使用 HTML 文件时，一定要注意保存相应的 swf 文件，这在制作包含 Flash 动画的网页文件时尤其重要。

12.6 │ 上 机 实 践

（1）对制作好的动画，进行影片优化、测试下载性能，并将其发布为影片播放器程序。

（2）按照本章讲述的方法，分别将一个动画文件输出为 HTML 和 JPG 格式的文件，如图 12-45 所示。

图 12-45　最终效果

12.7 | 巩固与提高

本章介绍了测试与发布动画的基本操作方法和技巧。读者通过本章的学习要了解和掌握测试与发布动画的各项操作，将掌握到的知识应用到实际设计中，做到学有所用。

1．填空题

（1）为了使浏览者可以顺利地观看影片，影片的_____是必不可少的。

（2）在 Flash 中，通过_____，可以将影片完整地播放一次，以此来检测动画是否达到了设计的要求。

（3）Flash 中的_____命令可以对动画发布格式等进行设置。

（4）_____可以为文档中的每一帧都创建一个带有编号的图像文件。

2．选择题

（1）按（　　）键可采用系统默认的发布预览方式对动画进行预览。

    A．F2   B．F1   C．F12   D．Ctrl＋Enter

（2）执行（　　）功能可以创建自带播放器的影片。

    A．创建播放器   B．发布设置   C．发布   D．导出影片

ActionScript 特效动画

ActionScript 是 Flash 动画的一个重要组成部分，是 Flash 动画交互功能与实现特殊效果的精髓。通过使用 ActionScript 可以实现动画的特定功能和效果。

 学习指南

- ActionScript 特效的应用
- 方块变换
- 五光十色
- 3D 粒子效果
- 花朵变化样式的鼠标跟随

精彩实例效果展示 ▲

13.1 | ActionScript 特效的应用

ActionScript 特效是 Flash 动画中应用很广泛的一种动画特效，可以制作一些既漂亮又很眩目的视觉特效，如万花筒效果、激光效果等，如图 13-1 和图 13-2 所示。

图 13-1　万花筒效果

图 13-2　激光效果

　　ActionScript 也是制作互动影片的核心，根据鼠标的特性，可以实现很多鼠标的特殊效果，比较常见的鼠标跟随效果。

　　鼠标特效主要表现的对象是鼠标特效，通过和其他各种不同的动画元素以及 ActionScript 代码进行配合，采用各种制作方法，并结合制作的创意，就可以制作出各种鼠标特效。特别是与 ActionScript 代码配合，可以将简单的动画制作出绚丽的效果。如图 13-3 所示的点蜡烛效果和图 13-4 所示的放大镜效果就是很经典的鼠标特效。

图 13-3　点蜡烛效果　　　　　　　　图 13-4　放大镜效果

13.2 | 方块变换

下面将制作绕螺旋状发散效果的方块不断变换的视觉效果。完成后的动画效果如图 13-5 所示。

图 13-5　完成效果

具体操作步骤如下。

1 运行 Flash CS4，新建一个 Flash 空白文档。执行"修改→文档"命令，打开"文档属性"对话框，在对话框中将"尺寸"设置为 400 像素（宽）×400 像素（高），"背景颜色"设置为黑色，"帧频"设置为 25fps，如图 13-6 所示。设置完成后单击"确定"按钮。

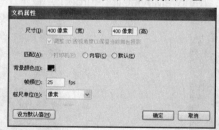

图 13-6　设置文档属性

2 新建一个图形元件"元件 1"，在工作区绘制如图 13-7 所示的矩形图形，大小为 6.7×6.7。

3 新建一个影片剪辑元件"元件 2"，设置第 1 帧为关键帧，将库中元件"元件 1"拖入到主场景，设置其色调为淡黄色，如图 13-8 所示，并添加 Action：gotoAndStop(_level0:kadr)。在第 5 帧处插入关键帧，设置元件"元件 1"的色调为淡绿色，如图 13-9 所示。

图 13-7 元件 1

图 13-8 元件 2

4 在第 10 帧处插入关键帧，设置元件"元件 1"的色调为高亮绿色，如图 13-10 所示；在第 15 帧处插入关键帧，设置元件"元件 1"的色调为高亮黄色，如图 13-11 所示；在第 20 帧处插入关键帧，设置元件"元件 1"的色调为淡黄色，如图 13-12 所示；并在各关键帧之间创建动作补间动画。

图 13-9 设置"元件 1"的色调为淡绿色

图 13-10 设置"元件 1"的色调为高亮绿色

图 13-11 设置"元件 1"的色调为高亮黄色

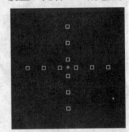

图 13-12 设置"元件 1"的色调为淡黄色

5 新建一个影片剪辑元件"元件 3"，设置"图层 1"的第 1 帧为关键帧，将库中元件"元件 1"拖入到主场景，再重制 11 个，排列成如图 13-13 所示的形状。

6 新建一个影片剪辑元件"元件 4"，将库中元件"元件 3"拖入到主场景，在"属性"面板中设置其为影片剪辑"obj"并设置为自动旋转-100。在第 25 帧处插入关键帧，设置其 Alpha 值为 0，如图 13-14 所示，添加 Action：removeMovieClip(_target);并在第 1 帧处创建动作补间动画。

图 13-13 排列 11"元件 1"

图 13-14 设置"元件 4"的 Alpha 值为 0

7 回到主场景，设置"图层 1"的第 1 帧为关键帧，将库中元件"元件 4"拖入到主场景，在"属性"面板中设置其为影片剪辑"pred"，在第 3 帧处插入帧。

8 增加"图层 2"，分别设置第 1、2、3 帧为空白关键帧，并分别在这三帧中添加如下所示的 Action 代码。

第 1 帧处 Action：

```
setProperty("/pred", _visible, False);
i = 1;
rot = 0;
scl = 100;
krot = 8;
kscl = -2;
kadr = 1;
kadr2 = 1;
```

第 2 帧处 Action：

```
duplicateMovieClip("/pred", "obj" add i, i);
rot = Number(rot)+Number(krot);
scl = Number(scl)+Number(kscl);
krot = Number(krot)+1;
kadr = Number(kadr)+1;
kadr2 = Number(kadr2)+1;
if ((Number(scl)>200) or (Number(scl)<20)) {
    kscl = -kscl;
}
if (Number(krot)>Number(random(120))) {
    krot = -krot;
}
if (Number(kadr)>20) {
    kadr = 1;
}
if (Number(kadr2)>160) {
    kadr2 = 160;
}
setProperty("obj" add i, _rotation, rot);
setProperty("obj" add i, _xscale, scl);
setProperty("obj" add i, _yscale, scl);
i = Number(i)+1;
```

第 3 帧处 Action：

```
gotoAndPlay(2);
```

9 执行 "控制→测试影片" 命令或按 Ctrl+Enter 组合键进行动画效果测试，如图 13-15 所示。

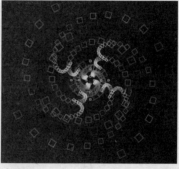

图 13-15　测试动画

13.3 | 五光十色

下面将制作一个五光十色的漂亮光效效果，完成后的动画效果如图 13-16 所示。

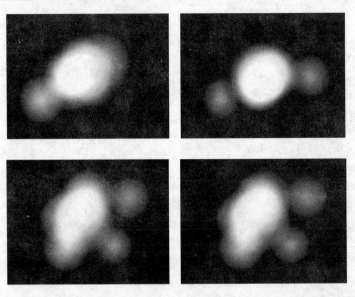

图 13-16　完成效果

具体操作步骤如下。

1 新建一个 Flash 文档，执行"修改→文档"命令，打开"文档属性"对话框，在对话框中将"尺寸"设置为 750 像素（宽）×550 像素（高），"背景颜色"设置为黑色，"帧频"设置为 30fps，如图 13-17 所示。设置完成后单击"确定"按钮。

图 13-17　设置文档属性

2 新建一个图形元件"shape 1"，在工作区绘制一个如图 13-18 所示的图形。

3 新建一个图形元件"shape 2"，使用"文本工具"在工作区输入如图 13-19 所示的文字。

图 13-18　制作元件"shape 1"

图 13-19　制作元件"shape 2"

4　新建一个影片剪辑元件"sprite 1"，设置第 1 帧为空白关键帧，制作一个空白元件。

5　新建一个影片剪辑元件"sprite 2"，设置第 1 帧为关键帧，将库中的影片剪辑元件"sprite 1"拖入工作区，在"属性"面板中将其命名为"Controller"，如图 13-20 所示。并在影片剪辑元件"sprite 1"上添加如下所示的代码。

图 13-20　命名影片剪辑为"Controller"

```
onClipEvent (load) {
    setProperty("", _quality, "LOW");
    Sounds = new Array();
    Circles = new Array();
    Colors = new Array();
    Hues = new Array(12255343, 16750848, 16763904, 10080767, 13762457, 8978392,
9795583, 16737938);
    maxLoops = 10;
    numLoops = 7;
    t = 0;
    for (i=0; i<maxLoops; i++) {
        Colors[i] = new Color("_parent.bar"+i);
        Colors[i].setRGB(Hues[i]);
        setProperty("_parent.bar"+i, _yscale, 0);
    }
    for (i=0; i<numLoops; i++) {
        Sounds[i] = new Sound(eval("_parent.loop"+i));
        Sounds[i].attachSound("loop"+i);
        attachMovie("circle", "C"+i, i);
        Colors[i] = new Color("C"+i);
        Colors[i].setRGB(Hues[i]);
        Circles[i] = new Object();
        Circles[i].radius = 250-i*15;
        Circles[i].orbit = i*30+20;
        Circles[i].r2 = Circles[i].radius*Circles[i].radius*10;
        Circles[i].f1 = Math.random()*40+40;
        Circles[i].f2 = Math.random()*40+40;
        Circles[i].f3 = Math.random()*40+40;
        Circles[i].f4 = Math.random()*40+40;
        Circles[i].p1 = Math.random()*6.280000E+000;
        Circles[i].p2 = Math.random()*6.280000E+000;
        Circles[i].p3 = Math.random()*6.280000E+000;
```

```
                Circles[i].p4 = Math.random()*6.280000E+000;
                setProperty("C"+i, _xscale, Circles[i].radius);
                setProperty("C"+i, _yscale, Circles[i].radius);
            }
        for (i=0; i<numLoops; i++) {
                Sounds[i].start(0, 999);
                Sounds[i].setVolume(0);
            }
        }
    onClipEvent (enterFrame) {
        for (i=0; i<numLoops; i++) {
                Circles[i].x                                                        =
Math.sin(t/Circles[i].f1+Circles[i].p1)*Math.sin(t/Circles[i].f2+Circles[i].p2)*Circles[i].orbit;
                Circles[i].y                                                        =
Math.sin(t/Circles[i].f3+Circles[i].p3)*Math.sin(t/Circles[i].f4+Circles[i].p4)*Circles[i].orbit;
                setProperty("C"+i, _x, Circles[i].x);
                setProperty("C"+i, _y, Circles[i].y);
                dx = _xmouse-Circles[i].x;
                dy = _ymouse-Circles[i].y;
                d = dx*dx;
                d = d+dy*dy;
                mix = Circles[i].r2/d;
                if (mix>70) {
                    mix = 70;
                }
                Sounds[i].setVolume(mix);
                setProperty("_parent.bar"+i, _yscale, mix);
            }
        ++t;
        }
```

6 新建一个影片剪辑元件"sprite 3"，设置第 1 帧为关键帧，将库中元件"shape 1"拖入工作区。

7 新建一个影片剪辑元件"sprite 4"，设置"图层 1"的第 1 帧为关键帧，将库中元件"sprite 3"拖入工作区。增加"图层 2"，设置第 1 帧为关键帧，将库中元件"shape 2"拖入工作区，使其位于元件"sprite 3"上面，如图 13-21 所示。

图 13-21　元件"sprite 4"

8 回到主场景，设置"图层 1"的第 1 帧为关键帧，将库中元件"sprite 1"拖入主场景，在"属性"面板中将其命名为影片剪辑"**Controller**",并添加如下所示的代码。

```
onClipEvent (load) {
Circles = new Array();
Colors = new Array();
Hues = new Array(12255343, 16750848, 16763904, 10080767, 13762457, 8978392,
9795583, 16737938);
    maxLoops = 15;
    numLoops = 8;
    t = 0;
    for (i=0; i<maxLoops; i++) {
        Colors[i] = new Color("_parent.bar"+i);
        Colors[i].setRGB(Hues[i]);
        setProperty("_parent.bar"+i, _yscale, 0);
    }
    for (i=0; i<numLoops; i++) {
        attachMovie("circle", "C"+i, i);
        Colors[i] = new Color("C"+i);
        Colors[i].setRGB(Hues[i]);
        Circles[i] = new Object();
        Circles[i].radius = 250-i*15;
        Circles[i].orbit = i*30+15;
        Circles[i].r2 = Circles[i].radius*Circles[i].radius*10;
        Circles[i].f1 = Math.random()*40+40;
        Circles[i].f2 = Math.random()*40+40;
        Circles[i].f3 = Math.random()*40+40;
        Circles[i].f4 = Math.random()*40+40;
        Circles[i].p1 = Math.random()*6.280000E+000;
        Circles[i].p2 = Math.random()*6.280000E+000;
        Circles[i].p3 = Math.random()*6.280000E+000;
        Circles[i].p4 = Math.random()*6.280000E+000;
        setProperty("C"+i, _xscale, Circles[i].radius);
        setProperty("C"+i, _yscale, Circles[i].radius);
    }
    for (i=0; i<numLoops; i++) {
        Sounds[i].start(0, 999);
        Sounds[i].setVolume(0);
    }
}
onClipEvent (enterFrame) {
    for (i=0; i<numLoops; i++) {
        Circles[i].x =
Math.sin(t/Circles[i].f1+Circles[i].p1)*Math.sin(t/Circles[i].f2+Circles[i].p2)*Circles[i].orbit*1.200000E+0
00;
        Circles[i].y =
Math.sin(t/Circles[i].f3+Circles[i].p3)*Math.sin(t/Circles[i].f4+Circles[i].p4)*Circles[i].orbit;
        setProperty("C"+i, _x, Circles[i].x);
```

```
              setProperty("C"+i, _y, Circles[i].y);
              dx = _xmouse-Circles[i].x;
              dy = _ymouse-Circles[i].y;
              d = dx*dx;
              d = d+dy*dy;
              mix = Circles[i].r2/d;
              if (mix>70) {
                    mix = 70;
              }
              Sounds[i].setVolume(mix);
              setProperty("_parent.bar"+i, _yscale, mix);
       }
       ++t;
  }
```

9 增加 "图层 2"，设置第 1 帧为空白关键帧，添加代码：fscommand("allowscale", "false")。

10 执行 "控制→测试影片" 命令，或按 **Ctrl+Enter** 组合键进行最终效果测试。如图 **13-22** 所示。

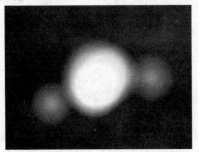
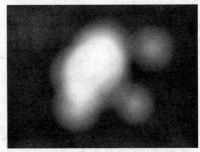

图 13-22　测试动画

13.4 | 3D 粒子效果

下面使用 ActionScript 来制作出不断旋转、不同角度展示的 3D 粒子球效果。完成后的动画效果如图 **13-23** 所示。

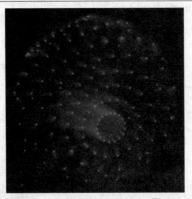
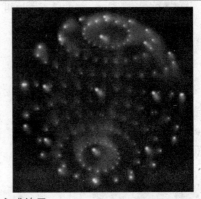

图 13-23　完成效果

具体操作步骤如下。

1 新建一个 Flash 文档，执行 "修改→文档" 命令，打开 "文档属性" 对话框，在对话框中将

"尺寸"设置为 750 像素（宽）×550 像素（高），"背景颜色"设置为黑色，"帧频"设置为 30fps，如图 13-24 所示。设置完成后单击"确定"按钮。

2 新建一个图形元件"shape 1"，在工作区绘制一个如图 13-25 所示的图形。

3 新建一个影片剪辑元件"sprite 2 (obj)"，设置"图层 1"的第 1 帧为关键帧，将库中元件"shape 1"拖入工作区；增加"图层 2"，设置第 1 帧为空白关键帧，添加 Action：this.cacheAsBitmap = true。

图 13-24　设置文档属性

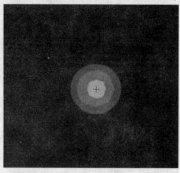

图 13-25　制作元件"shape 1"

4 回到主场景，设置"图层 1"的第 1 帧为空白关键帧，添加如下所示的代码。

```
stop();
Stage.scaleMode = "noScale";
Stage.align = "CC";
container = this.createEmptyMovieClip("container", 999999);
bmp = new flash.display.BitmapData(750, 550, false, 1118481);
canvas = container.createEmptyMovieClip("canvas", 1);
canvas.bmp = canvas.createEmptyMovieClip("bmp", 1);
canvas.bmp.attachBitmap(bmp, 1, false, false);
var theScene = container.createEmptyMovieClip("theScene", 10000);
theScene.blendMode = "add";
theScene._x = 300;
theScene._y = 300;
var objectsInScene = new Array();
var focalLength = 300;
var cameraView = new Object();
cameraView.x = 0;
cameraView.y = 0;
cameraView.z = 0;
cameraView.rotation = 0;
cameraView.angle = 0;
displayObj = function () {
    var _loc8;
    var _loc7;
    var _loc9;
    var _loc6;
    var _loc11;
    var _loc10;
    var _loc4;
```

```
        var _loc3 = this.x-cameraView.x;
        var _loc2 = this.y-cameraView.y;
        var _loc5 = this.z-cameraView.z;
        _loc8 = cx*_loc2-sx*_loc5;
        _loc7 = sx*_loc2+cx*_loc5;
        _loc6 = cy*_loc7-sy*_loc3;
        _loc9 = sy*_loc7+cy*_loc3;
        _loc11 = cz*_loc9-sz*_loc8;
        _loc10 = sz*_loc9+cz*_loc8;
        _loc4 = focalLength/(focalLength+_loc6);
        _loc3 = _loc11*_loc4;
        _loc2 = _loc10*_loc4;
        _loc5 = _loc6;
        this._x = _loc3;
        this._y = _loc2;
        if (scaling == true) {
                this._xscale = this._yscale=100*_loc4;
        } else {
                this._xscale = this._yscale=100;
        }
        // end else if
};
var space = 20;
var step = 1.745329E-002;
var radius = 200;
var lvl = 500000;
var radian = 1.745329E-002;
var i = space;
while (i<180) {
        var angle = 0;
        while (angle<360) {
                ++lvl;
                var attachedObj = theScene.attachMovie("obj", "obj"+lvl, lvl);
                var x = Math.sin(step*i)*radius;
                attachedObj.x = Math.cos(angle*radian)*x;
                attachedObj.y = Math.cos(step*i)*radius;
                attachedObj.z = Math.sin(angle*radian)*x;
                attachedObj.display = displayObj;
                objectsInScene.push(attachedObj);
                angle = angle+space;
        }
        // end while
        i = i+space;
}
```

```
    // end while
    lookAround = function () {
        rotstep = this._xmouse/10000;
        if (Math.abs(rotstep)<1.000000E-002) {
            if (rotstep<0) {
                rotstep = -1.000000E-002;
            } else {
                rotstep = 1.000000E-002;
            }
            // end if
        }
        // end else if
        angstep = this._ymouse/10000;
        if (Math.abs(angstep)<1.000000E-002) {
            if (angstep<0) {
                angstep = -1.000000E-002;
            } else {
                angstep = 1.000000E-002;
            }
            // end if
        }
        // end else if
        cameraView.rotation = cameraView.rotation+rotstep;
        cameraView.angle = cameraView.angle+angstep;
        sx = Math.sin(cameraView.angle);
        cx = Math.cos(cameraView.angle);
        sy = Math.sin(cameraView.rotation);
        cy = Math.cos(cameraView.rotation);
        sz = 0;
        cz = 1;
        for (var _loc2 = 0; _loc2<objectsInScene.length; ++_loc2) {
            objectsInScene[_loc2].display();
        }
        // end of for
        bmp.draw(container);
        canvas.bmp.filters = [myBlur];
};
var myBlur = new flash.filters.BlurFilter();
myBlur.clone = false;
myBlur.blurX = 10;
myBlur.blurY = 10;
theScene.onEnterFrame = lookAround;
scaling = false;
this.onMouseDown = function() {
```

```
            if (scaling == false) {
                scaling = true;
            } else {
                scaling = false;
            }
            // end else if
        };
```

5 执行"控制→测试影片"命令，或按 **Ctrl+Enter** 组合键，进行 **3D** 粒子球效果的测试，如图 **13-26** 所示。

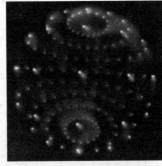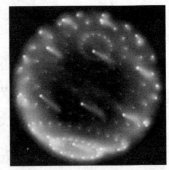

图 13-26 测试动画

13.5 | 花朵变化样式的鼠标跟随

下面将制作形如花朵样式不断变化的图形跟随鼠标移动的效果，完成后的动画效果如图 **13-27** 所示。

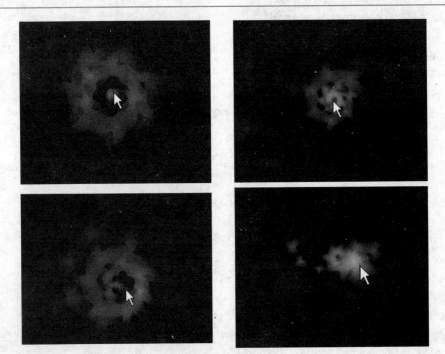

图 13-27 完成效果

具体操作步骤如下。

1 新建一个 Flash 文档，执行"修改→文档"命令，打开"文档属性"对话框，在对话框中将"尺寸"设置为 600 像素（宽）×400 像素（高），"背景颜色"设置为黑色，"帧频"设置为 30fps，如图 13-28 所示。设置完成后单击"确定"按钮。

图 13-28　设置文档属性

2 创建一个图形元件"Symbol 1"，在工作区绘制一个 17×17 大小的正圆，填充效果如图 13-29 所示。

3 创建一个图形元件"Symbol 2"，在工作区绘制一个 36×58 大小的形状图形如图 13-30 所示。

4 创建一个图形元件"Symbol 3"，将库中元件"Symbol 2"拖入到工作区中，并将其拖放到 83×133 大小。

图 13-29　制作元件"Symbol 1"

图 13-30　制作元件"Symbol 2"

5 创建一个影片剪辑元件"drag"，设置"图层 1"的第 1 帧为关键帧，将库中元件"Symbol 3"拖入到工作区，如图 13-31 所示。在第 15 帧处插入关键帧，将其缩小并向右移动到如图 13-32 所示的位置。

图 13-31　制作元件"Symbol 3"

图 13-32　缩小并向右移动元件"Symbol 3"

6 在第 30 帧处插入关键帧，将其拉大并向右移动到如图 13-33 所示的位置，再改变其颜色为绿色。在第 45 帧处插入关键帧，将其缩小并向右移动到如图 13-34 所示的位置，再设置其 Alpha

值为 0。在各个关键帧处创建动作补间动画。

图 13-33 拉大并向右移动元件"Symbol 3"　　　　图 13-34 缩小并向右移动元件"Symbol 3"

7 为使效果明显，先隐藏"图层 1"，增加"图层 2"，设置第 1 帧为关键帧，将库中元件"Symbol 3"拖入到工作区，如图 13-35 所示。在第 4 帧处插入关键帧，将其缩小并向右移动到如图 13-36 所示的位置。

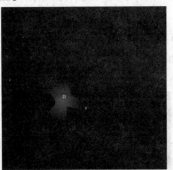

图 13-35 将库中元件"Symbol 3"拖入到工作区　　　图 13-36 缩小并向右移动元件"Symbol 3"

8 再设置其 Alpha 值为 0。在第 15 帧处插入关键帧，改变其颜色为蓝色，如图 13-37 所示；在第 20 帧处插入关键帧，将其拖大到如图 13-38 所示的大小，并设置其 Alpha 值为 0。

图 13-37 改变元件"Symbol 3"颜色为蓝色　　　　图 13-38 拖大元件"Symbol 3"

9 在第 30 帧处插入关键帧，将其缩小并改变颜色如图 13-39 所示，复制第 20 帧粘贴到第 35 帧处，复制第 1 帧粘贴到第 45 帧处。在各个关键帧处创建动作补间动画。

10 创建一个影片剪辑元件"Symbol 4"，设置"图层 1"的第 1 帧为关键帧，将库中元件"drag"拖入到工作区，在"属性"面板中为其命名为影片剪辑"drag"，在第 18 帧处插入帧。

11 增加"图层 2"，设置第 1 帧为关键帧，添加如下指令代码：startDrag("drag", true)。

图 13-39　缩小并改变元件"Symbol 3"颜色

⑫ 回到主场景，设置"图层 1"的第 5 帧为关键帧，将库中元件"Symbol 4"拖入到工作区，在"属性"面板中为其命名为影片剪辑"light"，并添加如下代码。

```
        n = Number(n)+20;
    if (Number(n)<360) {
        duplicateMovieClip("/light", "light" add n, n);
        setProperty("/light" add n, _rotation, getProperty("light", _rotation)-n*20.7);
        gotoAndPlay(4);
    } else {
        stop();
    }
```

⑬ 按 Ctrl+Enter 组合键，进行花朵变化样式的鼠标跟随效果的测试，如图 13-40 所示。

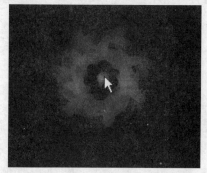

图 13-40　测试动画

13.6 上机实践

制作一个如图 13-41 所示的视觉特效。

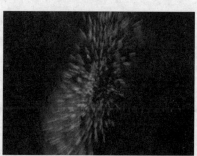

图 13-41　视觉特效

13.7 | 巩固与提高

本章主要介绍了 4 种 ActionScript 特效的制作方法,利用鼠标的 ActionScript 还能制作出更多更好的动画效果,制作方法也多种多样,希望读者在以后的学习制作过程中,广开思路,积极创新,定能制作出更多更好的作品。

第 **14** 章

综合实例

本章讲述使用 Flash 制作广告、电子相册的方法。希望读者在学习完本章所讲述的知识后，能灵活地综合运用 Flash CS4 的各种功能，制作出优秀的 Flash 动画作品。

学习指南

- Flash 广告
- Flash 电子相册

精彩实例效果展示 ▲

14.1 | Flash 广告

Flash 广告在网络广告应用中扮演着越来越重要的角色。在知名网站的网页中，我们都可以发现 Flash 广告的存在。

14.1.1 Flash 广告的应用

目前 Flash 广告在现在的网络商业广告应用中发挥着越来越重要的作用，凭借其强大的媒体支持功能和多样化的表现手段，可以用更直观的方式表现广告的主体，这种表现方式不但效果极佳，也更为广大广告受众所接受。

随着网络的发展，网络在媒体中的作用也越来越重要，Flash 广告则正好成为这种网络潮流的中坚力量，在网络广告中扮演着重要的角色，在任何一个知名网站中，几乎都能看到各种各样的 Flash 广告，如图 14-1 所示，本节我们将着重介绍 Flash 广告的特点及应用。

图 14-1 网页中的 Flash 广告

1. Flash 广告的特点

结合 Flash 广告在网络中的实际应用，我们可将其特点归纳为以下几点。

● 适合网络传播

Flash 的特点就是它所生成的 swf 影片文件体积小，可满足网络迅速传播的需求，将 Flash 动画嵌入到网页中也不会明显增加网页的数据量，在网络上可以迅速播放。

● 表现形式丰富

Flash 的兼容性强，在 Flash 动画影片中可以加入位图、声音甚至是视频，所以使用 Flash 可以制作出各种形式的动画影片，以达到更好的表现 Flash 广告的内容的效果。

● 强大的交互功能

使用 Flash 动画制作的广告具有交互功能，通过使用 Action 还可以实现很多丰富的效果，观看者通过在影片中单击鼠标来获取需要的信息，或者通过在影片中设置超级链接，观看者在单击某个区域后可以转到另一个页面，以了解更详尽的资料。

● 针对性强

Flash 广告一般篇幅比较短小，针对广告内容的特点，选择最适合的表现手法，既可以表现产品精神内涵，又可以直观地表现产品的造型特点等，这使得观看者能更确切地了解广告中的内容。这使得 Flash 广告成为网络媒体的首选。

2．Flash 广告的应用

目前，Flash 广告的应用领域还主要体现在网络应用方面，即网页广告应用，这是由 Flash 动画的基本特点所决定的。尽管也有部分优秀的广告作品以公益广告和片头动画的形式出现在电视媒体上，但其最大的广告重心仍然在网络商业应用方面，并将继续以此为中心发展并壮大。Flash 广告的应用主要包括以下几点。

- 宣传某项内容

主要是对某项内容进行宣传，以扩大其影响范围和知名度，如对某品牌、产品、机构、人物等进行宣传，公益广告也属于这一领域。

- 作为链接的标志

此类 Flash 广告一般信息量比较少，主要起到一个引导的作用，观看者如果对 Flash 广告中的内容感兴趣，可以使用鼠标单击影片中的某些内容，即可自动转到另一个页面，以达到宣传和展示的目的。

- 用于展示某些产品

这类 Flash 广告一般都简洁明了，主要介绍产品的功能及特点，其内容一般都是新产品的推出或某些商品的促销，对于这类产品一般用户都已经有了相当的了解，而且是比较热门的商品。

3．Flash 广告的基本类型

对网络中 Flash 广告的类型根据不同的标准有很多的分类，在这里我们根据 Flash 广告在网页中的出现方式来对其进行分类，主要有以下两种划分的方式。

- 普通 Flash 广告条

这类广告一般直接嵌入在网页内，用户打开网页即可浏览到此 Flash 广告，这种广告的特点是一般体积比较小，不会占用太大的页面空间，而且不会对网页的浏览速度造成太大的影响。

- 弹出式 Flash 广告

这类广告是指在打开网页的过程中会自动弹出的 Flash 广告，包括在网页内部展开和在新窗口中打开两种，在网页内部展开的 Flash 广告一般在一段时间之后会自动返回，而在新窗口中打开的 Flash 广告一般需要用户单击才可关闭。

4．Flash 广告的制作流程

在制作 Flash 广告时，一般需要以下的步骤。

- 确定广告的内容

在制作 Flash 广告之前，应当了解和确定广告的内容，包括了解其造型、特点及使用等，还包括确定要达到何种广告的效果等。

- 构思广告的结构

确定内容及主题后，即需要构思广告的整个框架，包括选择何种形式，使用哪些素材，如何表现等。

- 收集素材

构思结束后，即可收集所需要的素材，一般包括产品的照片以及影片中需要的声音等。

- 编辑动画及发布

这是制作动画中最重要的一环，将构思转化为实际的视觉效果，在编辑动画时，将各种素材进行有效的组合，并使用各种不同的方法来制作各种丰富的动画效果，制作结束后可测试动画效果，将动画修改到满意为止，之后即可发布动画影片。

14.1.2 制作 Flash 轮换广告

本例制作一个 Flash 轮换广告，完成后的效果如图 14-2 所示。

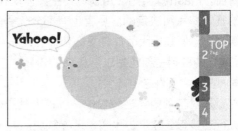

图 14-2　完成效果

1. 制作元件

其具体操作步骤如下。

1️⃣ 运行 Flash CS4，新建一个 Flash 空白文档。执行 "修改→文档" 命令，打开 "文档属性" 对话框，在对话框中将 "尺寸" 设置为 540 像素（宽）×280 像素（高），"背景颜色" 设置为黑色，"帧频" 设置为 30fps，如图 14-3 所示。设置完成后单击 "确定" 按钮。

2️⃣ 创建一个图形元件 "Symbol 1"，使用 "矩形工具" 在工作区绘制一个 470×280 大小的矩形。

3️⃣ 创建一个图形元件 "Symbol 2"，使用 "矩形工具" 在工作区绘制一个 80×50 大小的图形，如图 14-4 所示。

4️⃣ 创建一个影片剪辑元件 "Symbol 3"，将库中元件 "Symbol 2" 拖入工作区。

图 14-3　设置文档属性

5️⃣ 创建一个图形元件 "Symbol 4"，使用 "矩形工具" 在工作区绘制一个 80×50 大小的图形，如图 14-5 所示。

6️⃣ 创建一个影片剪辑元件 "Symbol 5"，将库中元件 "Symbol 4" 拖入工作区。

图 14-4　制作元件 "Symbol 2"　　　图 14-5　制作元件 "Symbol 4"

7 创建一个影片剪辑元件"Symbol 6"，在工作区输入文字，绘制一个动态文本框，如图 14-6 所示。

8 创建一个图形元件"Symbol 7"，使用"矩形工具"在工作区绘制一个 28×95 大小的矩形，再将其转换为影片剪辑元件"Symbol 8"。

9 创建一个影片剪辑元件"Symbol 9"，使用"文本工具"在工作区输入阿拉伯数字"1"，如图 14-7 所示。

图 14-6　制作元件"Symbol 6"　　　　　图 14-7　制作元件"Symbol 9"

10 创建一个影片剪辑元件"Symbol 10"，将库中元件"Symbol 3"、"Symbol 5"、"Symbol 8"、"Symbol 6"、"Symbol 9"拖入主场景，组合成如图 14-8 所示的形状，并在"属性"面板中分别将其命名为"bt1a"、"bt1b"、"bt1c"、"bt1v"、"bt1t"。

11 在库中复制影片剪辑元件"Symbol 8"，粘贴并更名为"Symbol 11"。

12 创建一个影片剪辑元件"Symbol 12"，使用"文本工具"在工作区输入阿拉伯数字"2"，如图 14-9 所示。

图 14-8　制作元件"Symbol 10"　　　　　图 14-9　制作元件"Symbol 12"

13 创建一个影片剪辑元件"Symbol 13"，将库中元件"Symbol 3"、"Symbol 5"、"Symbol 8"、"Symbol 6"、"Symbol 12"拖入主场景，组合成如图 14-10 所示的形状，并在"属性"面板中分别将其命名为"bt2a"、"bt2b"、"bt2c"、"bt2v"、"bt2t"。

14 在库中复制影片剪辑元件"Symbol 8"，粘贴并更名为"Symbol 14"。

15 创建一个影片剪辑元件"Symbol 15"，使用"文本工具"在工作区输入阿拉伯数字"3"，如图 14-11 所示。

图 14-10　制作元件"Symbol 13"　　　　　图 14-11　制作元件"Symbol 15"

16 创建一个影片剪辑元件"Symbol 16"，将库中元件"Symbol 3"、"Symbol 5"、"Symbol 8"、"Symbol 6"、"Symbol 15"拖入主场景，组合成如图 14-12 所示的形状，并在"属性"面板

中分别将其命名为"bt3a"、"bt3b"、"bt3c"、"bt3v"、"bt3t"。

17 在库中复制影片剪辑元件"Symbol 8"，粘贴并更名为"Symbol 17"。

18 创建一个影片剪辑元件"Symbol 18"，使用"文本工具"在工作区输入阿拉伯数字"4"，如图 14-13 所示。

图 14-12 制作元件"Symbol 16"　　　图 14-13 制作元件"Symbol 18"

19 创建一个影片剪辑元件"Symbol 19"，将库中元件"Symbol 3"、"Symbol 5"、"Symbol 8"、"Symbol 6"、"Symbol 19"拖入主场景，组合成如图 14-14 所示的形状，并在"属性"面板中分别将其命名为"bt4a"、"bt4b"、"bt4c"、"bt4v"、"bt4t"。

20 创建一个图形元件"Symbol 20"，导入一幅如图 14-15 所示的图形。

21 创建一个影片剪辑元件"Symbol 21"，设置第 1 帧为关键帧，将库中元件"Symbol 20"拖入主场景，在第 30 帧处插入关键帧，并在第 1 帧设置顺时针旋转 3 次，再创建动作补间动画。

图 14-14 制作元件"Symbol 19"　　　图 14-15 制作元件"Symbol 20"

22 创建一个影片剪辑元件"Symbol 22"，此元件为空白元件，无任何图形或文字。

23 创建一个图形元件"Symbol 23"，在工作区绘制一个 470×280 大小的矩形，并填充为如图 14-16 所示的效果，再将其转换为影片剪辑元件"Symbol 24"。

24 创建一个影片剪辑元件"Symbol 25"，设置"图层 1"的第 1 帧为关键帧，将库中元件"Symbol 24"拖入主场景，在第 10 帧处插入关键帧，设置其 Alpha 值为 0，在第 14 帧处插入关键帧，复制第 1 帧粘贴到第 23 帧。增加"图层 2"，在第 13 帧插入空白关键帧，添加动作"gotoAndPlay(11);"。增加"图层 3"，在第 14 帧插入空白关键帧，并设置帧标签"gogogo"。

25 创建一个影片剪辑元件"Symbol 26"，设置"图层 1"的第 1 帧为关键帧，将库中元件"Symbol 22"拖入主场景，在"属性"面板中将其命名为"PP2"，如图 14-17 所示。在第 22 帧处插入帧。

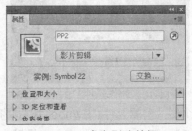

图 14-16 制作元件"Symbol 23"　　　图 14-17 命名影片剪辑

2. 编辑主场景

1 增加"图层 2",设置第 1 帧为关键帧,将库中元件"Symbol 24"拖入主场景,在第 10 帧处插入关键帧,设置其 Alpha 值为 0%,在第 14 帧处插入关键帧,复制第 1 帧粘贴到第 22 帧。增加"图层 3",在第 12 帧插入空白关键帧,添加动作"gotoAndPlay(11);"。增加"图层 4",在第 14 帧插入空白关键帧,并设置帧标签"gogogo",如图 14-18 所示。

2 创建一个影片剪辑元件"Symbol 27",设置"图层 1"的第 1 帧为关键帧,将库中元件"Symbol 22"拖入主场景,在"属性"面板中将其命名为"PP3",如图 14-19 所示。在第 22 帧处插入帧。

图 14-18　设置帧标签　　　　　　　　　图 14-19　命名影片剪辑

3 增加图层 2,设置第 1 帧为关键帧,将库中元件"Symbol 24"拖入主场景,在第 10 帧处插入关键帧,设置其 Alpha 值为 0%,在第 14 帧处插入关键帧,复制第 1 帧粘贴到第 22 帧。增加图层 3,在第 12 帧插入空白关键帧,添加动作"gotoAndPlay(11);"。增加"图层 4",在第 14 帧插入空白关键帧,并设置帧标签"gogogo"。

4 创建一个影片剪辑元件"Symbol 28",设置"图层 1"的第 1 帧为关键帧,将库中元件"Symbol 22"拖入主场景,在"属性"面板中将其命名为"PP4",如图 14-20 所示。在第 22 帧处插入帧。

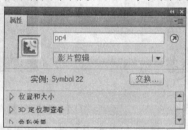

图 14-20　命名影片剪辑

5 增加"图层 2",设置第 1 帧为关键帧,将库中元件"Symbol 24"拖入主场景,在第 10 帧处插入关键帧,设置其 Alpha 值为 0%,在第 12 帧处插入关键帧,复制第 1 帧粘贴到第 13 帧,复制第 10 帧粘贴到第 22 帧。增加"图层 3",在第 12 帧插入空白关键帧,添加动作"gotoAndPlay(11);"。增加"图层 4",在第 14 帧插入空白关键帧,并设置帧标签为"gogogo"。

6 创建一个影片剪辑元件"Symbol 29",设置"图层 1"的第 1 帧为空白关键帧,再设置第 2、3、4、5 帧为关键帧,分别将库中元件"Symbol 25"、"Symbol 26"、"Symbol 27"、"Symbol 28"拖入工作区,分别放置于这 4 帧处,再分别在"属性"面板将其命名为"play1"、"play2"、"play3"、"play4"。

7 创建一个影片剪辑元件"Symbol 30",设置第 170 帧为空白关键帧,添加如下代码。

```
    if (_root.vi == 4)
{
    _root.vi = 1;
}
```

```
    else
    {
        _root.vi++;
    } // end if
    _root.playrandom();
```

[8] 创建一个影片剪辑元件"Symbol 31"，在工作区绘制一个四角相角形状的图形，如图 14-21 所示，其单独的一个形状如图 14-22 所示。

图 14-21 制作元件"Symbol 31"　　　　　图 14-22 放大的元件"Symbol 31"

[9] 回到主场景，设置"图层 1"的第 1 帧为关键帧，在工作区右边绘制一个 70×280 大小的白色矩形，如图 14-23 所示。

[10] 增加"图层 2"，设置第 1 帧为关键帧，将库中元件"Symbol 10"拖入主场景，如图 14-24 所示，在"属性"面板中为其命名为"bt1"，并添加"onClipEvent (enterFrame){ this._y = this._y + (_root.bb1 - this._y) / 3;}"。

图 14-23 绘制白色矩形　　　　　图 14-24 将元件"Symbol 10"拖入主场景

[11] 增加"图层 3"，设置第 1 帧为关键帧，将库中元件"Symbol 13"拖入主场景，如图 14-25 所示，在"属性"面板中为其命名为"bt2"，并添加"onClipEvent (enterFrame){ this._y = this._y + (_root.bb2 - this._y) 3;}"。

[12] 增加"图层 4"，设置第 1 帧为关键帧，将库中元件"Symbol 16"拖入主场景，如图 14-26 所示，在"属性"面板中为其命名为"bt3"，并添加"onClipEvent (enterFrame){ this._y = this._y + (_root.bb2 - this._y) 3;}"。

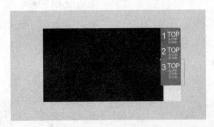

图 14-25 将元件"Symbol 13"拖入主场景　　图 14-26 将元件"Symbol 16"拖入主场景

[13] 增加"图层 5"，设置第 1 帧为关键帧，将库中元件"Symbol 19"拖入主场景，如图 14-27

所示，在"属性"面板中为其命名为"bt4"，并添加"onClipEvent (enterFrame){ this._y = this._y + (_root.bb2 - this._y) 3;}"。

14 增加"图层 6"，设置第 1 帧为关键帧，将库中元件"Symbol 1"拖入主场景，如图 14-28 所示。

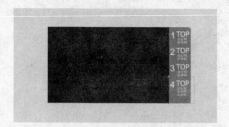

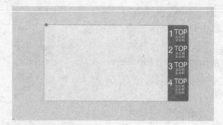

图 14-27　将元件"Symbol 19"拖入主场景　　　　图 14-28　将元件"Symbol 1"拖入主场景

15 增加"图层 7"，设置第 1 帧为关键帧，将库中元件"Symbol 21"拖入主场景，如图 14-29 所示。

16 增加"图层 8"，设置第 1 帧为关键帧，在工作区用"文本工具"输入动态文本，如图 14-30 所示。

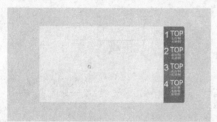

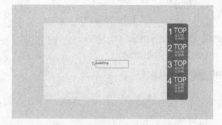

图 14-29　将元件"Symbol 21"拖入主场景　　　　图 14-30　输入动态文本

17 增加"图层 9"，设置第 1 帧为关键帧，将库中元件"Symbol 29"拖入主场景，在"属性"面板中将其命名为影片剪辑"playzoom"。

18 增加"图层 10"，设置第 1 帧为关键帧，将库中元件"Symbol 30"拖入主场景左上角，在"属性"面板中将其命名为影片剪辑"playzoom"。

19 增加"图层 11"，设置第 1 帧为关键帧，将库中元件"Symbol 31"拖入主场景，如图 14-31 所示。

20 增加"图层 12"，设置第 1 帧为关键帧，用"文本工具"在工作区绘制一个动态文本框，如图 14-32 所示。

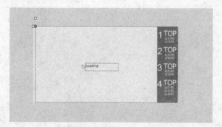

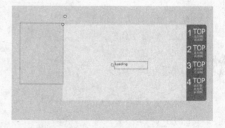

图 14-31　将元件"Symbol 31"拖入主场景　　　　图 14-32　绘制动态文本框

3．添加交互控制

增加"图层 13"，设置第 1 帧为空白关键帧，添加如下代码。

```
function btt1()
{
    var _l1 = _root;
```

```
        _l1.bt1_x_a = -52;
        _l1.bt1_y_a = 0;
        _l1.bt1_x_b = -52;
        _l1.bt1_y_b = 10;
        _l1.bt1_x_t = 3;
        _l1.bt1_y_t = 11;
        _l1.bt1v_x = -52;
        _l1.bt1v_y = 2;
} // End of the function
function bto1()
{
        var _l1 = _root;
        _l1.bt1_x_a = 0;
        _l1.bt1_y_a = 0;
        _l1.bt1_x_b = 0;
        _l1.bt1_y_b = 49;
        _l1.bt1_x_t = 3;
        _l1.bt1_y_t = 33;
        _l1.bt1v_x = 22;
        _l1.bt1v_y = 2;
} // End of the function
function btt2()
{
        var _l1 = _root;
        _l1.bt2_x_a = -52;
        _l1.bt2_y_a = 0;
        _l1.bt2_x_b = -52;
        _l1.bt2_y_b = 10;
        _l1.bt2_x_t = 3;
        _l1.bt2_y_t = 11;
        _l1.bt2v_x = -52;
        _l1.bt2v_y = 2;
} // End of the function
function bto2()
{
        var _l1 = _root;
        _l1.bt2_x_a = 0;
        _l1.bt2_y_a = 0;
        _l1.bt2_x_b = 0;
        _l1.bt2_y_b = 49;
        _l1.bt2_x_t = 3;
        _l1.bt2_y_t = 33;
        _l1.bt2v_x = 22;
        _l1.bt2v_y = 2;
} // End of the function
function btt3()
{
        var _l1 = _root;
        _l1.bt3_x_a = -52;
```

```
        _l1.bt3_y_a = 0;
        _l1.bt3_x_b = -52;
        _l1.bt3_y_b = 10;
        _l1.bt3_x_t = 3;
        _l1.bt3_y_t = 11;
        _l1.bt3v_x = -52;
        _l1.bt3v_y = 2;
} // End of the function
function bto3()
{
        var _l1 = _root;
        _l1.bt3_x_a = 0;
        _l1.bt3_y_a = 0;
        _l1.bt3_x_b = 0;
        _l1.bt3_y_b = 49;
        _l1.bt3_x_t = 3;
        _l1.bt3_y_t = 33;
        _l1.bt3v_x = 22;
        _l1.bt3v_y = 2;
} // End of the function
function btt4()
{
        var _l1 = _root;
        _l1.bt4_x_a = -52;
        _l1.bt4_y_a = 0;
        _l1.bt4_x_b = -52;
        _l1.bt4_y_b = 10;
        _l1.bt4_x_t = 3;
        _l1.bt4_y_t = 11;
        _l1.bt4v_x = -52;
        _l1.bt4v_y = 2;
} // End of the function
function bto4()
{
        var _l1 = _root;
        _l1.bt4_x_a = 0;
        _l1.bt4_y_a = 0;
        _l1.bt4_x_b = 0;
        _l1.bt4_y_b = 49;
        _l1.bt4_x_t = 3;
        _l1.bt4_y_t = 33;
        _l1.bt4v_x = 22;
        _l1.bt4v_y = 2;
} // End of the function
function bob1()
{
        var _l1 = _root;
        _l1.bb1 = 0;
        _l1.bb2 = 99;
```

```
        _l1.bb3 = 159;
        _l1.bb4 = 219;
} // End of the function
function bob2()
{
        var _l1 = _root;
        _l1.bb1 = 0;
        _l1.bb2 = 60;
        _l1.bb3 = 159;
        _l1.bb4 = 219;
} // End of the function
function bob3()
{
        var _l1 = _root;
        _l1.bb1 = 0;
        _l1.bb2 = 60;
        _l1.bb3 = 120;
        _l1.bb4 = 219;
} // End of the function
function bob4()
{
        var _l1 = _root;
        _l1.bb1 = 0;
        _l1.bb2 = 60;
        _l1.bb3 = 120;
        _l1.bb4 = 180;
} // End of the function
function playrandom()
{
        var _l1 = _root;
        bbb = _l1.vi;
        _l1.btt1();
        _l1.btt2();
        _l1.btt3();
        _l1.btt4();
        _l1.tmp1._x = 650;
        _l1.tmp2._x = 650;
        _l1.tmp3._x = 650;
        _l1.tmp4._x = 650;
        _l1.playzoom.gotoAndStop(_l1.vi + 1);
        if (_l1.vi == 1)
        {
            _l1.tmp1._x = -8;
            _l1.tmp1._y = 0;
            _l1.bto1();
            _l1.bob1();
        }
        else if (_l1.vi == 2)
        {
```

```
            _l1.tmp2._x = -8;
            _l1.tmp2._y = 0;
            _l1.bto2();
            _l1.bob2();
        }
        else if (_l1.vi == 3)
        {
            _l1.tmp3._x = -8;
            _l1.tmp3._y = 0;
            _l1.bto3();
            _l1.bob3();
        }
        else if (_l1.vi == 4)
        {
            _l1.tmp4._x = -8;
            _l1.tmp4._y = 0;
            _l1.bto4();
            _l1.bob4();
        } // end if
} // End of the function
function parseXML()
{
    var _l3 = _root;
    var _l2 = xmlObj.firstChild.childNodes[0].childNodes;
    var _l1 = 1;
    while (_l1 < _l2.length + 1)
    {
        _l3["url" + _l1] = _l2[_l1 - 1].attributes.url;
        _l3["bt" + _l1]["bt" + _l1 + "v"]["tt" + _l1] = _l2[_l1 - 1].attributes.title;
        _l3["tmp" + _l1].loadMovie(_l2[_l1 - 1].attributes.img);
        _l1++;
    } // end while
} // End of the function
System.useCodepage = true;
Stage.showMenu = false;
Stage.scaleMode = "noBorder";
Stage.scaleMode = "noScale";
_root.vi = 1;
playrandom();
bt1a_color = new Color(_root.bt1.bt1a);
bt1a_color.setRGB(12390912);
bt1b_color = new Color(_root.bt1.bt1b);
bt1b_color.setRGB(12390912);
bt1c_color = new Color(_root.bt1.bt1c);
bt1c_color.setRGB(12390912);
bt2a_color = new Color(_root.bt2.bt2a);
bt2a_color.setRGB(16669456);
bt2b_color = new Color(_root.bt2.bt2b);
bt2b_color.setRGB(16669456);
```

```
bt2c_color = new Color(_root.bt2.bt2c);
bt2c_color.setRGB(16669456);
bt3a_color = new Color(_root.bt3.bt3a);
bt3a_color.setRGB(12390912);
bt3b_color = new Color(_root.bt3.bt3b);
bt3b_color.setRGB(12390912);
bt3c_color = new Color(_root.bt3.bt3c);
bt3c_color.setRGB(12390912);
bt4a_color = new Color(_root.bt4.bt4a);
bt4a_color.setRGB(16669456);
bt4b_color = new Color(_root.bt4.bt4b);
bt4b_color.setRGB(16669456);
bt4c_color = new Color(_root.bt4.bt4c);
bt4c_color.setRGB(16669456);
xmlObj = new XML();
xmlObj.ignoreWhite = true;
xmlObj.load("xml/flash.xml");
xmlObj.onLoad = function (success)
{
    if (success)
    {
        parseXML();
    } // end if
};
random(999999);
playzoom.onPress = function ()
{
    var _l1 = _root;
    if (_l1.vi == 1)
    {
        bbb = bbb + (_l1.vi + "\nURL=" + _l1.url1);
        getURL(_l1.url1, "_blank");
    }
    else if (_l1.vi == 2)
    {
        bbb = bbb + (_l1.vi + "\nURL=" + _l1.url2);
        getURL(_l1.url2, "_blank");
    }
    else if (_l1.vi == 3)
    {
        bbb = bbb + (_l1.vi + "\nURL=" + _l1.url3);
        getURL(_l1.url3, "_blank");
    }
    else if (_l1.vi == 4)
    {
        bbb = bbb + (_l1.vi + "\nURL=" + _l1.url4);
        getURL(_l1.url4, "_blank");
    } // end if
};
```

4．导出影片

1 执行"文件→导出→导出影片"命令，导出影片，并在影片文件的同级目录创建一个文件夹，里面保存 4 张准备载入的名为"01.jpg"、"02.jpg"、"03.jpg"、"04.jpg"的图片，如图 14-33 至图 14-36 所示。

图 14-33　01.jpg

图 14-34　02.jpg

图 14-35　03.jpg

图 14-36　04.jpg

2 在同级目录创建一个名为"xml"的文件夹，里面保存一个名为"flash.xml"的文件，flash.xml 文件代码如下。

```xml
<?xml version="1.0" encoding="utf-8"?><data>
<mysee>
    <item title="Zcool" img="images/01.jpg" url="http://www.zcool.com.cn/" />
    <item title="Png" img="images/02.jpg" url="http://www.zcool.com.cn/" />
    <item title="CoolSite" img="images/03.jpg" url="http://www.zcool.com.cn/" />
    <item title="Gif" img="images/04.jpg" url="http://www.zcool.com.cn/" />
</mysee>
</data>
```

5．测试影片

至此动画制作完成，执行"控制→测试影片"命令或按 **Ctrl+Enter** 组合键，进行 Flash 轮换广告效果的测试，如图 14-37 所示。

图 14-37　测试动画

14.2 | Flash 电子相册

近年来，由于生活水平的不断提高和每年几个黄金周的假期，使许多人选择了外出旅游放松自己，开阔视野。而且随着数码照相机的普及，许多人都会拍下很多相片，数码相片也随之成为一种热门话题。

14.2.1 Flash 电子相册概述

我们可以将数码相片存放在电脑中，也可以存放在移动硬盘中，但都是利用图片浏览软件来查看相片。现在使用 Flash CS4 制作电子相册，可以在精美、动感的 Flash 相册中浏览相片，如图 14-38 所示。

图 14-38　Flash 电子相册

14.2.2 制作 Flash 电子相册

本例将制作一个 Flash 电子相册，可对相片分组管理分类别浏览，可打印、放大、缩小、旋转、拖动等。功能非常人性化，观看方便易操作。通过本例的学习，对于热爱数码摄影及制作相册的爱好者不失为一个极好的机会。本例完成后的动画效果如图 14-39 所示。

图 14-39　完成效果

1. 制作元件

1 新建一个 Flash 空白文档。执行"修改→文档"命令，打开"文档属性"对话框，在对话框中将"尺寸"设置为 730 像素（宽）×640 像素（高），"背景颜色"设置为黑色，"帧频"设置为 24fps，如图 13-40 所示。设置完成后单击"确定"按钮。

图 13-40　设置文档属性

② 新建一个文件夹"fsb_downArrow"，新建一个影片剪辑元件"fsb_downArrow_face"，在工作区绘制一个 12×12 大小的灰色正方形，如图 14-41 所示。

③ 新建一个影片剪辑元件"fsb_downArrow_arrow"，在工作区绘制一个 6.4×3.9 大小的黑色三角形，如图 14-42 所示。

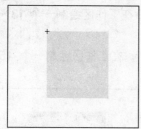 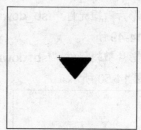

图 14-41　制作元件"fsb_downArrow_face"　　图 14-42　制作元件"fsb_downArrow_arrow"

④ 新建一个影片剪辑元件"fsb_downArrow_leftIn"，在工作区绘制一个 13×13 大小的图形，如图 14-43 所示。

⑤ 新建一个影片剪辑元件"fsb_downArrow_leftOut"，在工作区绘制一个 15×15 大小的图形，如图 14-44 所示。

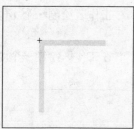 

图 14-43　制作元件"fsb_downArrow_leftIn"　　　图 14-44　制作元件"fsb_downArrow_leftOut"

⑥ 新建一个影片剪辑元件"fsb_downArrow_rightIn"，在工作区绘制一个 14×14 大小的图形，如图 14-45 所示。

⑦ 新建一个影片剪辑元件"fsb_downArrow_rightIn"，在工作区绘制一个 16×16 大小的图形，如图 14-46 所示。

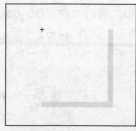 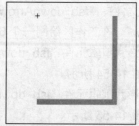

图 14-45　制作元件"fsb_downArrow_rightIn"　　图 14-46　制作元件"fsb_downArrow_rightIn"

8 新建一个文件夹"fsb_downArrow_press",新建一个影片剪辑元件"fsb_downArrow_press_arrow",在工作区绘制一个 6.5×3.9 大小的黑色三角形,如图 14-47 所示。

9 新建一个影片剪辑元件"fsb_downArrow_press_face",在工作区绘制一个 12×12 大小的图形,如图 14-48 所示。

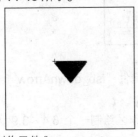 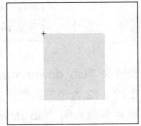

图 14-47 制作元件"fsb_downArrow_press_arrow" 图 14-48 制作元件"fsb_downArrow_press_face"

10 新建一个影片剪辑元件"fsb_downArrow_press_leftIn",在工作区绘制一个 13×13 大小的图形,如图 14-49 所示。

11 新建一个影片剪辑元件"fsb_downArrow_press_leftOut",在工作区绘制一个 15×15 大小的图形,如图 14-50 所示。

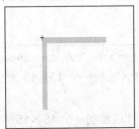 

图 14-49 制作元件"fsb_downArrow_press_leftIn" 图 14-50 制作元件"fsb_downArrow_press_leftOut"

12 新建一个影片剪辑元件"fsb_downArrow_press_rightIn",在工作区绘制一个 14×14 大小的图形,如图 14-51 所示。

13 新建一个影片剪辑元件"fsb_downArrow_press_rightOut",在工作区绘制一个 14×14 大小的图形,如图 14-52 所示。

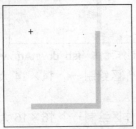 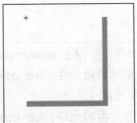

图 14-51 制作元件"fsb_downArrow_press_rightIn" 图 14-52 制作元件"fsb_downArrow_press_rightOut"

14 新建一个文件夹"fsb_downArrow_disabled",新建一个影片剪辑元件"fsb_downArrow_disabled_arrow",在工作区绘制一个 6.5×3.9 大小的灰色三角形,如图 14-53 所示。

15 新建一个影片剪辑元件"fsb_downArrow_disabled_face",在工作区绘制一个 12×12 大小的图形,如图 14-54 所示。

16 新建一个影片剪辑元件"fsb_downArrow_disabled_leftIn",在工作区绘制一个 13×13 大小的图形,如图 14-55 所示。

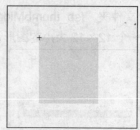

图 14-53 制作元件"fsb_downArrow_disabled_arrow" 图 14-54 制作元件"fsb_downArrow_disabled_face"

17 新建一个影片剪辑元件 "fsb_downArrow_disabled_leftOut"，在工作区绘制一个 15×15 大小的图形，如图 14-56 所示。

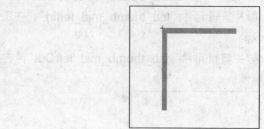

图 14-55 制作元件"fsb_downArrow_disabled_leftIn" 图 14-56 制作元件"fsb_downArrow_disabled_leftOut"

18 新建一个影片剪辑元件 "fsb_downArrow_disabled_rightIn"，在工作区绘制一个 14×14 大小的图形，如图 14-57 所示。

19 新建一个影片剪辑元件 "fsb_downArrow_disabled_rightOut"，在工作区绘制一个 16×16 大小的图形，如图 14-58 所示。

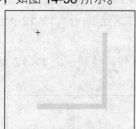

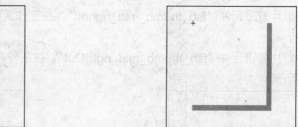

图 14-57 制作元件"fsb_downArrow_disabled_rightIn" 图 14-58 制作元件"fsb_downArrow_disabled_rightOut"

20 新建一个文件夹 "fsb_thumbBottom"，新建一个影片剪辑元件 "fsb_thumb_bottom_leftOut"，在工作区绘制一个 1.0×0.9 大小的图形，如图 14-59 所示。

21 新建一个影片剪辑元件 "fsb_thumb_bottom_rightIn"，在工作区绘制一个 14×0.9 大小的图形，如图 14-60 所示。

22 新建一个影片剪辑元件 "fsb_thumb_bottom_rightOut"，在工作区绘制一个 16×2 大小的图形，如图 14-61 所示。

图 14-59 制作元件 "fsb_thumb_bottom_leftOut" 图 14-60 制作元件 "fsb_thumb_bottom_rightIn"

23 新建一个文件夹"fsb_thumbMiddle",新建一个影片剪辑元件"fsb_thumb_mid_face",在工作区绘制一个 12×12 大小的图形,如图 14-62 所示。

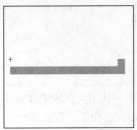
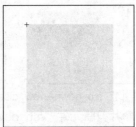

图 14-61　制作元件"fsb_thumb_bottom_rightOut"　　图 14-62　制作元件"fsb_thumb_mid_face"

24 新建一个影片剪辑元件"fsb_thumb_mid_leftIn",在工作区绘制一个 1×12 大小的图形,如图 14-63 所示。

25 新建一个影片剪辑元件"fsb_thumb_mid_leftOut",在工作区绘制一个 1×12 大小的图形,如图 14-64 所示。

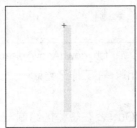
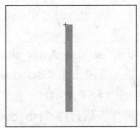

图 14-63　制作元件"fsb_thumb_mid_leftIn"　　图 14-64　制作元件"fsb_thumb_mid_leftOut"

26 新建一个影片剪辑元件"fsb_thumb_mid_rightIn",在工作区绘制一个 1×12 大小的图形,如图 14-65 所示。

27 新建一个影片剪辑元件"fsb_thumb_mid_rightOut",在工作区绘制一个 1×12 大小的图形,如图 14-66 所示。

图 14-65　制作元件"fsb_thumb_mid_rightIn"　　图 14-66　制作元件"fsb_thumb_mid_rightOut"

28 新建一个文件夹"fsb_thumbTop",新建一个影片剪辑元件"fsb_thumb_top_leftIn",在工作区绘制一个 13×1 大小的图形,如图 14-67 所示。

图 14-67　制作元件"fsb_thumb_top_leftIn"

㉙ 新建一个影片剪辑元件 "**fsb_thumb_top_leftOut**"，在工作区绘制一个 15×2 大小的图形，如图 14-68 所示。

㉚ 新建一个影片剪辑元件 "**fsb_thumb_top_rightIn**"，在工作区绘制一个 1×1 大小的图形，如图 14-69 所示。

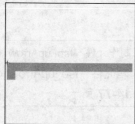 

图 14-68 制作元件 "fsb_thumb_top_leftOut"　　图 14-69 制作元件 "fsb_thumb_top_rightIn"

㉛ 新建一个影片剪辑元件 "**fsb_thumb_top_rightOut**"，在工作区绘制一个 1×2 大小的图形，如图 14-70 所示。

㉜ 新建一个文件夹 "**fsb_upArrow**"，新建一个影片剪辑元件 "**fsb_upArrow_arrow**"，在工作区绘制一个 6.4×3.9 大小的黑色三角形，如图 14-71 所示。

图 14-70 制作元件 "fsb_thumb_top_rightOut"　　图 14-71 制作元件 "fsb_upArrow_arrow"

㉝ 新建一个影片剪辑元件 "**fsb_upArrow_face**"，在工作区绘制一个 12×12 大小的图形，如图 14-72 所示。

㉞ 新建一个影片剪辑元件 "**fsb_upArrow_leftIn**"，在工作区绘制一个 13×13 大小的图形，如图 14-73 所示。

图 14-72 制作元件 "fsb_upArrow_face"　　图 14-73 制作元件 "fsb_upArrow_leftIn"

㉟ 新建一个影片剪辑元件 "**fsb_upArrow_leftOut**"，在工作区绘制一个 15×15 大小的图形，如图 14-74 所示。

㊱ 新建一个影片剪辑元件 "**fsb_upArrow_rightIn**"，在工作区绘制一个 14×14 大小的图形，如图 14-75 所示。

㊲ 新建一个影片剪辑元件 "**fsb_upArrow_rightOut**"，在工作区绘制一个 16×16 大小的图形，如图 14-76 所示。

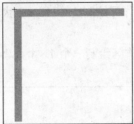

图 14-74　制作元件"fsb_upArrow_leftOut"　　图 14-75　制作元件"fsb_upArrow_rightIn"

38 新建一个文件夹"fsb_upArrow_disabled"，新建一个影片剪辑元件"fsb_upArrow_disabled_arrow"，在工作区绘制一个 6.4×3.9 大小的灰色三角形，如图 14-77 所示。

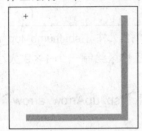
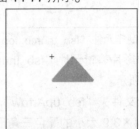

图 14-76　制作元件"fsb_upArrow_rightOut"　　图 14-77　制作元件"fsb_upArrow_disabled_arrow"

39 新建一个影片剪辑元件"fsb_upArrow_disabled_face"，在工作区绘制一个 12×12 大小的图形，如图 14-78 所示。

40 新建一个影片剪辑元件"fsb_upArrow_disabled_leftIn"，在工作区绘制一个 13×13 大小的图形，如图 14-79 所示。

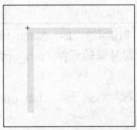

图 14-78　制作元件"fsb_upArrow_disabled_face"　　图 14-79　制作元件"fsb_upArrow_disabled_leftIn"

41 新建一个影片剪辑元件"fsb_upArrow_disabled_leftOut"，在工作区绘制一个 15×15 大小的图形，如图 14-80 所示。

42 新建一个影片剪辑元件"fsb_upArrow_disabled_rightIn"，在工作区绘制一个 14×14 大小的图形，如图 14-81 所示。

43 新建一个影片剪辑元件"fsb_upArrow_disabled_rightOut"，在工作区绘制一个 16×16 大小的图形，如图 14-82 所示。

图 14-80　制作元件"fsb_upArrow_disabled_leftOut"　　图 14-81　制作元件"fsb_upArrow_disabled_rightIn"

44 新建一个文件夹"fsb_upArrow_press"，新建一个影片剪辑元件"fsb_upArrow_press_arrow"，在工作区绘制一个 6.4×3.9 大小的黑色三角形，如图 14-83 所示。

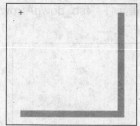

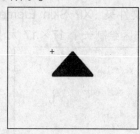

图 14-82 制作元件"fsb_upArrow_disabled_rightOut"   图 14-83 制作元件"fsb_upArrow_press_arrow"

45 新建一个影片剪辑元件"fsb_upArrow_press_face"，在工作区绘制一个 12×12 大小的图形，如图 14-84 所示。

46 新建一个影片剪辑元件"fsb_upArrow_press_leftIn"，在工作区绘制一个 13×13 大小的图形，如图 14-85 所示。

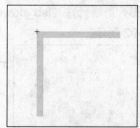

图 14-84 制作元件"fsb_upArrow_press_face"   图 14-85 制作元件"fsb_upArrow_press_leftIn"

47 新建一个影片剪辑元件"fsb_upArrow_press_leftOut"，在工作区绘制一个 15×15 大小的图形，如图 14-86 所示。

48 新建一个影片剪辑元件"fsb_upArrow_press_rightIn"，在工作区绘制一个 14×14 大小的图形，如图 14-87 所示。

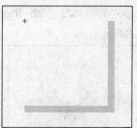

图 14-86 制作元件"fsb_upArrow_press_leftOut"   图 14-87 制作元件"fsb_upArrow_press_rightIn"

49 新建一个影片剪辑元件"fsb_upArrow_press_rightOut"，在工作区绘制一个 16×16 大小的图形，如图 14-88 所示。

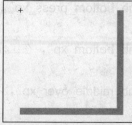

图 14-88 制作元件"fsb_upArrow_press_rightOut"

50 新建一个影片剪辑元件"scrollTrack"，在工作区绘制一个 16×100 大小的图形，如图 14-89 所示。

51 新建一个文件夹"XP Skin Elements"，新建一个影片剪辑元件"fsb_downArrow_disabled _xp"，在工作区绘制一个 17×17 大小的图形，如图 14-90 所示。

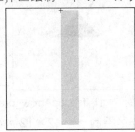

图 14-89　制作元件"scrollTrack"　　　　图 14-90　制作元件"fsb_downArrow_disabled_xp"

52 新建一个影片剪辑元件"fsb_downArrow_over_xp"，在工作区绘制一个 17×17 大小的图形，如图 14-91 所示。

53 新建一个影片剪辑元件"fsb_downArrow_press_xp"，在工作区绘制一个 17×17 大小的图形，如图 14-92 所示。

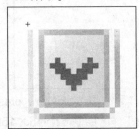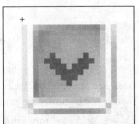

图 14-91　制作元件"fsb_downArrow_over_xp"　　图 14-92　制作元件"fsb_downArrow_press_xp"

54 新建一个影片剪辑元件"fsb_downArrow_xp"，在工作区绘制一个 17×17 大小的图形，如图 14-93 所示。

55 新建一个影片剪辑元件"fsb_thumb_bottom_over_xp"，在工作区绘制一个 17×3 大小的图形，如图 14-94 所示。

图 14-93　制作元件"fsb_downArrow_xp"　　　图 14-94　制作元件"fsb_thumb_bottom_over_xp"

56 新建一个影片剪辑元件"fsb_thumb_bottom_press_xp"，在工作区绘制一个 17×3 大小的图形，如图 14-95 所示。

57 新建一个影片剪辑元件"fsb_thumb_bottom_xp"，在工作区绘制一个 16×3 大小的图形，如图 14-96 所示。

58 新建一个影片剪辑元件"fsb_thumb_middle_over_xp"，在工作区绘制一个 17×12 大小的图形，如图 14-97 所示。

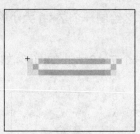

图 14-95　制作元件"fsb_thumb_bottom_press_xp"　　图 14-96　制作元件"fsb_thumb_bottom_xp"

59 新建一个影片剪辑元件"fsb_thumb_middle_press_xp"，在工作区绘制一个 17×12 大小的图形，如图 14-98 所示。

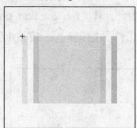

图 14-97　制作元件"fsb_thumb_middle_over_xp"　图 14-98　制作元件"fsb_thumb_middle_press_xp"

60 新建一个影片剪辑元件"fsb_thumb_middle_xp"，在工作区绘制一个 16×3 大小的图形，如图 14-99 所示。

61 新建一个影片剪辑元件"fsb_thumb_top_over_xp"，在工作区绘制一个 3.8×3 大小的图形，如图 14-100 所示。

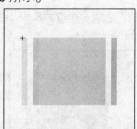

图 14-99　制作元件"fsb_thumb_middle_xp"　　　图 14-100　制作元件"fsb_thumb_top_over_xp"

62 新建一个影片剪辑元件"fsb_thumb_top_press_xp"，在工作区绘制一个 17×5 大小的图形，如图 14-101 所示。

63 新建一个影片剪辑元件"fsb_thumb_top_xp"，在工作区绘制一个 17×3 大小的图形，如图 14-102 所示。

64 新建一个影片剪辑元件"fsb_traction_over_xp"，在工作区绘制一个 3.8×3 大小的图形，如图 14-103 所示。

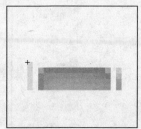

图 14-101　制作元件"fsb_thumb_top_press_xp"　　图 14-102　制作元件"fsb_thumb_top_xp"

⑥⑤ 新建一个影片剪辑元件"fsb_traction_press_xp"，在工作区绘制一个 7×8 大小的图形，如图 14-104 所示。

⑥⑥ 新建一个影片剪辑元件"fsb_traction_xp"，在工作区绘制一个 7×8 大小的图形，如图 14-105 所示。

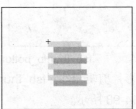

图 14-103　制作元件"fsb_traction_over_xp"　　　　图 14-104　制作元件"fsb_traction_press_xp"

⑥⑦ 新建一个影片剪辑元件"fsb_upArrow_disabled_xp"，在工作区绘制一个 17×17 大小的图形，如图 14-106 所示。

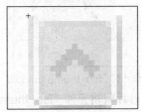

图 14-105　制作元件"fsb_traction_xp"　　　　图 14-106　制作元件"fsb_upArrow_disabled_xp"

⑥⑧ 新建一个影片剪辑元件"fsb_upArrow_over"，在工作区绘制一个 7×8 大小的图形，如图 14-107 所示。

⑥⑨ 新建一个影片剪辑元件"fsb_upArrow_press_xp"，在工作区绘制一个 7×8 大小的图形，如图 14-108 所示。

图 14-107　制作元件"fsb_upArrow_over"　　　　图 14-108　制作元件"fsb_upArrow_press_xp"

⑦⓪ 新建一个影片剪辑元件"fsb_upArrow_xp"，在工作区绘制一个 17×17 大小的图形，如图 14-109 所示。

⑦① 新建一个影片剪辑元件"scrollTrack"，在工作区绘制一个 16×100 大小的图形，如图 14-110 所示。

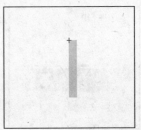

图 14-109　制作元件"fsb_upArrow_xp"　　　　图 14-110　制作元件"scrollTrack"

72 新建一个影片剪辑元件"ComboBox Name"，在工作区绘制一个 93×16 大小的图形，如图 14-111 所示。

73 新建一个影片剪辑元件"ScrollPane Name"，在工作区绘制一个 93×16 大小的图形，如图 14-112 所示。

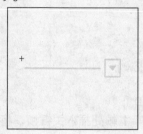

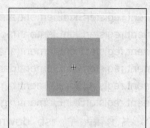

图 14-111　制作元件"ComboBox Name"　　　　图 14-112　制作元件"ScrollPane Name"

74 新建一个影片剪辑元件"Highlight"，在工作区绘制一个 100×100 大小的图形，如图 14-113 所示。

75 新建一个影片剪辑元件"boundingBox"，在工作区绘制一个 100×103 大小的白色矩形，如图 14-114 所示。

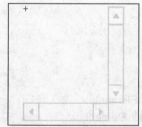

图 14-113　制作元件"Highlight"　　　　　　图 14-114　制作元件"boundingBox"

2. 编辑场景

1 新建一个文件夹"FScrollBar Skins"，创建一个影片剪辑元件"fsb_downArrow"，在第 1 帧处插入关键帧，将库中元件"fsb_downArrow_rightOut"、"fsb_downArrow_leftOut"、"fsb_downArrow_leftIn"、"fsb_downArrow_leftOut"、"fsb_downArrow_arrow"拖到工作区，排列成如图 14-115 所示的图形，分别在"属性"面板中为其命名为影片剪辑"highlight3D_mc"、"darkshadow_mc"、"highlight_mc"、"shadow_mc"、"arrow_mc"。

图 14-115　制作元件"fsb_downArrow"

2 增加"图层 2"，设置第 1 帧为空白关键帧，添加如下代码。

```
        var component = _parent._parent;
      //::: don't delete the above
      //::: SKIN ELEMENT REGISTRATION
      /*        To add styleFormat properties to your skins :
```

```
        1) Break up your skin into individual movie clips (skinElements)
        2) add a registerSkinElement line of code for each skinElement
component.registerSkinElement(skinElement, propertyName)
// makes the skinElement Listen to the propertyName specified (eg: "background")
 n*/
component.registerSkinElement(arrow_mc, "arrow");
component.registerSkinElement(face_mc, "face");
component.registerSkinElement(shadow_mc, "shadow");
component.registerSkinElement(darkshadow_mc, "darkshadow");
component.registerSkinElement(highlight_mc, "highlight");
component.registerSkinElement(highlight3D_mc, "highlight3D");
```

3 创建一个影片剪辑元件 "fsb_downArrow_disabled"，在第 1 帧处插入关键帧，将库中元件 "fsb_downArrow_disabled_leftOut"、"fsb_downArrow_disabled_rightOut"、"fsb_downArrow_disabled_leftIn"、"fsb_downArrow_disabled_rightIn"、"fsb_downArrow_disabled_face"、 "fsb_downArrow_disabled_arrow" 拖到工作区，排列成如图 14-116 所示的图形，分别在 "属性" 面板中为其命名为 "highlight3D_mc"、"darkshadow_mc"、"highlight_mc"、"shadow_mc"、"face_mc"、"arrow_mc"。

4 增加 "图层 2"，设置第 1 帧为空白关键帧，添加如下代码。

```
        var component = _parent._parent;
//::: don't delete the above
//::: SKIN ELEMENT REGISTRATION
/*        To add styleFormat properties to your skins :
        1) Break up your skin into individual movie clips (skinElements)
        2) add a registerSkinElement line of code for each skinElement
component.registerSkinElement(skinElement, propertyName)
// makes the skinElement Listen to the propertyName specified (eg: "background")
 n*/
component.registerSkinElement(arrow_mc, "foregroundDisabled");
component.registerSkinElement(face_mc, "face");
component.registerSkinElement(shadow_mc, "shadow");
component.registerSkinElement(darkshadow_mc, "darkshadow");
component.registerSkinElement(highlight_mc, "highlight");
component.registerSkinElement(highlight3D_mc, "highlight3D");
```

5 创建一个影片剪辑元件 "fsb_downArrow_disabled_xp"，在第 1 帧处插入关键帧，将库中元件 "fsb_downArrow_disabled_xp" 拖入到工作区，如图 14-117 所示，在 "属性" 面板中为其命名为 "arrow_mc"。

图 14-116　元件 "fsb_downArrow_disabled"　　　图 14-117　元件 "fsb_downArrow_disabled_xp"

6 增加 "图层 2"，设置第 1 帧为空白关键帧，添加如下代码。

```
        var component = _parent._parent;
    //::: don't delete the above
    //::: SKIN ELEMENT REGISTRATION
    /*      To add styleFormat properties to your skins :
        1) Break up your skin into individual movie clips (skinElements)
        2) add a registerSkinElement line of code for each skinElement
    component.registerSkinElement(skinElement, propertyName)
    // makes the skinElement Listen to the propertyName specified (eg: "background")
    n*/
        component.registerSkinElement(arrow_mc, "arrow");
```

7 创建一个影片剪辑元件 "fsb_downArrow_over_xp"，在第 1 帧处插入关键帧，将库中元件
"fsb_downArrow_over_xp" 拖入到工作区，如图 14-118 所示，在 "属性" 面板中为其命名为
影片剪辑 "arrow_mc"。

8 增加 "图层 2"，设置第 1 帧为空白关键帧，添加如下代码。

```
        var component = _parent._parent;
    //::: don't delete the above
    //::: SKIN ELEMENT REGISTRATION
    /*      To add styleFormat properties to your skins :
        1) Break up your skin into individual movie clips (skinElements)
        2) add a registerSkinElement line of code for each skinElement
    component.registerSkinElement(skinElement, propertyName)
    // makes the skinElement Listen to the propertyName specified (eg: "background")
    n*/
        component.registerSkinElement(arrow_mc, "arrow");
```

9 创建一个影片剪辑元件 "fsb_downArrow_press"，在第 1 帧处插入关键帧，将库中元件 "fsb_d
ownArrow_press_leftOut"、"fsb_downArrow_press_rightOut"、"fsb_downArrow_press_leftIn"、
"fsb_downArrow_press_rightIn"、"fsb_downArrow_press_face"、"fsb_downArrow_press_arro
w" 拖到工作区，排列成如图 14-119 所示的图形，分别在 "属性" 面板中为其命名为影片剪辑 "da
rkshadow_mc"、"highlight3D_mc"、"shadow_mc"、"highlight_mc"、"face_mc"、"arrow_mc"。

图 14-118 元件 "fsb_downArrow_over_xp"   图 14-119 元件 "fsb_downArrow_press"

10 增加 "图层 2"，设置第 1 帧为空白关键帧，添加如下代码。

```
        var component = _parent._parent;
    //::: don't delete the above
    //::: SKIN ELEMENT REGISTRATION
    /*      To add styleFormat properties to your skins :
        1) Break up your skin into individual movie clips (skinElements)
        2) add a registerSkinElement line of code for each skinElement
```

```
component.registerSkinElement(skinElement, propertyName)
// makes the skinElement Listen to the propertyName specified (eg: "background")
n*/
component.registerSkinElement(arrow_mc, "arrow");
component.registerSkinElement(face_mc, "face");
component.registerSkinElement(shadow_mc, "shadow");
component.registerSkinElement(darkshadow_mc, "darkshadow");
component.registerSkinElement(highlight_mc, "highlight");
component.registerSkinElement(highlight3D_mc, "highlight3D");
```

⑪ 创建一个影片剪辑元件"fsb_downArrow_press_xp"，在第 1 帧处插入关键帧，将库中元件"fsb_downArrow_press_xp"拖入到工作区，如图 14-120 所示，在"属性"面板中为其命名为影片剪辑"arrow_mc"。

⑫ 增加"图层 2"，设置第 1 帧为空白关键帧，添加如下代码。

```
    var component = _parent._parent;
//::: don't delete the above
//::: SKIN ELEMENT REGISTRATION
/*      To add styleFormat properties to your skins :
    1) Break up your skin into individual movie clips (skinElements)
    2) add a registerSkinElement line of code for each skinElement
component.registerSkinElement(skinElement, propertyName)
// makes the skinElement Listen to the propertyName specified (eg: "background")
n*/
component.registerSkinElement(arrow_mc, "arrow");
```

⑬ 创建一个影片剪辑元件"fsb_downArrow_xp"，在第 1 帧处插入关键帧，将库中元件"fsb_downArrow_xp"拖入到工作区，如图 14-121 所示，在"属性"面板中为其命名为"arrow_mc"。

图 14-120　元件"fsb_downArrow_press_xp"　　　图 14-121　元件"fsb_downArrow_xp"

⑭ 增加"图层 2"，设置第 1 帧为空白关键帧，添加如下代码。

```
    var component = _parent._parent;
//::: don't delete the above
//::: SKIN ELEMENT REGISTRATION
/*      To add styleFormat properties to your skins :
    1) Break up your skin into individual movie clips (skinElements)
    2) add a registerSkinElement line of code for each skinElement
component.registerSkinElement(skinElement, propertyName)
// makes the skinElement Listen to the propertyName specified (eg: "background")
n*/
component.registerSkinElement(arrow_mc, "arrow");
```

⑮ 创建一个影片剪辑元件 "fsb_ScrollTrack"，在第 1 帧处插入关键帧，将库中元件 "ScrollTrack" 拖入到工作区，在 "属性" 面板为其命名为 "track_mc"，如图 14-122 所示。

⑯ 增加 "图层 2"，设置第 1 帧为空白关键帧，添加如下代码。

```
    var component = _parent;
//::: don't delete the above
//::: SKIN ELEMENT REGISTRATION
/*      To add styleFormat properties to your skins :
    1) Break up your skin into individual movie clips (skinElements)
    2) add a registerSkinElement line of code for each skinElement
component.registerSkinElement(skinElement, propertyName)
// makes the skinElement Listen to the propertyName specified (eg: "background")
n*/
    component.registerSkinElement(track_mc, "scrollTrack");
```

⑰ 创建一个影片剪辑元件 "ffsb_ScrollTrack_xp"，在第 1 帧处插入关键帧，将库中元件 "fsb_ScrollTrack_xp" 拖入到工作区，在 "属性" 面板中将其命名为影片剪辑 "track_mc"，如图 14-123 所示。

图 14-122 命名影片剪辑

图 14-123 命名影片剪辑

⑱ 增加 "图层 2"，设置第 1 帧为空白关键帧，添加如下代码。

```
    var component = _parent;
//::: don't delete the above
//::: SKIN ELEMENT REGISTRATION
/*      To add styleFormat properties to your skins :
    1) Break up your skin into individual movie clips (skinElements)
    2) add a registerSkinElement line of code for each skinElement
component.registerSkinElement(skinElement, propertyName)
// makes the skinElement Listen to the propertyName specified (eg: "background")
n*/
    component.registerSkinElement(track_mc, "scrollTrack");
```

⑲ 创建一个影片剪辑元件 "fsb_thumb_bottom"，在第 1 帧处插入关键帧，将库中元件 "fsb_thumb_bottom_leftOut"、"fsb_thumb_bottom_rightIn"、"fsb_thumb_bottom_rightOut" 拖到工作区，排列成如图 14-124 所示的图形，分别在 "属性" 面板中为其命名为 "highlight3D_mc"、"shadow_mc"、"darkshadow_mc"。

图 14-124 元件 "fsb_thumb_bottom"

20 增加"图层 2",设置第 1 帧为空白关键帧,添加如下代码。

```
      var component = _parent._parent;
//::: don't delete the above
//::: SKIN ELEMENT REGISTRATION
/*       To add styleFormat properties to your skins :
    1) Break up your skin into individual movie clips (skinElements)
    2) add a registerSkinElement line of code for each skinElement
component.registerSkinElement(skinElement, propertyName)
// makes the skinElement Listen to the propertyName specified (eg: "background")
n*/
component.registerSkinElement(highlight3D_mc, "highlight3D");
component.registerSkinElement(shadow_mc, "shadow");
component.registerSkinElement(darkshadow_mc, "darkshadow");
component.registerSkinElement(highlight_mc, "highlight");
```

21 创建一个影片剪辑元件"fsb_thumb_bottom_over_xp1",在第 1 帧处插入关键帧,将库中元件"fsb_thumb_bottom_over_xp"拖入到工作区,在"属性"面板中为其命名为"bottomThumb_mc",如图 14-125 所示。

图 14-125 命名影片剪辑

22 增加"图层 2",设置第 1 帧为空白关键帧,添加如下代码。

```
      var component = _parent._parent;
//::: don't delete the above
//::: SKIN ELEMENT REGISTRATION
/*       To add styleFormat properties to your skins :
    1) Break up your skin into individual movie clips (skinElements)
    2) add a registerSkinElement line of code for each skinElement
component.registerSkinElement(skinElement, propertyName)
// makes the skinElement Listen to the propertyName specified (eg: "background")
n*/
component.registerSkinElement(bottomThumb_mc, "face");
```

23 创建一个影片剪辑元件"fsb_thumb_bottom_press_xp1",在第 1 帧处插入关键帧,将库中元件"fsb_thumb_bottom_press_xp"拖入到工作区。

24 增加"图层 2",设置第 1 帧为空白关键帧,添加如下代码。

```
      var component = _parent._parent;
//::: don't delete the above
//::: SKIN ELEMENT REGISTRATION
/*       To add styleFormat properties to your skins :
    1) Break up your skin into individual movie clips (skinElements)
    2) add a registerSkinElement line of code for each skinElement
component.registerSkinElement(skinElement, propertyName)
```

```
// makes the skinElement Listen to the propertyName specified (eg: "background")
n*/
```

component.registerSkinElement(bottomThumb_mc, "face");

㉕ 创建一个影片剪辑元件"fsb_thumb_bottom_xp1",在第 1 帧处插入关键帧,将库中元件"fsb_thumb_bottom_xp"拖入到工作区,在"属性"面板中将影片剪辑命名为"bottomThumb_mc",如图 14-126 所示。

㉖ 增加"图层 2",设置第 1 帧为空白关键帧,添加如下代码。

```
     var component = _parent._parent;
//::: don't delete the above
//::: SKIN ELEMENT REGISTRATION
/*       To add styleFormat properties to your skins :
    1) Break up your skin into individual movie clips (skinElements)
    2) add a registerSkinElement line of code for each skinElement
component.registerSkinElement(skinElement, propertyName)
// makes the skinElement Listen to the propertyName specified (eg: "background")
n*/
```

component.registerSkinElement(bottomThumb_mc, "face");

㉗ 创建一个影片剪辑元件"fsb_thumb_middle",在第 1 帧处插入关键帧,将库中元件"fsb_thumb_mid_leftOut"、"fsb_thumb_mid_leftIn"、"fsb_thumb_mid_face"、"fsb_thumb_mid_rightIn"、"fsb_thumb_mid_rightOut"拖到工作区,排列成如图 14-127 所示的图形,分别在"属性"面板中为其命名为影片剪辑 "highlight3D_mc"、"highlight_mc"、"face_mc"、"shadow_mc"、"darkshadow_mc"。

图 14-126 命名影片剪辑

图 14-127 元件"fsb_thumb_middle"

㉘ 增加"图层 2",设置第 1 帧为空白关键帧,添加如下代码。

```
     var component = _parent._parent;
//::: don't delete the above
//::: SKIN ELEMENT REGISTRATION
/*       To add styleFormat properties to your skins :
    1) Break up your skin into individual movie clips (skinElements)
    2) add a registerSkinElement line of code for each skinElement
component.registerSkinElement(skinElement, propertyName)
// makes the skinElement Listen to the propertyName specified (eg: "background")
n*/
```

component.registerSkinElement(face_mc, "face");
component.registerSkinElement(shadow_mc, "shadow");
component.registerSkinElement(darkshadow_mc, "darkshadow");
component.registerSkinElement(highlight_mc, "highlight");
component.registerSkinElement(highlight3D_mc, "highlight3D");

㉙ 创建一个影片剪辑元件"fsb_thumb_middle_over_xp1",在第 1 帧处插入关键帧,将库中元

件"fsb_thumb_middle_over_xp"拖到工作区，在"属性"面板中为其命名为"middleThumb_mc"，如图 14-128 所示。

30 增加"图层 2"，设置第 1 帧为空白关键帧，添加如下代码。

```
      var component = _parent._parent;
   //::: don't delete the above
   //::: SKIN ELEMENT REGISTRATION
   /*      To add styleFormat properties to your skins :
      1) Break up your skin into individual movie clips (skinElements)
      2) add a registerSkinElement line of code for each skinElement
component.registerSkinElement(skinElement, propertyName)
// makes the skinElement Listen to the propertyName specified (eg: "background")
n*/
   component.registerSkinElement(middleThumb_mc, "face");
```

31 创建一个影片剪辑元件"fsb_thumb_middle_press_xp1"，在第 1 帧处插入关键帧，将库中元件"fsb_thumb_middle_press_xp"拖到工作区，在"属性"面板中为其命名为"middleThumb_mc"，如图 14-129 所示。

图 14-128 命名影片剪辑

图 14-129 命名影片剪辑

32 增加"图层 2"，设置第 1 帧为空白关键帧，添加如下代码。

```
      var component = _parent._parent;
   //::: don't delete the above
   //::: SKIN ELEMENT REGISTRATION
   /*      To add styleFormat properties to your skins :
      1) Break up your skin into individual movie clips (skinElements)
      2) add a registerSkinElement line of code for each skinElement
component.registerSkinElement(skinElement, propertyName)
// makes the skinElement Listen to the propertyName specified (eg: "background")
n*/
   component.registerSkinElement(middleThumb_mc, "face");
```

33 创建一个影片剪辑元件"fsb_thumb_middle_xp1"，在第 1 帧处插入关键帧，将库中元件"fsb_thumb_middle_xp"拖到工作区，在"属性"面板中为其命名为"middleThumb_mc"，如图 14-130 所示。

图 14-130 命名影片剪辑

34 增加"图层 2"，设置第 1 帧为空白关键帧，添加如下代码。

```
    var component = _parent._parent;
//::: don't delete the above
//::: SKIN ELEMENT REGISTRATION
/*      To add styleFormat properties to your skins :
    1) Break up your skin into individual movie clips (skinElements)
    2) add a registerSkinElement line of code for each skinElement
component.registerSkinElement(skinElement, propertyName)
// makes the skinElement Listen to the propertyName specified (eg: "background")
n*/
component.registerSkinElement(middleThumb_mc, "face");
```

35 创建一个影片剪辑元件"fsb_thumb_top"，在第 1 帧处插入关键帧，将库中元件"fsb_thumb_top_leftOut"、"fsb_thumb_top_rightOut"、"fsb_thumb_top_leftIn"、"fsb_thumb_top_rightIn"拖到工作区，在"属性"面板中为其命名为影片剪辑"highlight3D_mc"、"darkshadow_mc"、"highlight_mc"、"shadow_mc"。

36 增加"图层 2"，设置第 1 帧为空白关键帧，添加如下代码。

```
    var component = _parent._parent;
//::: don't delete the above
//::: SKIN ELEMENT REGISTRATION
/*      To add styleFormat properties to your skins :
    1) Break up your skin into individual movie clips (skinElements)
    2) add a registerSkinElement line of code for each skinElement
component.registerSkinElement(skinElement, propertyName)
// makes the skinElement Listen to the propertyName specified (eg: "background")
n*/
component.registerSkinElement(shadow_mc, "shadow");
component.registerSkinElement(darkshadow_mc, "darkshadow");
component.registerSkinElement(highlight_mc, "highlight");
component.registerSkinElement(highlight3D_mc, "highlight3D");
```

37 创建一个影片剪辑元件"fsb_thumb_top_over_xp1"，在第 1 帧处插入关键帧，将库中元件"fsb_thumb_top_over_xp"拖到工作区，在"属性"面板中为其命名为影片剪辑"topThumb_mc"，如图 14-131 所示。

图 14-131　命名影片剪辑

38 增加"图层 2"，设置第 1 帧为空白关键帧，添加如下代码。

```
    var component = _parent._parent;
//::: don't delete the above
//::: SKIN ELEMENT REGISTRATION
/*      To add styleFormat properties to your skins :
    1) Break up your skin into individual movie clips (skinElements)
```

```
2) add a registerSkinElement line of code for each skinElement
component.registerSkinElement(skinElement, propertyName)
// makes the skinElement Listen to the propertyName specified (eg: "background")
n*/
component.registerSkinElement(topThumb_mc, "face");
```

39 创建一个影片剪辑元件"fsb_thumb_top_press_xp1",在第 1 帧处插入关键帧,将库中元件
"fsb_thumb_top_press_xp"拖到工作区,在"属性"面板中为其命名为"topThumb_mc",
如图 14-132 所示。

40 增加"图层 2",设置第 1 帧为空白关键帧,添加如下代码。

```
    var component = _parent._parent;
//::: don't delete the above
//::: SKIN ELEMENT REGISTRATION
/*      To add styleFormat properties to your skins :
    1) Break up your skin into individual movie clips (skinElements)
    2) add a registerSkinElement line of code for each skinElement
component.registerSkinElement(skinElement, propertyName)
// makes the skinElement Listen to the propertyName specified (eg: "background")
n*/
component.registerSkinElement(topThumb_mc, "face");
```

41 创建一个影片剪辑元件"fsb_thumb_top_xp1",在第 1 帧处插入关键帧,将库中元件
"fsb_thumb_top_xp"拖到工作区,在"属性"面板中为其命名为"topThumb_mc"。

42 增加"图层 2",设置第 1 帧为空白关键帧,添加如下代码。

```
    var component = _parent._parent;
//::: don't delete the above
//::: SKIN ELEMENT REGISTRATION
/*      To add styleFormat properties to your skins :
    1) Break up your skin into individual movie clips (skinElements)
    2) add a registerSkinElement line of code for each skinElement
component.registerSkinElement(skinElement, propertyName)
// makes the skinElement Listen to the propertyName specified (eg: "background")
n*/
component.registerSkinElement(topThumb_mc, "face");
```

43 创建一个影片剪辑元件"fsb_traction_xp1",在第 1 帧处插入关键帧,将库中元件
"fsb_traction_xp"拖到工作区,在"属性"面板中为其命名为"traction_mc",如图 14-133 所示。

图 14-132　命名影片剪辑

图 14-133　命名影片剪辑

44 增加"图层 2",设置第 1 帧为空白关键帧,添加如下代码。

```
    var component = _parent._parent;
//::: don't delete the above
//::: SKIN ELEMENT REGISTRATION
```

```
/*       To add styleFormat properties to your skins :
    1) Break up your skin into individual movie clips (skinElements)
    2) add a registerSkinElement line of code for each skinElement
component.registerSkinElement(skinElement, propertyName)
// makes the skinElement Listen to the propertyName specified (eg: "background")
n*/
    component.registerSkinElement(traction_mc, "traction");
```

45 创建一个影片剪辑元件"fsb_upArrow"，在第 1 帧处插入关键帧，将库中元件"fsb_upArrow_l eftOut"、"fsb_upArrow_rightOut"、"fsb_upArrow_leftIn"、"fsb_upArrow_rightIn"、"fsb_upArrow _face"、"fsb_upArrow_arrow"拖到工作区，在"属性"面板中为其命名为影片剪辑"highlight3D _mc"、"darkshadow_mc"、"highlight_mc"、"shadow_mc"、"face_mc"、"arrow_mc"。

46 增加"图层 2"，设置第 1 帧为空白关键帧，添加如下代码。

```
    var component = _parent._parent;
//::: don't delete the above
//::: SKIN ELEMENT REGISTRATION
/*       To add styleFormat properties to your skins :
    1) Break up your skin into individual movie clips (skinElements)
    2) add a registerSkinElement line of code for each skinElement
component.registerSkinElement(skinElement, propertyName)
// makes the skinElement Listen to the propertyName specified (eg: "background")
n*/
    component.registerSkinElement(arrow_mc, "arrow");
    component.registerSkinElement(face_mc, "face");
    component.registerSkinElement(shadow_mc, "shadow");
    component.registerSkinElement(darkshadow_mc, "darkshadow");
    component.registerSkinElement(highlight_mc, "highlight");
    component.registerSkinElement(highlight3D_mc, "highlight3D");
```

47 创建一个影片剪辑元件"fsb_upArrow_disabled"，在第 1 帧处插入关键帧，将库中元件"f sb_upArrow_disabled_leftOut"、"fsb_upArrow_disabled_rightOut"、"fsb_upArrow_disabled_ leftIn"、"fsb_upArrow_disabled_rightIn"、"fsb_upArrow_disabled_face"、"fsb_upArrow_dis abled_arrow"拖到工作区，在"属性"面板中为其命名为影片剪辑"highlight3D_mc"、"dark shadow_mc"、"highlight_mc"、"shadow_mc"、"face_mc"、"arrow_mc"。

48 增加"图层 2"，设置第 1 帧为空白关键帧，添加如下代码。

```
    var component = _parent._parent;
//::: don't delete the above
//::: SKIN ELEMENT REGISTRATION
/*       To add styleFormat properties to your skins :
    1) Break up your skin into individual movie clips (skinElements)
    2) add a registerSkinElement line of code for each skinElement
component.registerSkinElement(skinElement, propertyName)
// makes the skinElement Listen to the propertyName specified (eg: "background")
n*/
    component.registerSkinElement(arrow_mc, "foregroundDisabled");
    component.registerSkinElement(face_mc, "face");
    component.registerSkinElement(shadow_mc, "shadow");
    component.registerSkinElement(darkshadow_mc, "darkshadow");
```

```
component.registerSkinElement(highlight_mc, "highlight");
component.registerSkinElement(highlight3D_mc, "highlight3D");
```

49 创建一个影片剪辑元件 "fsb_upArrow_disabled_xp1"，在第 1 帧处插入关键帧，将库中元件 "fsb_upArrow_disabled_xp" 拖到工作区，在 "属性" 面板中将其命名为 "arrow_mc"，如图 14-134 所示。

50 增加 "图层 2"，设置第 1 帧为空白关键帧，添加如下代码。

```
    var component = _parent._parent;
//::: don't delete the above
//::: SKIN ELEMENT REGISTRATION
/*      To add styleFormat properties to your skins :
    1) Break up your skin into individual movie clips (skinElements)
    2) add a registerSkinElement line of code for each skinElement
component.registerSkinElement(skinElement, propertyName)
// makes the skinElement Listen to the propertyName specified (eg: "background")
n*/
component.registerSkinElement(arrow_mc, "arrow");
```

51 创建一个影片剪辑元件 "fsb_upArrow_over_xp"，在第 1 帧处插入关键帧，将库中元件 "fsb_upArrow_over" 拖到工作区，在 "属性" 面板中将其命名为影片剪辑 "arrow_mc"，如图 14-135 所示。

图 14-134　命名影片剪辑　　　　　　图 14-135　命名影片剪辑

52 增加 "图层 2"，设置第 1 帧为空白关键帧，添加如下代码。

```
    var component = _parent._parent;
//::: don't delete the above
//::: SKIN ELEMENT REGISTRATION
/*      To add styleFormat properties to your skins :
    1) Break up your skin into individual movie clips (skinElements)
    2) add a registerSkinElement line of code for each skinElement
component.registerSkinElement(skinElement, propertyName)
// makes the skinElement Listen to the propertyName specified (eg: "background")
n*/
component.registerSkinElement(arrow_mc, "arrow");
```

53 创建一个影片剪辑元件 "fsb_upArrow_press"，在第 1 帧处插入关键帧，将库中元件 "fsb_upArrow_press_leftOut"、"fsb_upArrow_press_rightOut"、"fsb_upArrow_press_leftIn"、"fsb_upArrow_press_rightIn"、"fsb_upArrow_press_face"、"fsb_upArrow_press_arrow" 拖到工作区，在 "属性" 面板中将其命名为影片剪辑 "darkshadow_mc"、"highlight3D_mc"、"shadow_mc"、"highlight_mc"、"face_mc"、"arrow_mc"。

54 增加 "图层 2"，设置第 1 帧为空白关键帧，添加如下代码。

```
        var component = _parent._parent;
//::: don't delete the above
//::: SKIN ELEMENT REGISTRATION
/*      To add styleFormat properties to your skins :
    1) Break up your skin into individual movie clips (skinElements)
    2) add a registerSkinElement line of code for each skinElement
component.registerSkinElement(skinElement, propertyName)
// makes the skinElement Listen to the propertyName specified (eg: "background")
n*/
component.registerSkinElement(arrow_mc, "arrow");
component.registerSkinElement(face_mc, "face");
component.registerSkinElement(shadow_mc, "shadow");
component.registerSkinElement(darkshadow_mc, "darkshadow");
component.registerSkinElement(highlight_mc, "highlight");
component.registerSkinElement(highlight3D_mc, "highlight3D");
```

55 创建一个影片剪辑元件"fsb_upArrow_press_xp1"，在第 1 帧处插入关键帧，将库中元件
"fsb_upArrow_press_xp"拖到工作区，在"属性"面板中将其命名为"arrow_mc"。

56 增加"图层 2"，设置第 1 帧为空白关键帧，添加如下代码。

```
        var component = _parent._parent;
//::: don't delete the above
//::: SKIN ELEMENT REGISTRATION
/*      To add styleFormat properties to your skins :
    1) Break up your skin into individual movie clips (skinElements)
    2) add a registerSkinElement line of code for each skinElement
component.registerSkinElement(skinElement, propertyName)
// makes the skinElement Listen to the propertyName specified (eg: "background")
n*/
component.registerSkinElement(arrow_mc, "arrow");
```

57 创建一个影片剪辑元件"fsb_upArrow_xp1"，在第 1 帧处插入关键帧，将库中元件
"fsb_upArrow_xp"拖到工作区，在"属性"面板中将其命名为"arrow_mc"。

58 增加"图层 2"，设置第 1 帧为空白关键帧，添加如下代码。

```
        var component = _parent._parent;
//::: don't delete the above
//::: SKIN ELEMENT REGISTRATION
/*      To add styleFormat properties to your skins :
    1) Break up your skin into individual movie clips (skinElements)
    2) add a registerSkinElement line of code for each skinElement
component.registerSkinElement(skinElement, propertyName)
// makes the skinElement Listen to the propertyName specified (eg: "background")
n*/
component.registerSkinElement(arrow_mc, "arrow");s
```

59 创建一个影片剪辑元件"ComboBox Name"，在第 1 帧处插入关键帧，在工作区绘制如
图 14-136 所示的图形。

60 创建一个影片剪辑元件"ScrollPane Name"，在第 1 帧处插入关键帧，在工作区绘制如

图 14-137 所示的图形。

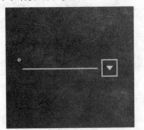

图 14-136 元件"ComboBox Name"

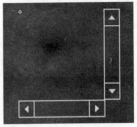

图 14-137 元件"ScrollPane Name"

61 创建一个按钮元件"hit_btn",在"指针经过"帧插入关键帧,绘制一个 20×20 大小的白色正方形,如图 14-138 所示。在"按下"帧处插入帧,在"点击"帧处插入关键帧,绘制一个 20×20 大小的黄色正方形,如图 14-139 所示。

图 14-138 "指针经过"帧处效果

图 14-139 "点击"帧处效果

62 创建一个影片剪辑元件"icons_optionen_mc",在第 1 帧处插入关键帧,·在工作区导入如图 14-140 所示的图形。

63 创建一个影片剪辑元件"maske_bild_mc",在第 1 帧处插入关键帧,在工作区绘制一个 520×390 大小的绿色矩形,如图 14-141 所示。

图 14-140 元件"icons_optionen_mc"

图 14-141 元件"maske_bild_mc"

64 创建一个影片剪辑元件"mc_leiste",在第 1 帧处插入关键帧,在工作区绘制一个 696×6 大小的绿色矩形,如图 14-142 所示。

65 创建一个影片剪辑元件"Symbol 1",在第 1 帧处插入关键帧,在工作区导入如图 14-143 所示的图形。

图 14-142 元件"mc_leiste"

图 14-143 元件"Symbol 1"

66 创建一个影片剪辑元件"Symbol 2"，在第 1 帧处插入关键帧，在工作区绘制一个 718×20 大小的白色矩形，如图 14-144 所示。

67 创建一个影片剪辑元件"Symbol 3"，在第 1 帧处插入关键帧，在工作区绘制一个 717×53 大小的白色矩形，如图 14-145 所示。

68 创建一个影片剪辑元件"Symbol 4"，在第 1 帧处插入关键帧，在工作区绘制一个 92×36 大小的白色矩形，如图 14-146 所示。

图 14-144　元件"Symbol 2"　　图 14-145　元件"Symbol 3"　　图 14-146　元件"Symbol 4"

69 创建一个影片剪辑元件"fsb_DownArrow"，在"图层 1"的第 1 帧处插入关键帧，将库中元件"fsb_downArrow"拖入工作区，在第 2 帧处插入关键帧，将库中元件"fsb_downArrow_press"拖入工作区，在第 3 帧处插入关键帧，将库中元件"fsb_downArrow_disabled"拖入工作区。增加"图层 2"，设置第 1、2、3 帧为关键帧，分别添加代码 stop，如图 14-147 所示。

70 创建一个影片剪辑元件"fsb_DownArrow_xp"，在"图层 1"的第 1 帧处插入关键帧，将库中元件"fsb_downArrow_xp"拖入工作区，在第 2 帧处插入关键帧，将库中元件"fsb_downArrow_over_xp"拖入工作区，在第 3 帧处插入关键帧，将库中元件"fsb_downArrow_press_xp"拖入工作区，在第 4 帧处插入关键帧，将库中元件"fsb_downArrow_disabled_xp"拖入工作区。

71 增加"图层 2"，设置第 1、2、3、4 帧为关键帧，分别设置动作标签"up_xp"、"over_xp"、"down_xp"、"disabled_xp"。增加"图层 3"，设置第 1、2、3、4 帧为空白关键帧，分别添加代码 stop，如图 14-148 所示。

图 14-147　添加代码　　　　　　　　图 14-148　添加代码

72 创建一个影片剪辑元件"fsb_ScrollThumb"，在"图层 1"的第 1 帧处插入关键帧，将库中元件"fsb thumb_top"、"fsb_thumb_middle"、"fsb_thumb_bottom"拖入工作区，在"属性"面板中分别命名为"mc_sliderTop"、"mc_sliderMid"、"mc_sliderBot"。增加"图层 2"，设置第 1 帧为空白关键帧，添加代码 stop。

73 创建一个影片剪辑元件"fsb_ScrollThumb_xp"，在"图层 1"的第 1 帧处插入关键帧，将库

中元件 "fsb_thumb_top_xp"、"fsb_thumb_middle_xp"、"fsb_thumb_bottom_xp" 拖入工作区，在"属性"面板中分别命名为"mc_sliderTop"、"mc_sliderMid"、"mc_sliderBot"，在第2、3帧处插入关键帧。

74 增加"图层2"，设置第1、2、3帧为空白关键帧，分别设置帧标志为"up_xp"、"over_xp"、"down_xp"。增加"图层3"，设置第1、2、3帧为空白关键帧，分别添加代码 stop。

75 创建一个影片剪辑元件"fsb_ScrollTrack_xp"，在"图层1"的第1帧处插入关键帧，将库中元件"scrollTrack_xp"拖入工作区，在"属性"面板中将其命名为"scrollTrack_mc"，如图 14-149 所示。

图 14-149 命名影片剪辑

76 增加"图层2"，设置第1帧为空白关键帧，设置帧标志为"up_xp"。增加"图层3"，设置第1帧为空白关键帧，添加如下代码。

```
var component = _parent._parent;
//::: don't delete the above
//::: SKIN ELEMENT REGISTRATION
/*        To add styleFormat properties to your skins :
    1) Break up your skin into individual movie clips (skinElements)
    2) add a registerSkinElement line of code for each skinElement
component.registerSkinElement(skinElement, propertyName)
// makes the skinElement Listen to the propertyName specified (eg: "background")
n*/
component.registerSkinElement(scrollTrack_mc, "scrollTrack");
```

77 创建一个影片剪辑元件"fsb_Traction_xp"，在"图层1"的第1、2、3帧处插入关键帧，分别将库中元件"fsb_traction_xp"、"fsb_traction_over_xp"、"fsb_traction_press_xp"拖入工作区。

78 增加"图层2"，设置第1、2、3帧为空白关键帧，分别设置帧标志为"up_xp"、"over_xp"、"down_xp"。增加"图层3"，设置第1、2、3帧为空白关键帧，分别添加代码 stop。

79 创建一个影片剪辑元件"fsb_UpArrow"，在"图层1"的第1、2、3帧处插入关键帧，分别将库中元件"fsb_upArrow"、"fsb_upArrow_press"、"fsb_upArrow_disabled"拖入工作区，分别设置帧标志为"up"、"down"、"disabled"。增加"图层2"，设置第1、2、3帧为空白关键帧，分别添加代码 stop。

80 创建一个影片剪辑元件"fsb_UpArrow_xp"，在"图层1"的第1、2、3、4帧处插入关键帧，分别将库中元件"fsb_upArrow_xp"、"fsb_upArrow_over_xp"、"fsb_upArrow_ press_xp"、"fsb_upArrow_ disabled_xp"拖入工作区，在"属性"面板中分别将其命名为"up"、"over"、"down"、"disabled"。

81 增加"图层2"，设置第1、2、3帧为空白关键帧，分别设置帧标志为"up_xp"、"over_xp"、"down_xp"、"disabled_xp"。增加"图层3"，设置第1、2、3、4帧为空白关键帧，分别添加动作 stop。

82 创建一个影片剪辑元件"Highlight"，在第 1 帧处插入关键帧，在工作区绘制一个 100×100 大小的灰色正方形，如图 14-150 所示。

83 创建一个影片剪辑元件"boundingBox"，在第 1 帧处插入关键帧，在工作区绘制一个 100×103 大小的白色矩形，如图 14-151 所示。

图 14-150　元件"Highlight"　　　　　图 14-151　元件"boundingBox"

84 创建一个影片剪辑元件"FHighlight"，设置"图层 1"的第 1 帧为关键帧，将库中元件"Highlight"拖入工作区，设置"图层 1"的第 2 帧为关键帧，将库中元件"boundingBox"拖入工作区。

85 增加"图层 2"，设置第 1、2 帧为空白关键帧，分别设置帧标志为"enabled"、"disabled"。增加"图层 3"，设置第 1、2 帧为空白关键帧，分别添加如下代码。

第 1 帧代码：

```
var component = _parent;
//::: don't delete the above
//::: SKIN ELEMENT REGISTRATION
/*       To add styleFormat properties to your skins :
    1) Break up your skin into individual movie clips (skinElements)
    2) add a registerSkinElement line of code for each skinElement
component.registerSkinElement(skinElement, propertyName)
// makes the skinElement Listen to the propertyName specified (eg: "background")
n*/
component.registerSkinElement(boundingBox, "background");
stop();
```

第 2 帧代码：

```
component.registerSkinElement(boundingBox2,"backgroundDisabled");
```

86 创建一个影片剪辑元件"polaroid_mc"，设置"图层 1"的第 1 帧为关键帧，将库中元件"bild_mc"拖入工作区，在"属性"面板中命名为影片剪辑"back_mc"。再设置一个动态文本框，变量设为"pic_txt"，如图 14-152 所示。

87 创建一个影片剪辑元件"preloading_txt_mc"，设置"图层 1"的第 1 帧为关键帧，使用文本工具在工作区输入如图 14-153 所示的文字。

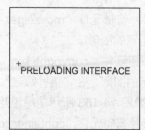

图 14-152　元件"polaroid_mc"　　　　图 14-153　元件"preloading_txt_mc"

88 创建一个影片剪辑元件"strich_mc_klein"，设置"图层 1"的第 1 帧为关键帧，使用"线条工具"在工作区绘制如图 14-154 所示的图形。

89 创建一个影片剪辑元件"verlauf_mc_maske"，设置"图层 1"的第 1 帧为关键帧，在工作区绘制一个 157×180 的灰色矩形，如图 14-155 所示，在第 20 帧处插入帧。

图 14-154　元件"strich_mc_klein"

图 14-155　元件"verlauf_mc_maske"

90 增加"图层 2"，设置第 1 帧为关键帧，在工作区绘制一个如图 14-156 所示的图形；设置第 10 帧为关键帧，在工作区绘制一个如图 14-157 所示的图形；设置第 20 帧为关键帧，在工作区绘制一个如图 14-158 所示的图形；在各个关键帧处创建形状补间动画，并在第 1 帧和第 20 帧处添加动作 stop。

图 14-156　绘制的矩形

图 14-157　绘制的图形

图 14-158　绘制的图形

91 创建一个影片剪辑元件"mc_preloader"，设置"图层 1"的第 1 帧为关键帧，在工作区中导入如图 14-159 所示的图形，并将库中元件"preloading_txt_mc"拖入工作区。增加"图层 2"和"图层 3"，在工作区绘制如图 14-160 所示的图形。增加"图层 4"，设置第 1 帧为空白关键帧，添加动作 stop。

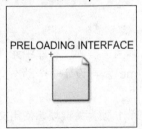
图 14-159　导入的图形

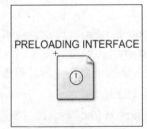
图 14-160　绘制的图形

图 14-161　元件"mc_zeiger"

92 创建一个影片剪辑元件"mc_zeiger"，设置"图层 1"的第 1 帧为关键帧，在工作区中绘制如图 14-161 所示的图形。

93 创建一个按钮元件"copyright_btn"，在"弹起"帧处插入关键帧，在工作区中绘制一个如图 14-162 所示的图形，在"指针经过"、"按下"帧处插入帧。在"点击"帧处插入关键帧，在工作区中绘制如图 14-163 所示的绿色矩形。

94 创建一个影片剪辑元件"container_mc"，设置"图层 1"的第 1 帧为关键帧，在工作区中绘制如图 14-164 所示的图形。

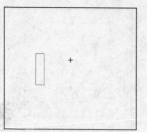

图 14-162　"弹起"帧处绘制的图形　　　　　图 14-163　"点击"帧处的绿色矩形

95 创建一个影片剪辑元件"mc_zeiger"，设置"图层 1"的第 1 帧为关键帧，在工作区中导入如图 14-165 所示的图形。

图 14-164　元件"container_mc"　　　　　　图 14-165　元件"mc_zeiger"

96 创建一个影片剪辑元件"Symbol 6"，设置"图层 1"的第 1 帧为关键帧，在工作区中导入如图 14-166 所示的图形。

97 创建一个影片剪辑元件"Symbol 7"，设置"图层 1"的第 1 帧为关键帧，在工作区中导入如图 14-167 所示的图形。

图 14-166　元件"Symbol 6"　　　　　　　图 14-167　元件"Symbol 7"

98 创建一个影片剪辑元件"ComboBox"，设置"图层 1"的第 1 帧为关键帧，将库中元件"FComboBoxItem"拖入工作区，在"属性"面板中分别命名为"itemAsset"。

99 增加"图层 2"，设置第 1 帧为关键帧，将库中元件"FboundingBox"拖入工作区，在"属性"面板中命名为影片剪辑"proxyBox_mc"。

100 增加"图层 3"，设置第 1 帧为关键帧，将库中元件"ComboBox Name"拖入工作区，在"属性"面板中命名为影片剪辑"deadPreview"。

100 增加"图层 4"，设置第 1 帧为空白关键帧，添加动作代码（见光盘源文件）。

101 创建一个影片剪辑元件"FXPScrollBar"，设置"图层 1"的第 1 帧为关键帧，将库中元件"fsb_downArrow_xp"拖入工作区，在"属性"面板中命名为影片剪辑"dArrowAsset"。将库中元件"fsb_Traction_xp"拖入工作区，如图 14-168 所示。

102 增加"图层 2"，设置第 1 帧为关键帧，将库中元件"fsb_ScrollTrack_xp"拖入工作区，如图 14-169 所示，在"属性"面板中命名为影片剪辑"scrollTrack_mc"。

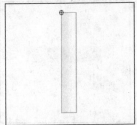

图 14-168　元件"fsb_Traction_xp"

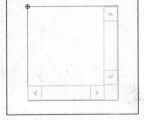

图 14-169　元件"fsb_ScrollTrack_xp"

103 增加"图层 3"，设置第 1 帧为空白关键帧，添加动作代码（见光盘源文件）。

104 创建一个组件"ScrollPane"，设置"图层 1"的第 1 帧为关键帧，将库中元件"LoadContent"拖入工作区，在"属性"面板中命名为影片剪辑"loadContent"。

105 增加"图层 2"，设置第 1 帧为关键帧，将库中元件"ScrollPane Name"拖入工作区，在"属性"面板中命名为影片剪辑"deadPreview"。

106 增加"图层 3"，设置第 1 帧为关键帧，将库中元件"FUIComponent"拖入工作区，在"属性"面板中命名为影片剪辑"superClassAsset"。

3. 添加交互控制

1 增加"图层 4"，设置第 1 帧为空白关键帧，添加如下代码。

```
#initclip 2
// ::: FScrollPaneClass
function FScrollPaneClass()
{
    this.init();
    this.width = this._width;
    this.height = this._height;
    this._xscale = this._yscale = 100;
    this.contentWidth = this.contentHeight = 0;
    if (this.hScroll==undefined) {
        this.hScroll=this.vScroll="auto";
        this.dragContent = false;
    }
    this.offset = new Object();
    function boolToString(str)
    {
        if (str=="false") return false;
        if (str=="true") return true;
        else return str;
    }
    this.vScroll = boolToString(this.vScroll);
    this.hScroll = boolToString(this.hScroll);
    this.attachMovie("FXPScrollBarSymbol", "hScrollBar_mc", 100, {hostStyle:this.styleTable});
    this.hScrollBar_mc.setHorizontal(true);
    this.hScrollBar_mc.setSmallScroll(60);
    this.hScrollBar_mc.setChangeHandler("onScroll", this);
    this.attachMovie("FXPScrollBarSymbol", "vScrollBar_mc", 99, {hostStyle:this.styleTable});
    this.vScrollBar_mc.setSmallScroll(60);
```

```
        this.vScrollBar_mc.setChangeHandler("onScroll", this);
        this.setSize(this.width, this.height);
        if (this.scrollContent!="") {
            this.setScrollContent(this.scrollContent);
        }
        this.setDragContent(this.dragContent);
}
FScrollPaneClass.prototype = new FUIComponentClass();
Object.registerClass("FScrollPaneSymbol", FScrollPaneClass);
// ::: PUBLIC METHODS
FScrollPaneClass.prototype.getScrollContent = function()
{
        return this.content_mc;
}
FScrollPaneClass.prototype.getPaneWidth = function()
{
        return this.width;
}


FScrollPaneClass.prototype.getPaneHeight = function()
{
        return this.height;
}
FScrollPaneClass.prototype.getScrollPosition = function()
{
        var xPos = (this.hScrollBar_mc==undefined) ? 0 : this.hScrollBar_mc.getScrollPosition();
        var yPos = (this.vScrollBar_mc==undefined) ? 0 : this.vScrollBar_mc.getScrollPosition();

        return {x:xPos, y:yPos};
}
FScrollPaneClass.prototype.setScrollContent = function(target)
{
        this.offset.x = 0;
        this.offset.y = 0;
        // remove or hide the old movie clip
        if ( this.content_mc != undefined ) {
            if (target!=this.content_mc) {
                this.content_mc._visible = false;
                this.content_mc.removeMovieClip();
                this.content_mc.unloadMovie();
            }
        }
        // create the movie clip
        if (typeof(target)=="string") {
            this.attachMovie(target, "tmp_mc", 3);
            this.content_mc = this.tmp_mc;
        } else if (target==undefined) {
            this.content_mc.unloadMovie();
```

```
        } else {
            this.content_mc = target;
        }
        this.localToGlobal(this.offset);
        this.content_mc._parent.globalToLocal(this.offset);
        this.content_mc._x = this.offset.x;
        this.content_mc._y = this.offset.y;
        var contentBounds = this.content_mc.getBounds(this);
        this.offset.x = -contentBounds.xMin;
        this.offset.y = -contentBounds.yMin;
        this.localToGlobal(this.offset);
        this.content_mc._parent.globalToLocal(this.offset);
        this.content_mc._x = this.offset.x;
        this.content_mc._y = this.offset.y;
        this.contentWidth = this.content_mc._width;
        this.contentHeight = this.content_mc._height;
        // set up the mask
        this.content_mc.setMask(this.mask_mc);
        this.setSize(this.width, this.height);
    }
    FScrollPaneClass.prototype.setSize = function(w, h)
    {
        if (arguments.length<2 || isNaN(w) || isNaN(h)) return;
        super.setSize(w,h);
        this.width = Math.max(w, 60);
        this.height = Math.max(h, 60);
        this.boundingBox_mc._xscale = 100;
        this.boundingBox_mc._yscale = 100;
        // adjust the border size
        this.boundingBox_mc._width = this.width;
        this.boundingBox_mc._height = this.height;
        this.setHandV();
        this.initScrollBars();
        // set up the mask
        if (this.mask_mc==undefined) {
            this.attachMovie("FBoundingBoxSymbol", "mask_mc", 3000);
        }
        this.mask_mc._xscale = 100;
        this.mask_mc._yscale = 100;
        this.mask_mc._width = this.hWidth;
        this.mask_mc._height = this.vHeight;
        this.mask_mc._alpha = 0;
    }
    FScrollPaneClass.prototype.setScrollPosition = function(x,y)
    {
        x = Math.max(this.hScrollBar_mc.minPos, x);
        x = Math.min(this.hScrollBar_mc.maxPos, x);
        y = Math.max(this.vScrollBar_mc.minPos, y);
```

```
            y = Math.min(this.vScrollBar_mc.maxPos, y);
            this.hScrollBar_mc.setScrollPosition(x);
            this.vScrollBar_mc.setScrollPosition(y);
        }
    FScrollPaneClass.prototype.refreshPane = function()
    {
            this.setScrollContent(this.content_mc);
    }
    FScrollPaneClass.prototype.loadScrollContent = function(url, handler, location)
    {
            this.content_mc.removeMovieClip();
            this.content_mc.unloadMovie();
            this.content_mc._visible = 0;
            this.loadContent.duplicateMovieClip("loadTemp", 3);
            this.dupeFlag = true;
            this.contentLoaded = function()
            {
                this.loadReady = false;
                this.content_mc = this.loadTemp;
                this.refreshPane();
                this.executeCallBack();
            }
            this.setChangeHandler(handler, location);
            this.loadTemp.loadMovie(url);
    }
    FScrollPaneClass.prototype.setHScroll = function(prop)
    {
            this.hScroll = prop;
            this.setSize(this.width, this.height);
    }
    FScrollPaneClass.prototype.setVScroll = function(prop)
    {
            this.vScroll = prop;
            this.setSize(this.width, this.height);
    }
    FScrollPaneClass.prototype.setDragContent = function(dragFlag)
    {
        if (dragFlag) {
            this.boundingBox_mc.useHandCursor = true;
            this.boundingBox_mc.onPress = function()
            {
                this._parent.startDragLoop();
            }
            this.boundingBox_mc.tabEnabled = false;
            this.boundingBox_mc.onRelease = this.boundingBox_mc.onReleaseOutside = functi
on()
            {
                this._parent.pressFocus();
```

```
                        this._parent.onMouseMove = null;
                }
        } else {
                delete this.boundingBox_mc.onPress;
                this.boundingBox_mc.useHandCursor = false;
        }
}
// A secret public method - wasn't documented or tested, but works.
// see the setSmallScroll method of FScrollBar for details.
FScrollPaneClass.prototype.setSmallScroll = function(x,y)
{
        this.hScrollBar_mc.setSmallScroll(x);
        this.vScrollBar_mc.setSmallScroll(y);
}
// ::: 'PRIVATE' METHODS
FScrollPaneClass.prototype.setHandV = function()
{
        if ( (this.contentHeight-this.height>2 && this.vScroll!=false) || this.vScroll==true ) {
                this.hWidth = this.width-this.vScrollBar_mc._width;
        } else {
                this.hWidth = this.width;
        }
        if ((this.contentWidth-this.width>2 && this.hScroll!=false) || this.hScroll==true ) {
                this.vHeight = this.height-this.hScrollBar_mc._height;
        } else {
                this.vHeight = this.height;
        }
}
FScrollPaneClass.prototype.startDragLoop = function()
{
        this.tabFocused=false;
        this.myOnSetFocus();
        this.lastX = this._xmouse;
        this.lastY = this._ymouse;
        this.onMouseMove = function() {
                this.scrollXMove = this.lastX-this._xmouse;
                this.scrollYMove = this.lastY-this._ymouse;
                this.scrollXMove += this.hScrollBar_mc.getScrollPosition();
                this.scrollYMove += this.vScrollBar_mc.getScrollPosition();
                this.setScrollPosition(this.scrollXMove, this.scrollYMove);
                if (this.scrollXMove< this.hScrollBar_mc.maxPos && this.scrollXMove>this.hScrollBa
r_mc.minPos) {
                        this.lastX = this._xmouse;
                }
                if (this.scrollYMove< this.vScrollBar_mc.maxPos && this.scrollYMove>this.vScrollBa
r_mc.minPos) {
                        this.lastY = this._ymouse;
                }
```

```
            this.updateAfterEvent();
        }
    }
    FScrollPaneClass.prototype.initScrollBars = function()
    {
        this.hScrollBar_mc._y = this.height-this.hScrollBar_mc._height;
        this.hScrollBar_mc.setSize(this.hWidth);
        this.hScrollBar_mc.setScrollProperties(this.hWidth, 0, this.contentWidth-this.hWidth);
        this.vScrollBar_mc._visible = (this.hWidth==this.width) ? false : true;
        this.vScrollBar_mc._x = this.width-this.vScrollBar_mc._width;
        this.vScrollBar_mc.setSize(this.vHeight);
        this.vScrollBar_mc.setScrollProperties(this.vHeight, 0, this.contentHeight-this.vHeight);
        this.hScrollBar_mc._visible = (this.vHeight==this.height) ? false : true;
    }
    FScrollPaneClass.prototype.onScroll = function(component)
    {
        var pos = component.getScrollPosition();
        var XorY = (component._name=="hScrollBar_mc") ? "x" : "y";
        if (component._name=="hScrollBar_mc") {
            this.content_mc._x = -pos+this.offset.x;
        } else {
            this.content_mc._y = -pos+this.offset.y;
        }
    }
    FScrollPaneClass.prototype.myOnKeyDown = function()
    {
        var posX = this.hScrollBar_mc.getScrollPosition();
        var posY = this.vScrollBar_mc.getScrollPosition();

        if (this.hScrollBar_mc.maxPos > this.hScrollBar_mc.minPos) {
            if (Key.isDown(Key.LEFT)) {
                this.setScrollPosition(posX-3, posY);
            } else if (Key.isDown(Key.RIGHT)) {
                this.setScrollPosition(posX+3, posY);
            }
        }
        if (this.vScrollBar_mc.maxPos > this.vScrollBar_mc.minPos) {
            if (Key.isDown(Key.UP)) {
                this.setScrollPosition(posX, posY-3);
            } else if (Key.isDown(Key.DOWN)) {
                this.setScrollPosition(posX, posY+3);
            } else if (Key.isDown(Key.PGDN)) {
                this.setScrollPosition(posX, posY+this.vScrollBar_mc.pageSize);
            } else if (Key.isDown(Key.PGUP)) {
                this.setScrollPosition(posX, posY-this.vScrollBar_mc.pageSize);
            }
        }
```

```
    }
    #endinitclip
    this.deadPreview._visible = false;
```

2 在文件夹 "shooting1" 中放入 5 张图片：bild1.jpg、bild2.jpg、bild3.jpg、bild4.jpg、bild5.jpg，如图 14-170 至图 15-174 所示。

图 14-170　bild1.jpg

图 14-171　bild2.jpg

图 14-172　bild3.jpg

图 14-173　bild4.jpg

图 14-174　bild5.jpg

3 再在文件夹 "shooting2" 中放入 bild1.jpg、bild2.jpg、bild3.jpg、bild4.jpg、bild5.jpg，如图 14-175 至图 14-179 所示。

图 14-175　bild1.jpg

图 14-176　bild2.jpg

图 14-177　bild3.jpg

图 14-178　bild4.jpg

图 14-179　bild5.jpg

4 回到主场景，设置 "图层 1" 的第 9 帧为关键帧，将库中元件 "maske_bild_mc" 拖入到主场景，如图 14-180 所示，在"属性"面板中将其命名为影片剪辑"maske_mc"；在第 14 帧插入帧。

5 增加"图层 2"，设置第 3 帧为关键帧，将库中元件"mc_leiste"、"mc_preloader"、"Symbol 2"、"Symbol 3"、"Symbol 6"拖入到主场景，如图 14-181 所示，在"属性"面板中对元件"mc_preloader"命名为影片剪辑"mc_preloader"。

图 14-180　元件"maske_bild_mc"

图 14-181　第 3 帧时的效果

6 设置第 4 帧为关键帧，再将库中元件"ComboBox"、"FUIComponent"、"ScrollPane"、"fsb_DownArrow_xp"、"fsb_UpArrow"、"FXPScrollBar"、"fsb_UpArrow_xp"、"fsb_ScrollTrack_xp"、"fsb_DownArrow"、"FHighlight"、"FLabel"、"fsb_upArrow"、"fsb_upArrow_xp"拖入到主场景以外的区域，如图 14-182 所示。

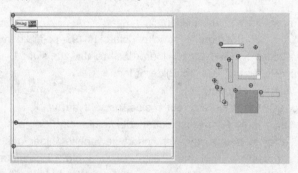

图 14-182　第 4 帧时的效果

7 在第 9 帧处插入关键帧，将库中元件"icons_optionen_mc"、"diashow_stop_mc"、"hit_btn"、"strich_mc_klein"、"ScrollPane"拖入到主场景，在"属性"面板中将元件"icons_optionen_mc"、"diashow_stop_mc"、"ScrollPane"命名为影片剪辑"optionen_icons_mc"、"diashow_stop_mc"、"verlauf_mc"，再在底部绘制一个辅助矩形，排列如图 14-183 所示；在第 14 帧处插入帧。

图 14-183　第 9 帧时的效果

8 增加"图层 3"，设置第 3 帧为空白关键帧，添加如下代码。

```
            this.onEnterFrame = function(){
            if(this._framesloaded < this._totalframes){
                _root.prozent=Math.round (_root.getBytesLoaded()/_root.getBytesTotal()*100);
                _root.mc_preloader.mc_zeiger._rotation = _root.prozent*3.6;
                stop();
            }else{
                play();
                delete this.onEnterFrame;
            }
        }
```

⑨ 设置第 9 帧为空白关键帧，添加如下代码。

```
    //-------------------------------------------------
    //ImageBox
    //11.08.2003
    //Sascha Wenning, Q:marketing Aktiengesellschaft
    //www.Qmarketing.de
    //-------------------------------------------
    //
    //DO NOT MODIFY FOLLOWING CODE
    //
    //Variables
    var fotos_array = new Array(); //bilder-container
    var polaroid_strecke = 696-93; //breite strecke polaroids (93=polaroid_mc-breite)
    var bilderordner = "bilder/"; //Pfad zum Bilderordner relativ zur swf
    _global.picturepath; //Pfad zum Bild ab Bilderordner
    _global.tiefe = 1; //steuert ebenen
    _global.indexMeineAuswahl; //referenz auf meineAuswahl_array
    var meinVerlauf_array = new Array; //speichert die reihenfolge der ansicht
    var meineAuswahl_array = new Array; //speichert gewaehlte Bilder des Nutzers
    var buttons_array = ["diashow_start_btn", "diashow_stop_btn", "zoomplus_btn", "zoomminus_
btn", "drehe_rechts_btn", "drehe_links_btn", "drucke_btn", "speicher_btn", "verlauf_vor_btn", "verla
uf_zurueck_btn"]; //speichert buttons, die keinen handcursor haben sollen

    //----
    //INIT
    //----
    init();
    function init(){
        Stage.showMenu=false;
        bildansicht_mc.setMask(maske_mc);
        versteckeHandCursor();
        diashow_stop_mc._alpha = 25;
        diashow_stop_btn.enabled = false;
        this.attachMovie("FComboBoxSymbol", "shooting_cb", 10000, {_x:555 , _y:95, _xscale:
150})
        this.attachMovie("FScrollPaneSymbol", "verlauf_mc", 2, {_x:552 , _y:200, _xscale: 142,
_yscale: 200})
    }
```

```
function disableButtons(buttons){
    optionen_icons_mc._alpha=25;
    var buttons_array = new Array();
    buttons_array = buttons.split(",");
    for (var i=0; i<buttons_array.length; i++){
        this[buttons_array[i]].enabled = false;
    }
    delete buttons_array;
}
function enableButtons(buttons){
    optionen_icons_mc._alpha=100;
    var buttons_array = new Array();
    buttons_array = buttons.split(",");
    for (var i=0; i<buttons_array.length; i++){
        this[buttons_array[i]].enabled = true;
    }
    delete buttons_array;
}
//
function tip(label){
    tip_txt.text = label;
}


//verstecke mauszeiger
function versteckeHandCursor(){
    for(var i=0; i<=buttons_array.length-1; i++){
        this[buttons_array[i]].useHandCursor = false;
    }
}
//diashow
var indexDiashow = -1;
function diashowVor(){
    indexDiashow += 1;
    //maske entfernen
    _root.dia_maske.removeMovieClip();
    //bild laden
    bildansicht_mc.container_mc.loadMovie(meineAuswahl_array[indexDiashow]);
    //maske attachen
    _root.attachMovie("diashow_maske_mc","dia_maske", tiefe++);
    _root.dia_maske._xscale=220;
    _root.dia_maske._yscale=180;
    bildansicht_mc.setMask("dia_maske");
    if(indexDiashow == meineAuswahl_array.length-1){
        indoxDiashow = -1;
    }
}
function diashow(){
```

```
        bildgroesse_reset();
        bildansicht_mc._rotation = 0;
        //enable diashow_stop_mc
        diashow_stop_mc._alpha = 100;
        diashow_stop_btn.enabled = true;
        //deactivate other menue items (comma seperated, no spaces)
        disableButtons("diashow_start_btn,zoomplus_btn,zoomminus_btn,drehe_rechts_btn,drehe_
links_btn,drucke_btn,speicher_btn,verlauf_vor_btn,verlauf_vor_btn,verlauf_zurueck_btn");
        //call interval function
        _global.diaShowinterval = setInterval(diashowVor, 5000);
    }
    //
    bildgroesse_reset = function(){
        bildansicht_mc._xscale=100;
        bildansicht_mc._yscale=100;
        bildansicht_mc._x = 280;
        bildansicht_mc._y = 265;
    }

    //Funktionen
    // Funktion, die prt, ob eine Zahl gerade ist
    Math.isEven = function(num){
        return num%2 == 0 ? true : false;
    }
    //Zufallszahl
    function zufallszahl(minWert, maxWert){
        do{
            r = Math.random();
        }while(r == 1);
        return minWert + Math.floor(r*(maxWert + 1 - minWert))
    }
    //fuege Bild verlauf_mc hinzu
    function ergaenzeVerlauf(bild){

        gewaehlt = bilderordner+picturepath+"/"+bild
        var meineAuswahl_string = meineAuswahl_array.join();

        //picture selected before?
        if(meineAuswahl_string.indexOf(gewaehlt) == -1){
            //no -> go
            meineAuswahl_array.push(bilderordner+picturepath+"/"+bild); //array zufuegen
            verlauf_mc.tmp_mc.attachMovie("polaroid_mc", bild, tiefe ,{pic_txt: bild, shooting: pi
cturepath}); //platzieren
            verlauf_mc.tmp_mc[bild].ladejpg(bild); //laden
            meinVerlauf_array.push(bilderordner+picturepath+"/"+bild);
            indexMeineAuswahl = meinVerlauf_array.length-1;
            //schicke den pfad zum bilderordner mit
            verlauf_mc.tmp_mc[bild].selectPolaroidVerlauf(bild, bilderordner+picturepath+"/");
```

```
            verlauf_mc.tmp_mc[bild]._xscale = 70; //groesse
            verlauf_mc.tmp_mc[bild]._yscale = 70;
            //koords 2spaltig (anhand meineAuswahl_array ermitteln)
            if (Math.isEven(meineAuswahl_array.length)){
                //gerade
                verlauf_mc.tmp_mc[bild]._x = 72;
                verlauf_mc.tmp_mc[bild]._y = (Math.ceil(meineAuswahl_array.length/2)*60)-60;
            }else{
                //ungerade
                verlauf_mc.tmp_mc[bild]._x = 4;
                verlauf_mc.tmp_mc[bild]._y = (Math.ceil(meineAuswahl_array.length/2)*60)-60;
            }
            verlauf_mc.refreshPane();
        }
    }
    // Klasse Bild
    bild = function(){
    }

    Object.registerClass("polaroid_mc", bild);
    bild.prototype = new MovieClip();

    // ordnet preview-polaroids zufaellig an
    bild.prototype.verteilePolaroid = function(){
        //koord
        this._x = random(polaroid_strecke);
        this._y = 5 + random(40);
        //rotation
        this._rotation = zufallszahl(-5, 5);
    }
    //
    bild.prototype.ladejpg = function(bild){
        this.bild_mc.loadMovie(bilderordner+picturepath+"/"+bild);
    }
    //
    // drag polaroid from bottom on stage
    bild.prototype.ReleaseHandler = function(bild, ursprungx, ursprungy){
        this.stopDrag();
        //stop wobbling
        delete this.onEnterFrame;
        delete stopit;
        delete cnt;
        //
        if(this._droptarget != "/bildansicht_mc" && this._droptarget != "/bildansicht_mc/container_
mc"){
        //nicht zeigen
            if((this._x > 700) || (this._x < 0) || (this._y > 100) || (this._y < 0)){
                this.onEnterFrame=function(){
```

```
                    if(this._x != urspr_x){
                        this._x -= ((this._x-ursprungx)/2);
                        this._y -= ((this._y-ursprungy)/4);
                    }else{
                        delete this.onEnterFrame;
                    }
                }
            }
        }else{
            //zeige grossansicht
            bildgroesse_reset();
            bildansicht_mc.container_mc.loadMovie(bilderordner+shooting_cb.getValue()+"/"+bil
d);

            ergaenzeVerlauf(bild); //zum verlauf hinzufuegen
            this.bild_mc._alpha=30;
            this._rotation = urspr_rot;
            this.onEnterFrame=function(){
                if(this._x != ursprungx){
                    this._x -= ((this._x-ursprungx)/2);
                    this._y -= ((this._y-ursprungy)/4);
                }else{
                    delete this.onEnterFrame;
                }
            }
            //nach einmaliger auswahl nicht mehr waehlbar
            delete this.onPress;
            delete this.onRelease;
            delete this.onReleaseOutside;
        }
    }

bild.prototype.selectPolaroid = function(bild){
    this.useHandCursor = false;
    var urspr_x = this._x;
    var urspr_y = this._y;
    var urspr_rot = this._rotation;
    this.onPress=function(){
        urspr_x = this._x;
        urspr_y = this._y;
        this.swapDepths(tiefe++);
        //position upper left corner to mouse
        this._x = this._parent._xmouse-10;
        this._y = this._parent._ymouse-10;
        this.startDrag();
        //start wobbling
        this.onEnterFrame = function(){
            cnt++;
            stopit-=0.05
```

```
                this._rotation = (Math.sin(cnt/2)*-5)/(stopit);
            }

    }

    this.onRelease=function(){
        this.ReleaseHandler(bild, urspr_x, urspr_y);
    }

    this.onReleaseOutside=function(){
        this.ReleaseHandler(bild, urspr_x, urspr_y);
    }
}
//
//select aus scroll pane
bild.prototype.selectPolaroidVerlauf = function(bild){
    this.useHandCursor = false;
    this.onPress=function(){
        _root.attachMovie("polaroid_mc", "p", tiefe++, {pic_txt: bild});
        _root.p._xscale = 70;
        _root.p._yscale = 70;
        _root.p.bild_mc.loadMovie(bilderordner+this.shooting+"/"+bild);
        meinVerlauf_array.push(bilderordner+this.shooting+"/"+bild);
        indexMeineAuswahl = meinVerlauf_array.length-1;
        _root.p.drag(bild, this.shooting);
    }
}


//vom pane auf die buehne
bild.prototype.drag = function(bild, shooting){
    this._x = _root._xmouse - 20;
    this._y = _root._ymouse - 20;

    this.onRollOver=function(){
        if(this._droptarget == "/bildansicht_mc/container_mc"){
            bildgroesse_reset();
            //mini-bild in dragsequenz laden
            bildansicht_mc.container_mc.loadMovie(bilderordner+shooting+"/"+bild);
        }
        removeMovieClip(this);
    }
    if (hitTest( _root._xmouse, _root._ymouse, false)){;
        this.startDrag();
    }
}
//
//Optionen
//
```

```
//verschieben
movieclip.prototype.verschieben = function(){
    this.useHandCursor=false;
    this.onPress = function(){
        var abstandx = 20; //20px abstand
        var abstandy = 70; //70px abstand
        var links = ((this._width/2)-260)-abstandx;
        var oben = ((this._height/2)-195)-abstandy;
        var rechts = ((this._width/2)-260)+abstandx;
        var unten = ((this._height/2)-195)+abstandy;
        this.startDrag(false, 260-links, 195-oben, 260+rechts, 195+unten);
    }
    this.onRelease = function(){
        this.stopDrag();
    }
    this.onReleaseOutside = function(){
        this.stopDrag();
    }
}
//navigiereVerlauf
navigiereVerlauf = function( aktion, ziel){
    bildgroesse_reset();
    if(aktion == "zurueck"){
        if(indexMeineAuswahl>0){
            bildansicht_mc.container_mc.loadMovie(meinVerlauf_array[indexMeineAuswahl-
1]);
            indexMeineAuswahl -= 1;
        }
    }
    if(aktion == "vor"){
        if(indexMeineAuswahl<meinVerlauf_array.length-1){
            indexMeineAuswahl += 1;
            bildansicht_mc.container_mc.loadMovie(meinVerlauf_array[indexMeineAuswah
l]);
        }
    }
}
//drehen
drehen = function( ziel, rotation){
    with(this[ziel]){
        _rotation += rotation;
    }
}
//zoom
zoom = function( aktion, type, ziel, faktor){
    if(aktion == "start"){
        if(type == "plus"){
            this[ziel].onEnterFrame = function(){
```

```
                                with(this){
                                    _xscale += faktor;
                                    _yscale += faktor;
                                }
                            }
                        }
                    if(type == "minus"){
                        this[ziel].onEnterFrame = function(){
                            if(this._xscale>101){
                                with(this){
                                    _xscale += faktor;
                                    _yscale += faktor;
                                }
                            }
                        }
                    }
                }else{
                    delete this[ziel].onEnterFrame;
                }
}

//Fuelle shootings_dd
shooting_lv = new LoadVars();
shooting_lv.onLoad = function(){
    var shootings_array = new Array();
    for(var i=0; i<this.anz_shootings; i++){
        shootings_array = this.ordner.split("|");
    }
    shooting_cb.setDataProvider(shootings_array);
}
shooting_lv.load("bilder/config.txt",shooting_lv,"GET");
shooting_cb.setChangeHandler("ladePolaroidPreview");
ladePolaroidPreview = function(){
    _global.picturepath = shooting_cb.getValue();
    //aufruf zum bilder laden
    bilder_lv.Load(bilderordner+picturepath+"/bilder.txt", bilder_lv, "GET");
}
//Load Pictures from File Bilder.txt
bilder_lv = new LoadVars();
bilder_lv.onLoad = function(){
    bildansicht_mc.verschieben();
    _root.container_thumbs_mc.removeMovieClip();
    _root.createEmptyMovieClip("container_thumbs_mc", tiefe++)
    container_thumbs_mc._x = 18;
    container_thumbs_mc._y = 480;
    //var fotos in bilder_array splitten
    for(var i=0; i<this.anz_bilder; i++){
        fotos_array = this.fotos.split("|");
```

```
        container_thumbs_mc.attachMovie("polaroid_mc", "polaroid"+i, tiefe++,{pic_txt: fotos
_array[i]});
        container_thumbs_mc["polaroid"+i].verteilePolaroid();
        container_thumbs_mc["polaroid"+i].ladejpg(fotos_array[i]);
        container_thumbs_mc["polaroid"+i].selectPolaroid(fotos_array[i]);
      }
    }
    stop();
```

🔟 增加"图层 4",在第 1 帧处插入空白关键帧,设置帧标志为"pl";在第 3 帧处插入帧;在第 4 帧处插入空白关键帧,设置帧标志为"assets";在第 8 帧处插入帧;在第 9 帧处插入空白关键帧,设置帧标志为"start";在第 14 帧处插入帧。

4. 测试动画

按 Ctrl+Enter 组合键,进行相册效果的测试,如图 14-184 所示。

图 14-184　相册效果

14.3 | 巩固与提高

本章主要介绍使用 Flash 制作广告、电子相册的方法。制作一个好的广告需要一个好的创意,更需要有很好的技术水平将创意发挥得淋漓尽致。制作电子相册时,需要用到 ActionScript 语言来实现。目前它已经成为 Flash 中不可缺少的重要组成部分之一,是 Flash 强大交互功能的核心。